U0218079

信号分析与处理

姜常珍 主编

天津大学出版社
TIANJIN UNIVERSITY PRESS

内容提要

本书系天津大学"九五"重点教材。全书共 7 章,包括:信号分析与处理导论;信号的时域分析;信号的频域分析;离散信号的变换域分析;随机信号;模拟滤波器和数字滤波器。本书注重基础和实用,能使读者对信号理论建立较全面的印象。本书可作为非电子和非通信类各专业本科生的信号理论课程教材,也可作为信号分析与处理方面的科技参考书。

图书在版编目(CIP)数据

信号分析与处理/姜常珍主编.—天津:天津大学出版社,2000.9 (2024.8重印)
ISBN 978-7-5618-1339-3

Ⅰ.信… Ⅱ.姜… Ⅲ.①信号分析－高等教材－教材②信号处理－高等学校－教材 Ⅳ.TN911

中国版本图书馆 CIP 数据核字(2000)第 68372 号

出版发行	天津大学出版社	
地　　址	天津市卫津路 92 号天津大学内(邮编:300072)	
电　　话	发行部:022-27403647	
印　　刷	廊坊市海涛印刷有限公司	
经　　销	全国各地新华书店	
开　　本	148mm × 210mm	
印　　张	8.5	
字　　数	253 千	
版　　次	2000 年 9 月第 1 版	
印　　次	2024 年 8 月第 10 次	
定　　价	24.00 元	

前　言

　　伴随计算机技术的发展和广泛应用,信号分析与处理理论与技术作为一门新兴学科,正受到越来越多的关注。

　　运动和状态的改变,都可以用信号表示。人类通过对自然界的观察提取信号,经过分析处理获得有价值的信息,进而改造自然界。电子、通信、测量、自动控制、计算机等系统的主任务是通过对提取的信号加工变换、传输与处理实现其特定的功能。在商品流通过程中,信息更是如同生命,而信息的携带者正是各种各样的信号。广而言之,自然界、工程技术和社会科学中,信号以其特有的形式无处不在。作为20世纪中后期形成的“信号分析”和“信号处理”学科,正是适应科学技术的发展,基于众多相关学科的共性,逐步形成并完善的一门工程技术基础课。

　　面对21世纪,许多学校正在对传统的教学内容进行改革,非电子类、非通信类与非测量类的某些专业,迫切需要较多的与信号相关的知识。由于这些专业开设的相关课程涉及系统理论较多,从而与国内流行的“信号与系统”内容产生重叠,因此希望能融信号分析与信号处理为一体,设立“信号分析与处理”这门课程。众所周知,离开系统信号就没有载体,信号与系统是密切相关的。然而就知识结构讲,信号分析、信号处理与系统理论却各有所指,如何处理好它们之间的关系,是本教材的任务之一。

　　本教材是为工业电气自动化及其相关专业编写的。作为一门技术基础课,它以“电路”课程与“电子技术”课程为先修课,与“自动控制理论”课程有明确的分工。本教材主要讲述的内容有信号分析的一般概念与技术,如信号的时域分析、频域分析、傅里叶变换和快速傅里叶变换等;涉及系统理论方面,只介绍了与本课程相关的概念,如系统函数、Z变换等;在信号处理方面,本书对电子技术中讲述过的各种信号处理电路不再叙述,对在系统设计中占有重要地位的模拟滤波器和数字滤波器给以较多的注意。另外,鉴于随机信号的分析与处理日趋重要,本书对此做了适当的介绍,以便为学生建立一些初步概念。

既要学时少,又要让学生对信号理论建立较全面的印象,同时还应该使学生学有所用,并为今后的发展打下基础,这是本书编写的指导思想。编者力求避免课程内容的重复,对本书必不可少的系统知识只做简单介绍,所占篇幅不多,授课者可根据学习对象决定取舍。

参加本书编写工作的有天津大学姜常珍、石季英,天津轻工业学院王秀清。石季英编写第 6 章和第 7 章,王秀清编写第 5 章,其余各章由姜常珍编写,并由姜常珍担任主编,负责对全书的统稿工作,并对全书进行了认真的审定。

张曾义和刘建猷两位老师主编的《信号与系统》教学讲义,在天津大学自动化系使用了近十年。在本书编写过程中,该讲义是本书的主要参考文献之一,在此笔者对二位老师表示深深的谢意。

天津大学齐植兰教授对全书进行了认真的审阅,并提出了许多宝贵意见,笔者表示衷心的感谢。

限于编者水平,书中错误和不足之处在所难免,诚望读者批评指正。

作者

2000 年 3 月

目　　录

第1章 导 论

第1节 信号及其分类

信号概念广泛地出现在各个领域中,它以各种各样的表现形式携带着特定的信息。古战场曾以击鼓鸣金传达前进或撤退的命令,更以烽火作为信号传递敌人进犯的紧急情况。近代,信号的利用更是涉及力、热、声、光、电等诸多方面。信息通过信号表现,信号蕴含着信息的内容。在众多信号表现形式中,电信号以其具有可以迅速远距离传输并能够十分方便地对其进行加工变换的优点而获得广泛应用。因此,工程技术中常把非电信号利用传感器转换为电信号。

信号一般可表示为一个或多个变量的函数。例如,锅炉的温度可表示为温度随时间变化的函数;语音信号可表示为声压随时间变化的函数;一张黑白图片能表示为亮度随二维空间变量变化的函数。本书讨论的范围仅限于单一变量的函数,且为了方便,总是以时间为变量。根据信号随时间变化的特点,可将信号大致分为下列类型。

1.1.1 确定信号与随机信号

对指定的某一时刻,可确定一相应的函数值与之对应的信号称为确定信号。例如,指数信号、正弦信号、阶跃信号等。具有不可预知的不确定的信号称为随机信号,随机信号只能用概率统计的方法描述。

本书以分析确定信号为主,涉及随机信号篇幅不多(第5章)。但必须指出的是:如果通信系统中传输的信号都是确定信号,接收者就不可能由它获得新的信息。因此,随机信号在信号分析与处理中占有十分重要的地位。

1.1.2　周期信号与非周期信号

周而复始、且无始无终的信号称为周期信号。设周期为 T, $f_0(t)$ 表示某一周期内的函数,则周期信号可表示为

$$f(t) = \sum_{n=-\infty}^{\infty} f_0(t + nT) \qquad n = 0, \pm 1, \pm 2, \cdots \qquad (1-1)$$

非周期信号不具有周期信号的特点。例如,指数信号就是非周期信号。

信号理论中的"无始"意味时间是从 $t = -\infty$ 开始的,而"无终"则意味截止时间是 $t = +\infty$。因此,如果一个信号自 $t = 0$ 开始周期重复,不能当作周期函数。

1.1.3　连续时间信号与离散时间信号

对连续时间定义域内的任意值(除若干不连续点之外),都可以给出确定的函数值,该信号称为连续时间信号,简称连续信号。幅值是连续的连续信号,又称为模拟信号,连续信号的幅值也可以是离散的。例如,图 1-1(a)与(b)分别表示一个模拟信号和一个具有离散幅值的连续信号。离散时间信号的时间定义域是离散的,并简称为离散信号,它只在某些不连续的规定瞬时具有函数值。一般情况下,离散信号均取均匀时间间隔,其定义域成为一个整数集。数字信号属于离散信号,但其幅值则被限定为某些离散值。离散信号用 $f(n)$ 的形式表示,式中 n 为整数,表示序号,因此离散信号也称为序列。图 1-2 描绘的都是离散信号,其中图 1-2(b)为数字信号。

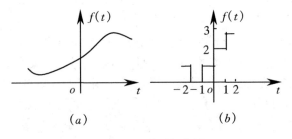

(a)　　　　　　　　(b)

图 1-1　连续时间信号

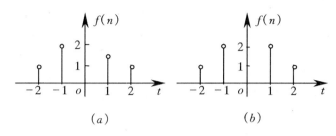

图1-2 离散时间信号

1.1.4 常参信号与变参信号

信号的参量是时不变的信号称为常参信号;否则,称为变参信号。正弦信号 $A\sin\omega t$ 是常参信号,式中 A 是常数;调幅信号 $A(t)\sin\omega t$ 则属于变参信号,式中 $A(t)$ 表示随时间变化的系数。

1.1.5 奇异信号

如果信号函数本身具有不连续点,或者其导数与积分有不连续点,这种信号称之为奇异信号。实际信号可能比较复杂,有时通过某种条件理想化,往往可以用一些简单的典型信号表示。冲激信号与阶跃信号是两种最常用的奇异信号。

信号的分类方式很多,例如还可以分为能量有限信号和功率有限信号、奇信号和偶信号、调制信号和载波信号等。这些内容将在后面根据需要介绍。

第2节 信号分析与信号处理

信号理论分为信号分析和信号处理两部分。

简而言之,信号分析就是研究信号本身的特征。当信号表示为时间函数时,可以用数学曲线描述它,从视觉上人们可以看出它们的不同,这是基于随时间变化的形状特征分析的结果。正如自然界各种各样的物质千差万别一样,信号也是千差万别的。研究物质必须研究分子和原子,不同的原子结构将组成不同的物质。因此,人们得出结论,不同的物质是因为它们的分子构造不同,这是从物质的实质上辨别物质的正确方法。随时间变化规律不同的信号,明确表示出其不同的外部特征,它们将携带不同的信息。从外部特征认识信号是重要的,但是信号的外部特征千变万化,仅凭外部特征很难分辨相近的信号。在寻求能够便于辨识这些信号的基本方法中,函数的正交分解提供了一种有效的途径。在满足一定条件下,将函数分解成某种基本函数的组合,不同信号的某些不同特征就十分清楚了。对于不同的信号,采用不同的分解方式,将会方便问题的解决。在信号分析中,将信号分解成傅里叶级数,或将信号用冲激函数描述以及用阶跃函数描述等,都是工程中常用的方法。

　　信号除了在时间域分析或运算外,还经常在变换域进行分析或运算,其中复频域变换十分重要。有关复频域分析在电路课程已做了较详尽的论述,它在计算电路的全响应过程的优点已众所周知,此外,在系统分析中它也具有十分重要的地位。工程上有些常见的非周期信号,它们不存在傅里叶级数,其频率特性分析必须另辟蹊径。本书将重点介绍傅里叶变换,在引入广义函数的概念后,工程中常见的信号均存在对应的傅里叶变换。傅里叶变换以频谱密度概念清晰地展示了信号的频谱,物理概念十分明确。这正如不同的原子组合形成不同的物质类似,不同的频谱将对应不同的信号。信号不同表示其蕴含的频谱不同,这种对应关系表示出信号的一个重要特征——即频率特征。傅里叶变换是以 $e^{j\omega t}$ 为其最基本信号构造组合各种各样的信号,其实部和虚部分别是正弦函数和余弦函数。这样,一旦信号的频谱知道,信号的频率特征就一目了然。通过信号频谱特征认识信号并区别信号,犹如通过分子结构认识物质并区别物质一样,这种思想确是抓住了事物的本质。因此,从这种意义上讲,可以说信号分析是研究如何正确辨识信号的一门学科。

　　从实际中抽象出来的信号可分为两大类,一类是随时间连续变化的连续信号,另一类是只在离散时间存在数值的离散信号。近些年来,由于数字信号处理技术发展很快,离散信号分析随之相应发展,对此本书将给以足够的重视。

　　只有在充分认识信号的基础上,才能对信号进行加工与变换。从这一点认识出发,信号分析是信号处理的基础。从广义上讲,信号处理可包括的范围十分广阔,数据处理与图像处理都属于这一范畴。信号需要经过传输、接收和加工变换才能获得其中有用的信息或完成特定的功能,这一过程必须配备一定的设备。诸如加法器、减法器、积分器、微分器、延时器等各种运算器。定时、箝位、比较、调制、解调、检波、变频等基本电路,编码器、译码器、寄存器、计数器等组合逻辑电路或时序逻辑电路,以及数-模转换器和模-数转换器等,在电子技术课程已经学过,本书将主要介绍模拟滤波器和数字滤波器的概念。换句话说,本书主要讲述传统的信号处理内容,对信号的传输和信号处理的基本器件不作论述。本书涉及的主要器件的时域表示如图 1-3 和图 1-4 所示。

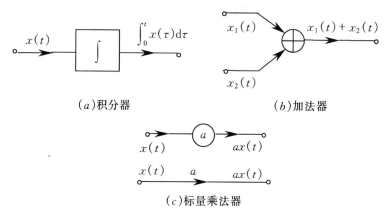

（a）积分器   （b）加法器

（c）标量乘法器

图 1-3　连续系统模拟的基本部件

为了方便,在一般情况下本书将以 $x(t)$ 和 $y(t)$ 分别表示连续系统的输入和输出,而以 $x(n)$ 和 $y(n)$ 分别表示离散系统的输入和输出。连续系统模拟一般由积分器、加法器和标量乘法器组成,而离散系统模拟一般由单位延时器、加法器和标量乘法器组成。所谓单位延时器实际就是一个存储器。

采样信号是实现连续时间信号与离散时间信号之间转化的关键,它们可通过模-数转换器和数-模转换器完成,依据信号的频谱和系统的要求可以确定器件的规格。

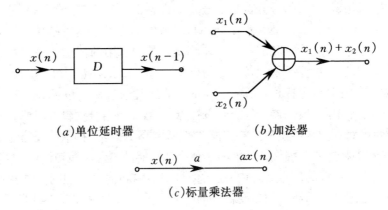

(a)单位延时器   (b)加法器

(c)标量乘法器

图 1-4   离散系统模拟的基本器件

现代滤波器设计理论的核心是用数学方法寻求一条响应曲线,按照规定的误差逼近理想的特性,给出物理可实现的传递函数,再用网络综合方法,经过严格的数学分析确定出系统的结构和元件值。这是一个相当复杂的过程,滤波器性能要求愈高,这一过程也就愈复杂。有关网络综合的知识,本书涉及甚少,将在另外课程介绍。

第3节   信号与系统

信号通过系统传输或变换,因此离开系统单独分析信号是困难的。所谓系统,是指由一些相互联系、相互制约的事物组成的具有某种功能的整体。系统含义极为广泛,例如自然系统、物理系统、生物系统及管理系统等,而这其中的每一个系统本身又包含许许多多的系统。电气系统、自动控制系统、通信系统、检测系统、机械系统、化工系统、交通系统以及计算机系统等,都是工业中最常见的系统。尽管这些系统各自都有自身的特点,但最终都需要建立起各自的数学模型,即表示系统的输入与输出之间关系的数学模型。与信号类型相对应,系统也分为连续时间系统和离散时间系统,简称为连续系统和离散系统。必须指出,从严格定义上讲,一切系统的数学模型都是近似的。它们只在一定条件下是系统主要物理特性的反映。例如,图 1-5(a)表示的是一个电容器充电的电路接线图,实际电路发生了电磁能量变换过程,利用集中参数的概念可获得图(b)的近似电路模型。通常并联的电导甚小,可以忽略不计,这样电路模型就得以再简化。如果接线不长,电流也不大,则电感也可以忽略不计,电路就更简单了。最简单的模型是线路电阻也忽略不计。根据不同问题的需要,选择合理的系统模型,对简化问题分析十分重要。

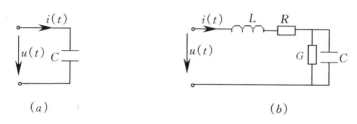

(a) (b)

图 1-5   电容器充电模型

系统分析与信号分析、信号处理是密不可分的,如自动控制理论中的自适应控制、系统辨识、最优状态估计、滤波器的设计等。系统是为传输信号或变换处理信号而设计的,无论是系统设计还是系统分析都离不开与其相关的信号这一对象。系统种类繁多,不同的系统建立在不同的理论之上。如果仅从抽象的数学模型看,它们的共性是满足某一微分方程或差分方程。对系统理论的详细介绍,由其他课程完成。下面仅依据系统的数学模型,说明系统的主要性质。

1.3.1 线性与非线性

满足叠加性(可加性)与齐次性(均匀性)的系统称为线性系统,否则称之为非线性系统。下面分别以 $x(t)$ 和 $y(t)$ 表示系统的输入和输出,如果

$$x_1(t) \rightarrow y_1(t) \quad x_2(t) \rightarrow y_2(t)$$

则叠加性表示为

$$x_1(t) + x_2(t) \rightarrow y_1(t) + y_2(t) \quad\quad (1-2)$$

而齐次性表示为

$$ax_1(t) \rightarrow ay_1(t) \quad 或 \quad bx_2(t) \rightarrow by_2(t) \quad\quad (1-3)$$

或统一表示为

$$ax_1(t) + bx_2(t) \rightarrow ay_1(t) + by_2(t) \tag{1-4}$$

鉴别系统是否线性,可以从系统的物理性质分析,也可以从系统的数学模型判断。

例 1-1 当 a, b 为常数时,试证明下面线性方程代表的是线性系统:

$$y(t) = ax(t) + b \tag{1-5}$$

证明 从物理模型分析,该方程可对应于如图 1-6 所示模型,即可视为一双输入、单输出系统,因此可设

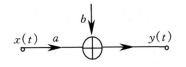

图 1-6 简单线性系统

$$e(t) = ax(t) \qquad v(t) = b$$

如果令

$$e_1(t) = ax_1(t) \qquad v_1(t) = b$$
$$e_2(t) = ax_2(t) \qquad v_2(t) = b$$

则

$$y_1(t) = ax_1(t) + b$$
$$y_2(t) = ax_2(t) + b$$

二式相加

$$y_1(t) + y_2(t) = [ax_1(t) + ax_2(t)] + [b + b]$$

显然,该方程满足叠加性。如果设

$$e_3(t) = k[ax(t)] \qquad v_3(t) = kb$$

式中 k 为比例常数,则

$$ky(t) = k[ax(t) + b]$$

式(1-5)也满足齐次性。因此,该方程表示一线性系统。

例 1-2 试证明常系数线性微分方程

$$a \frac{d^2 y(t)}{dt^2} + b \frac{dy(t)}{dt} + cy(t) = x(t) \tag{1-6}$$

描述的是一个线性系统。

证明 设

$$x_1(t) \to y_1(t) \qquad x_2(t) \to y_2(t)$$

则

$$a\frac{\mathrm{d}^2 y_1(t)}{\mathrm{d}t^2} + b\frac{\mathrm{d}y_1(t)}{\mathrm{d}t} + cy_1(t) = x_1(t)$$

$$a\frac{\mathrm{d}^2 y_2(t)}{\mathrm{d}t^2} + b\frac{\mathrm{d}y_2(t)}{\mathrm{d}t} + cy_2(t) = x_2(t)$$

二式相加得

$$a\frac{\mathrm{d}^2}{\mathrm{d}t^2}[y_1(t)+y_2(t)] + b\frac{\mathrm{d}}{\mathrm{d}t}[y_1(t)+y_2(t)] + c[y_1(t)+y_2(t)]$$
$$= x_1(t) + x_2(t)$$

即

$$x_1(t) + x_2(t) \to y_1(t) + y_2(t)$$

　　显然,式(1-6)满足叠加性。由方程的特点可知,如果设激励为 $kx(t)$,k 为常数,则响应自然是 $ky(t)$,式(1-6)也满足齐次性。所以,常系数线性微分方程代表的是线性系统。

　　微分方程的定解与初始条件有关,如果定解条件不为零,则说明系统在激励作用以前有储能。初始储能实质也是场源,由系统理论可以将其转变为某种等效源。这种源不会随外加激励成比例变化,等效源的变化将意味着起始条件的改变。在分析系统的线性性质时,如果含有这种等效源,必须保证初始条件不变,否则,将导致错误的结论。但必须指出,一个系统是否线性,取决于系统自身,与系统的起始状态无关。

1.3.2　记忆性

　　系统的输出只取决于该时刻的输入,与系统的过去工作状态(历史)无关,则称之为无记忆系统或即时系统。例如,仅由电阻元件组成的系统即是即时系统。

　　如果系统的输出不仅取决于该时刻的输入,且与其过去的工作状态有关,该系统称之为记忆系统或动态系统。例如,含电容、电感、磁芯的电路以及含寄存器、累加器等记忆器件的系统都是记忆系统。

1.3.3　因果系统与非因果系统

如果一个系统在任何时刻的输出只取决于现在的输入以及过去的输入,该系统称为因果系统。无记忆系统输出只与现在的输入有关,它们都是因果系统。一切物理可实现的系统,其输出不会出现在输入以前,也都是因果系统。换言之,因果系统是不会预测的系统。

如果一个系统在任何时刻的输出不仅取决于现在和过去的输入,而且还与系统将来的输入有关,该系统称之为非因果系统。非因果系统在实际中也有许多用途,在人口统计学、股票市场、数据处理等分析研究中,运用非因果系统有时是方便的。

1.3.4　时不变系统与时变系统

如果系统的输入在时间上有一个平移,由此而引起的输出也产生同样的时间上的平移,该系统称为时不变系统;否则,称为时变系统。时不变系统可以用下式表示。

若　　　　　　　　　　　　$x(t) \rightarrow y(t)$

则　　　　　　　　　　　　$x(t-t_0) \rightarrow y(t-t_0)$　　　　　　(1-7)

时不变性说明系统的特性不随时间而改变,即是说今天用这个电路做某个实验得出的结果,明天用同样的过程做同一个实验将得出同样的结果。严格说来,实际系统不可能不随时间变化而变化,但是当系统的参数随时间变化很慢时,即可近似当作时不变系统。

1.3.5　稳定系统与非稳定系统

输入有界,则输出必有界的系统称为稳定系统;否则,称为非稳定系统。稳定性是系统一个十分重要的性质,它说明只要输入不是无限增长的,则输出不会发散。

第 2 章　信号的时域分析

第 1 节　信号的描述

信号的数学表达形式,可以是一个解析式,也可以是一个序列、一个图表,它们是时间或序号的函数。下面介绍几种工程中常见的信号。

2.1.1　连续时间信号

2.1.1.1　复指数信号

$$f(t) = k\mathrm{e}^{st} \tag{2-1}$$

式中,$s = \sigma + \mathrm{j}\omega$,且 k, σ 与 ω 皆为实数。复指数信号的一般展开式为

$$f(t) = k\mathrm{e}^{\sigma t}(\cos\omega t + \mathrm{j}\sin\omega t)$$

实际上复指数信号并不存在,但它概括了多种信号。显然,若 $\omega = 0$,则 $s = \sigma$,此时当 $\sigma > 0$ 时,它表示指数增长函数;当 $\sigma = 0$ 时,它表示一个常数;当 $\sigma < 0$ 时,它表示指数衰减函数。

若 $\sigma = 0$ 时,则 $s = \mathrm{j}\omega$,此时

$$f(t) = k(\cos\omega t + \mathrm{j}\sin\omega t) \tag{2-2}$$

它的实部代表余弦函数,虚部代表正弦函数。复指数信号是一种非常重要的基本信号。图 2-1 给出了当参数变化时复指数信号对应的某些波形。

2.1.1.2　抽样函数

抽样函数的表达式为

$$\mathrm{Sa}(t) = \frac{\sin t}{t} \tag{2-3}$$

抽样函数是一个偶函数,在时间轴正、负两个方向上其振幅都逐渐衰减。当 $t = \pm\pi, \pm 2\pi, \cdots, \pm n\pi$ 时,函数值等于零;但定义 $\mathrm{Sa}(0) = 1$。

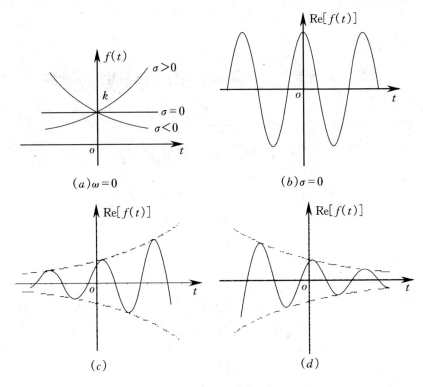

图 2-1 复指数信号

抽样函数还具有以下性质

$$\int_0^\infty \mathrm{Sa}(t)\mathrm{d}t = \frac{\pi}{2} \tag{2-4}$$

$$\int_{-\infty}^\infty \mathrm{Sa}(t)\mathrm{d}t = \pi \tag{2-5}$$

图 2-2 表示出抽样函数的波形。

2.1.1.3 高斯函数

高斯函数的定义是

$$f(t) = E\mathrm{e}^{-\left(\frac{t}{\tau}\right)^2} \tag{2-6}$$

如果令 $t = \tau$,则

$$f(\tau) = E\mathrm{e}^{-1} \tag{2-7}$$

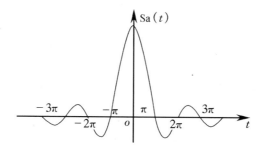

图 2-2　抽样函数

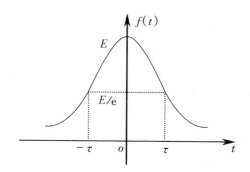

图 2-3　高斯函数

它代表 $f(t)$ 由最大值 E 下降为 E/e 时所经历的时间。高斯函数是一个偶函数,它在随机信号分析中占有重要地位。图 2-3 表示高斯函数的波形。

2.1.1.4　单位阶跃函数

单位阶跃函数的表达式是

$$u(t) = \begin{cases} 1 & t > 0 \\ 0 & t < 0 \end{cases} \qquad (2\text{-}8)$$

在跳变点 $t=0$ 处,函数值无定义,或在 $t=0$ 处用 $u(t)$ 的左右极限的平均值规定函数值 $u(0) = 1/2$。单位阶跃函数的物理模型是在 $t=0$ 时刻电路接入单位直流电源。当接入电源的时间推迟到 $t = t_0$ 时刻时,可用一个"延时的单位阶跃函数"表示如下:

$$u(t - t_0) = \begin{cases} 1 & t > t_0 \\ 0 & t < t_0 \end{cases} \qquad (2\text{-}9)$$

图 2-4 与图 2-5 分别表示出 $u(t)$ 与 $u(t - t_0)$ 的波形。

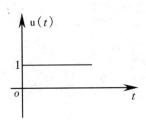

图 2-4　单位阶跃函数

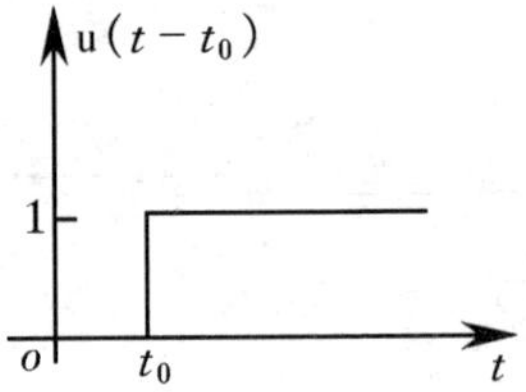

图 2-5　延时的单位阶跃函数

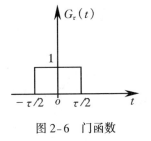

图 2-6　门函数

在信号分析中,常用阶跃函数和延时的阶跃函数表示函数的定义域。例如,图 2-6 所示的幅值为 1、宽度为 τ 的矩形脉冲可表示为

$$G_\tau(t) = u\left(t + \frac{\tau}{2}\right) - u\left(t - \frac{\tau}{2}\right)$$

$$(2\text{-}10)$$

该函数有时被称作门函数,τ 被叫作门宽。

阶跃信号表达的单边特性,可以十分方便地描述信号的接入特性。例如,$t = 0$ 时刻接入的余弦信号可用下式表示:

$$f(t) = \cos t \cdot u(t)$$

而 $t = t_0$ 时刻接入的余弦信号可表示为

$$f(t) = \cos t \cdot u(t - t_0)$$

如果余弦函数只存在于时刻 t_1 至 t_2 之间,则该函数可表示为

$$f(t) = \cos t \cdot [u(t - t_1) - u(t - t_2)]$$

利用阶跃函数还可以表示符号函数。符号函数简写作 $sgn(t)$,其定义是

$$sgn(t) = \begin{cases} 1 & t > 0 \\ -1 & t < 0 \end{cases} \qquad (2\text{-}11)$$

对于符号函数在跳变点的值一般也不予以定义,或定义为 0。显然

$$\mathrm{sgn}(t) = 2\mathrm{u}(t) - 1$$

图 2-7 示出了符号函数的波
形。

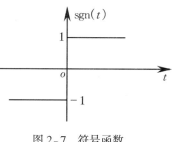

图 2-7　符号函数

2.1.1.5　单位冲激函数

单位冲击函数 $\delta(t)$ 可用下
式定义:

$$\begin{cases} \delta(t) = 0 & t \neq 0 \\ \int_{-\infty}^{\infty} \delta(t)\mathrm{d}t = 1 \end{cases} \quad (2\text{-}12)$$

狄拉克最早给出上式,所以又称作狄拉克函数。

某些物理现象,如力学中瞬间作用的
冲击力,模数转换中的采样脉冲等需要一
个时间极短、但取值极大的函数模型描
述,$\delta(t)$ 就是这样的模型。$\delta(t)$ 定义可以
有多种形式,例如,图 2-8 表示的宽为 τ、
高为 $1/\tau$ 的矩形脉冲,当 τ 趋于零时,脉
冲幅度趋于无穷大,但其面积为 1 保持不
变。所以,可定义为

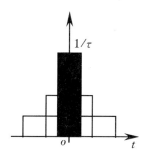

图 2-8　变化的矩形脉冲

$$\delta(t) = \lim_{\tau \to 0} \frac{1}{\tau} \left[\mathrm{u}\left(t + \frac{\tau}{2}\right) - \mathrm{u}\left(t - \frac{\tau}{2}\right) \right]$$

冲激函数用箭头表示,如图 2-9(a)所示。它表示 $\delta(t)$ 只在 $t = 0$
点有一"冲激",在 $t \neq 0$ 时,函数值都是零。冲激函数前面的系数称为
冲激强度,若冲激强度不是 1,则用其冲激强度加一括号表示,如图
2-9(b)所示。

$\delta(t)$ 有以下主要性质。

(1)抽样特性(筛选特性)

$$\int_{-\infty}^{\infty} f(t)\delta(t)\mathrm{d}t = \int_{-\infty}^{\infty} f(0)\delta(t)\mathrm{d}t = f(0)\int_{-\infty}^{\infty} \delta(t)\mathrm{d}t = f(0)$$

$$(2\text{-}13)$$

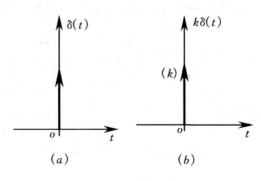

图 2-9　冲激函数

同理
$$\int_{-\infty}^{\infty} f(t)\delta(t-t_0)\mathrm{d}t = f(t_0) \qquad (2\text{-}14)$$

(2)偶函数
$$\delta(t) = \delta(-t) \qquad (2\text{-}15)$$

证明　令 $\tau = -t$，则

$$\int_{-\infty}^{\infty} f(t)\delta(-t)\mathrm{d}t = \int_{\infty}^{-\infty} -f(-\tau)\delta(\tau)\mathrm{d}\tau = \int_{-\infty}^{\infty} f(-\tau)\delta(\tau)\mathrm{d}\tau = f(0)$$

与式(2-13)对照可知 $\delta(t)$ 为偶函数。

(3)积分特性

由 $\delta(t)$ 的定义可知

$$\int_{-\infty}^{t} \delta(\tau)\mathrm{d}\tau = 1 \qquad t > 0$$

$$\int_{-\infty}^{t} \delta(\tau)\mathrm{d}\tau = 0 \qquad t < 0$$

上面二式关系可用下式统一表示

$$\int_{-\infty}^{t} \delta(\tau)\mathrm{d}\tau = u(t) \qquad (2\text{-}16)$$

反之,单位阶跃函数的微分等于单位冲激函数

$$\frac{\mathrm{d}u(t)}{\mathrm{d}t} = \delta(t) \qquad (2\text{-}17)$$

2.1.1.6　冲激偶函数

冲激函数的微分会出现一对极性相反的冲激,称之为冲激偶函数,

并以 $\delta'(t)$ 表示。即

$$\delta'(t) = \frac{\mathrm{d}\delta(t)}{\mathrm{d}t} \tag{2-18}$$

借助图 2-10(a)的模型,不难理解其含义。冲激偶函数的表示方法如图 2-10(b)所示。

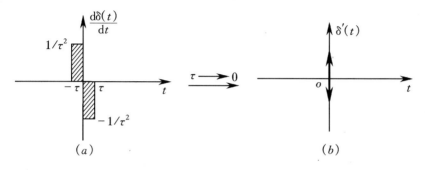

图 2-10　冲激偶信号

阶跃信号和冲激信号具有不连续的值,这类信号属于奇异信号。

2.1.2　离散时间信号

离散信号用 $f(n)$ 表示,其中 n 为整数,表示序号,所以,离散信号又称为序列。离散信号可以用图形表示,如图 2-11 所示。离散信号有时也可以用所谓的指针法表示,如

$$f(n) = \{1,2,3,\underset{\uparrow}{4},3,2,1\}$$

式中,↑表示 $n = 0$ 对应的位置,称之为指针。

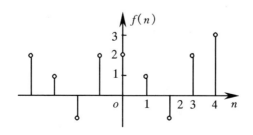

图 2-11　离散信号的图形表示

下面介绍几种常见的离散信号。

2.1.2.1　单位阶跃序列

$$u(n) = \begin{cases} 1 & n \geqslant 0 \\ 0 & n < 0 \end{cases} \tag{2-19}$$

单位阶跃序列具有单边特性,但在 $n = 0$ 处有确切的定义,如图 2-12 所示。类似于连续时间信号,单位阶跃信号也时常用来定义序列的定义域。延时的单位阶跃信号的表达式为

$$u(n - n_0) = \begin{cases} 1 & n \geqslant n_0 \\ 0 & n < n_0 \end{cases}$$

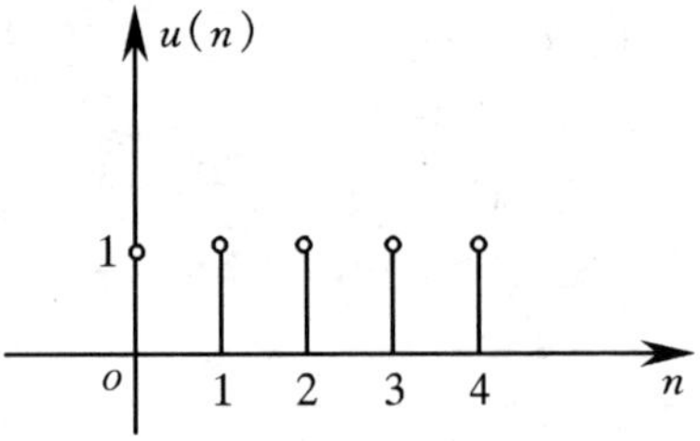

图 2-12　单位阶跃序列

2.1.2.2　单位取样序列

$$\delta(n) = \begin{cases} 1 & n = 0 \\ 0 & n \neq 0 \end{cases} \tag{2-20}$$

单位取样序列又称为克龙奈克函数。显然下式成立

$$\delta(n) = u(n) - u(n-1)$$

单位取样序列的图形表示如图 2-13 所示。延时的单位取样序列定义为

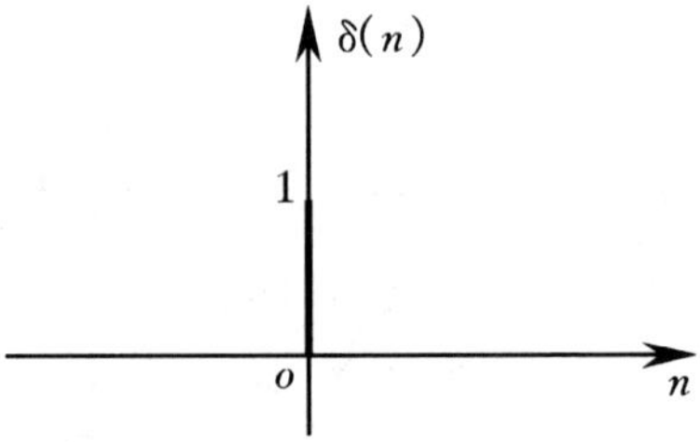

$$\delta(n - n_0) = \begin{cases} 1 & n = n_0 \\ 0 & n \neq n_0 \end{cases} \tag{2-21}$$

图 2-14 表示一延时的单位取样序列的图形。

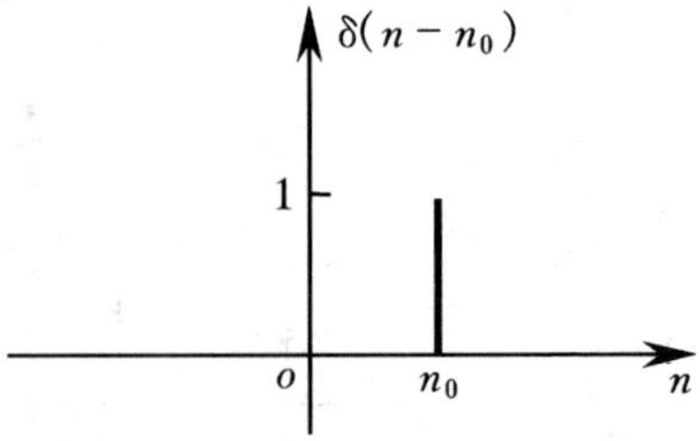

　　单位取样序列也具有类似 $\delta(t - t_0)$ 一样的取样特性,例如:

图 2-13　单位取样序列

图 2-14　延时的单位取样序列

$$\sum_{n=-\infty}^{\infty} x(n)\delta(n-n_0) = x(n_0)$$

2.1.2.3　复指数序列

$$f(n) = c\,\mathrm{e}^{j\beta n} \tag{2-22}$$

式中, c 和 β 一般为复数,而 n 表示序号。类似于连续时间函数中的复指数信号,复指数序列也可以表示多种函数。

第 2 节　信号的时域运算

在信号分析中,经常需要对信号进行某些运算或变换。熟练地掌握这些基本概念,对学好本门课程具有十分重要的意义。

2.2.1　图形变换

2.2.1.1　线性标尺变换

若已知 $f(t)$ 的图形,则 $f(kt)$ 的波形为 $f(t)$ 波形的扩展($k<1$)或压缩($k>1$),其波形形状不变。如图 2-15。

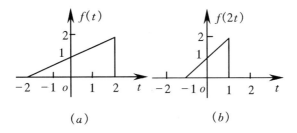

图 2-15　线性标尺变换

2.2.1.2　反摺变换

已知 $f(t)$ 的图形,要求 $f(-t)$ 的图形,只需将 $f(t)$ 的图形对纵轴反摺即可,如图 2-16。但必须指出, $f[-(t-t_0)]$ 并不是 $f(t-t_0)$ 相对于纵轴的反摺,其反摺对称轴应为 $t=t_0$ 。

2.2.1.3　时移变换

若已知 $f(t)$ 的图形,要求 $f(t-t_0)$ 的图形.当 $t_0>0$ 时,只需将图形右移 t_0 ;当 $t_0<0$ 时,则需将图形左移 $|t_0|$ 。如图 2-17。

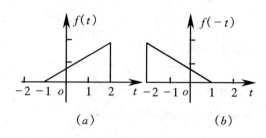

图 2-16   反摺变换

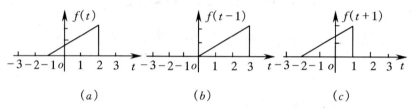

图 2-17   时移变换

对离散函数 $f(n)$,上述变换原则仍然成立。

例 2-1   若已知 $f(t)$ 的波形如图 2-18(a)所示,求 $f(-2t+1)$ 的波形。

解   将函数改写成

$$f(-2t+1) = f\left[-2\left(t-\frac{1}{2}\right)\right]$$

则图形变换过程如下。

反摺 $f(t) \rightarrow f(-t)$

比例变换 $f(-t) \rightarrow f(-2t)$

时移 $f(-2t) \rightarrow f\left[-2\left(t-\frac{1}{2}\right)\right]$

图 2-18 表示了这一变换过程。

例 2-1 涉及了三种变换,其变换过程是先反摺,再比例变换,最后进行时移。实现这一变换过程还可以先比例变换,再反摺,而后时移。由于进行上述反摺变换时反摺轴都对应于 $t=0$,所以上述两种变换过程都比较方便。

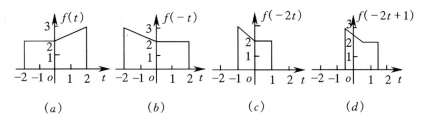

图 2-18　图形变换

2.2.2　离散信号的运算

在信号分析与处理中,经常要进行四则运算,对连续信号的运算,我们已熟知。下面介绍离散信号的运算。

序列 $f_1(n)$ 与 $f_2(n)$ 相加(或相减)是指两序列中相同序号的函数值对应相加(或相减),从而构成一新序列,表示为

$$f(n) = f_1(n) \pm f_2(n) \qquad (2-23)$$

序列 $f_1(n)$ 与 $f_2(n)$ 序列相乘是指两序列中同序号的序列值相乘,从而构成一新序列,表示为

$$f(n) = f_1(n) \cdot f_2(n) \qquad (2-24)$$

如果二序列长度不同,对应长度不足的项的序列值应视为 0。

例 2-2　设序列 $f_1(n) = \{2, -1, 3, \overset{\uparrow}{4}, 2, 1\}$,$f_2(n) = \{-2, 3, \overset{\uparrow}{2}, 1, 4\}$,求:(1) $f(n) = f_1(n) + f_2(n)$;(2) $f(n) = f_1(n) \cdot f_2(n)$。

解　(1)将指针对齐,使二序列长度相同

$$f_1(n) = \{2, -1, \quad 3, \overset{\uparrow}{4}, 2, 1, 0\}$$

$$f_2(n) = \{0, \quad 0, -2, \overset{\uparrow}{3}, 2, 1, 4\}$$

对应值相加可得

$$f(n) = \{2, -1, 1, \overset{\uparrow}{7}, 4, 2, 4\}$$

(2)将指针对齐后,对应值相乘可得

$$f(n) = \{-6, \overset{\uparrow}{12}, 4, 1\}$$

在实际应用中,若序列的第一个非零值对应的指针位置是 $n = 0$,为了方便则指针可不标示。

第3节　信号的时域分解

在工程技术中,为了便于分析处理,有时需要将信号分解为一些比较简单的基本信号分量之和。例如:在电路分析中,将电流分解为直流和交流分量,而在电场分析中,又常将场量分解为几个坐标方向上的分量。从不同角度可以将信号分解为不同的形式。

2.3.1　直流分量与交流分量

信号的平均值即为信号的直流分量。设信号 $f(t)$ 的直流分量和交流分量分别用 $f_D(t)$ 与 $f_A(t)$ 表示,则

$$f_D(t) = \frac{1}{T} \int_{t_0}^{t_0+T} f(t)\mathrm{d}t \tag{2-25}$$

$$f_A(t) = f(t) - f_D(t) \tag{2-26}$$

式中: t_0 表示信号开始作用的时间; T 表示信号作用的整个时间间隔。

2.3.2　奇分量与偶分量

奇函数的定义是

$$f(t) = -f(-t) \tag{2-27}$$

偶函数的定义是

$$f(t) = f(-t) \tag{2-28}$$

由于任意函数都可改写成

$$f(t) = \frac{1}{2}[f(t) - f(-t)] + \frac{1}{2}[f(t) + f(-t)]$$

若以 $f_o(t)$ 和 $f_e(t)$ 分别表示奇分量和偶分量,显然存在

$$f_o(t) = \frac{1}{2}[f(t) - f(-t)] \tag{2-29}$$

$$f_e(t) = \frac{1}{2}[f(t) + f(-t)] \tag{2-30}$$

必须指出, $f(t)$ 与 $f(-t)$ 的定义域可能不一致。因此,信号作奇偶分解时,其分量的定义域与原函数的定义域也可能不一致。

例 2-3　信号 $f(t)$ 的图形如图 2-19(a)所示,试求其奇分量和偶

分量。

　　解　利用反摺变换得 $f(-t)$ 图形如图 2-19(b) 所示。再利用式 (2-29) 和式 (2-30) 进行图形变换，最后得到 (c) 图和 (d) 图分别表示 $f(t)$ 的奇分量和偶分量。

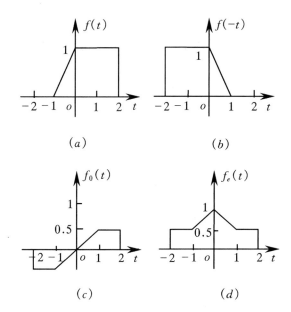

图 2-19　信号的奇偶分解

　　如果通过数学计算进行奇偶分解，这一过程可能十分麻烦。本例的计算过程如下。

　　因为

$$f(t)=(t+1)[u(t+1)-u(t)]+[u(t)-u(t-2)]$$

所以

$$f(-t)=(-t+1)[u(-t+1)-u(-t)]+[u(-t)-u(-t-2)]$$

根据式 (2-29) 可得

$$f_o(t)=-\frac{1}{2}[u(t+2)-u(t+1)]+\frac{1}{2}t[u(t+1)-u(t-1)]$$

$$+\frac{1}{2}[u(t-1)-u(t-2)]$$

根据式(2-30)可得偶分量为

$$f_e(t) = \frac{1}{2}\left[u(t+2) - u(t+1)\right] + \frac{1}{2}(t+2)\left[u(t+1) - u(t)\right]$$

$$-\frac{1}{2}(t-2)\left[u(t) - u(t-1)\right] + \frac{1}{2}\left[u(t-1) - u(t-2)\right]$$

如果再包括中间运算,显然这一过程是繁琐的。当然,信号的奇偶分解也可以通过一般的数学分段计算,而不必运用阶跃函数。

2.3.3　脉冲分解

信号的图形如图 2-20 所示,如果用等间隔为 $\Delta\tau$ 的一系列矩形脉冲近似表示,则任一脉冲可表示为

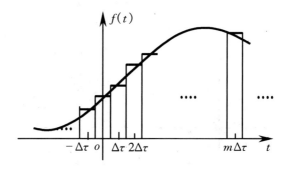

图 2-20　信号的脉冲分解

$$f(m\Delta\tau)G_{\Delta\tau}(t - m\Delta\tau)$$

而门函数

$$G_{\Delta\tau}(t) = u\left(t + \frac{\Delta\tau}{2}\right) - u\left(t - \frac{\Delta\tau}{2}\right)$$

$$f(t) \approx \sum_{m=-\infty}^{\infty} f(m\Delta\tau)G_{\Delta\tau}(t - m\Delta\tau)$$

$$= \sum_{m=-\infty}^{\infty} f(m\Delta\tau)\frac{G_{\Delta\tau}(t - m\Delta\tau)}{\Delta\tau}\Delta\tau$$

当 $\Delta\tau \to 0$ 时,可以得到

$$f(t) = \int_{-\infty}^{\infty} f(\tau)\delta(t - \tau)\mathrm{d}\tau \qquad (2\text{-}31)$$

由 $\delta(t)$ 函数的抽样性质,上式的正确性显而易见。

将信号分解为冲激强度为 $f(\tau)$ 的连续冲激量的积分,其适应范围十分广泛。在信号理论中,它将得到广泛的应用。

2.3.4 信号的正交分解

2.3.4.1 正交向量

空间任意一个向量,可以在三维正交向量空间表示为

$$\boldsymbol{A} = A_1\boldsymbol{e}_1 + A_2\boldsymbol{e}_2 + A_3\boldsymbol{e}_3 \tag{2-32}$$

式中,$\boldsymbol{e}_1,\boldsymbol{e}_2$ 与 $\boldsymbol{e}_3$ 分别表示正交的三个方向上的单位向量。它们相互间存在

$$\begin{cases} \boldsymbol{e}_i \cdot \boldsymbol{e}_j = 1 & i = j \\ \boldsymbol{e}_i \cdot \boldsymbol{e}_j = 0 & i \neq j \end{cases} \tag{2-33}$$

上述概念也可以推广到 n 维抽象空间中去,即

$$\boldsymbol{A} = A_1\boldsymbol{e}_1 + A_2\boldsymbol{e}_2 + A_3\boldsymbol{e}_3 + \cdots + A_n\boldsymbol{e}_n \tag{2-34}$$

式中,各 $\boldsymbol{e}_i$ 仍然存在

$$\begin{cases} \boldsymbol{e}_i \cdot \boldsymbol{e}_j = 1 & i = j \\ \boldsymbol{e}_i \cdot \boldsymbol{e}_j = 0 & i \neq j \end{cases} \tag{2-35}$$

2.3.4.2 正交函数

所谓函数正交的概念与向量正交的概念类似。函数 $g_1(t)$ 和 $g_2(t)$ 在区间 $[t_1,t_2]$ 上正交,是指 $g_1(t),g_2(t)$ 满足

$$\int_{t_1}^{t_2} g_1(t) \cdot g_2(t)\mathrm{d}t = 0 \tag{2-36}$$

如果 n 个函数 $g_1(t),g_2(t),\cdots,g_n(t)$ 构成一个函数集,且它们在区间 $[t_1,t_2]$ 内满足

$$\begin{cases} \int_{t_1}^{t_2} g_i(t) \cdot g_j(t)\mathrm{d}t = K_i & i = j \\ \int_{t_1}^{t_2} g_i(t) \cdot g_j(t)\mathrm{d}t = 0 & i \neq j \end{cases} \tag{2-37}$$

则称此函数集为正交函数集。当 $K_i = 1$ 时,称之为归一化正交函数集。

2.3.4.3 函数的正交展开

一个函数可以在区间 $[t_1,t_2]$ 由 n 个相互正交的函数 $g_i(t)$ 的线性

组合近似表示为

$$f(t) \approx c_1 g_1(t) + c_2 g_2(t) + \cdots + c_n g_n(t)$$

$$= \sum_{i=1}^{n} c_i g_i(t) \qquad (2-38)$$

近似表达式中的系数 c_i 关系方均误差 $\overline{\varepsilon^2}$ 大小,方均误差定义为

$$\overline{\varepsilon^2} = \frac{1}{t_2 - t_1} \int_{t_1}^{t_2} \left[f(t) - \sum_{i=1}^{n} c_i g_i(t) \right]^2 dt \qquad (2-39)$$

由于 $g_i(t)$ 相互正交,对应 $g_i(t)$ 交叉相乘产生的所有项的积分为零,上式可简化为

$$\overline{\varepsilon^2} = \frac{1}{t_2 - t_1} \int_{t_1}^{t_2} \left[f^2(t) + \sum_{i=1}^{n} c_i^2 g_i^2(t) - \sum_{i=1}^{n} 2 c_i f(t) g_i(t) \right] dt$$

$$(2-40)$$

要使 $\overline{\varepsilon^2}$ 最小,应满足对所有的 $i = 1, 2, 3, \cdots, n$ 都存在

$$\frac{\partial \overline{\varepsilon^2}}{\partial c_i} = 0 \qquad (2-41)$$

由此可得

$$\int_{t_1}^{t_2} \left[c_i g_i^2(t) - f(t) g_i(t) \right] dt = 0 \qquad (2-42)$$

即

$$c_i = \frac{\displaystyle\int_{t_1}^{t_2} f(t) g_i(t) dt}{\displaystyle\int_{t_1}^{t_2} g_i^2(t) dt} \quad i = 1, 2, \cdots, n \qquad (2-43)$$

若设

$$K_i = \int_{t_1}^{t_2} g_i^2(t) dt$$

则

$$c_i = \frac{1}{K_i} \int_{t_1}^{t_2} f(t) g_i(t) dt \quad i = 1, 2, \cdots, n$$

而

$$\int_{t_1}^{t_2} \sum_{i=1}^{n} c_i^2 g_i^2(t) \mathrm{d}t = \sum_{i=1}^{n} c_i^2 K_i$$

$$\int_{t_1}^{t_2} \sum_{i=1}^{n} 2c_i f(t) g_i(t) \mathrm{d}t = \sum_{i=1}^{n} 2c_i^2 K_i$$

将上面二式代入式(2-40)中,经化简即可得到

$$\overline{\varepsilon^2} = \frac{1}{t_2 - t_1} \left[\int_{t_1}^{t_2} f^2(t) \mathrm{d}t - \sum_{i=1}^{n} c_i^2 K_i \right]$$

对归一化正交函数集,$k_i = 1$,于是

$$\overline{\varepsilon^2} = \frac{1}{t_2 - t_1} \left[\int_{t_1}^{t_2} f^2(t) \mathrm{d}t - \sum_{i=1}^{n} c_i^2 \right] \tag{2-44}$$

2.3.4.4　完备的正交函数集

当式(2-38)中的 $n \to \infty$ 时,方均误差是否会趋于零呢? 这取决于正交函数集是否完备。完备的正交函数集存在两种定义方式。

定义一　如果用正交函数集 $\{g_i(t)\}$ 在区间 $[t_1, t_2]$ 近似表示函数 $f(t)$,即

$$f(t) \approx \sum_{i=1}^{n} c_i g_i(t) \tag{2-45}$$

其方均误差用 $\overline{\varepsilon^2}$ 表示,如果存在

$$\lim_{n \to \infty} \overline{\varepsilon^2} = 0 \tag{2-46}$$

则此函数集称为完备正交函数集。

定义二　如果在正交函数集 $\{g_i(t)\}$ 之外,不存在函数 $x(t)$ 满足等式

$$\int_{t_1}^{t_2} x(t) g_i(t) \mathrm{d}t = 0 \tag{2-47}$$

且

$$0 < \int_{t_1}^{t_2} x^2(t) \mathrm{d}t < \infty \tag{2-48}$$

则此函数集称为完备正交函数集。

显然,如果 $x(t)$ 和函数集 $\{g_i(t)\}$ 中的每一个函数是正交的,则

$x(t)$本身就应属于该函数集;否则,该函数集就不是完备的。

将函数用完备的正交函数集中的各分量线性组合表示,被称为函数的广义傅里叶级数展开。函数的正交展开具有十分重要的意义,例如,周期函数时常展成三角函数表示的傅里叶级数。下面介绍几种常用的完备正交函数集。

(1)三角函数集

三角函数集$\{1, \cos n\omega_1 t, \sin n\omega_1 t\}$($n = 1, 2, \cdots$)在区间$[t_0, t_0 + T]$内是一个完备的正交函数集。式中:$\omega_1 = 2\pi/T$称为基波角频率。将周期函数展成三角形式的线性组合称之为傅里叶级数,一个函数能够展成傅里叶级数的充分条件是满足"狄里赫利"条件,即函数在一周期内应满足:

①极大值和极小值的个数应为有限个;

②如果存在间断点,间断点个数应是有限个;

③满足绝对可积,即$\int_{t_0}^{t_0+T} |f(t)| \mathrm{d}t < \infty$。

工程实际中,一般的周期函数都能满足狄里赫利条件,因此,如无特殊需要,对此一般不再声明。

(2)复指数函数集

函数集$\{e^{jn\omega_1 t}\}$($n = 0, \pm 1, \pm 2, \cdots$)在区间$[t_0, t_0 + T]$内是完备正交函数集,式中,$\omega_1 = 2\pi/T$亦被称为基波角频率。

需要指出的是:复变函数正交特性的定义是指复变函数集$\{g_i(t)\}$($i = 1, 2, 3, \cdots$)在区间$[t_1, t_2]$内满足

$$\int_{t_1}^{t_2} g_i(t) g_j^*(t) \mathrm{d}t = 0 \quad i \neq j \qquad (2\text{-}49)$$

$$\int_{t_1}^{t_2} g_i(t) g_j^*(t) = K_i \quad i = j \qquad (2\text{-}50)$$

式中,$g_j^*(t)$表示$g_j(t)$的共轭复函数。由上述定义不难证明复指数函数集的正交特性。

(3)勒让德(Legendre)多项式

勒让德多项式定义为

$$P_n(t) = \frac{1}{2^n n!} \frac{d^n}{dt^n} (t^2 - 1)^n \qquad n = 0, 1, 2, \cdots \qquad (2-51)$$

对应于不同值可得

$$P_0(t) = 1$$

$$P_1(t) = t$$

$$P_2(t) = \frac{3}{2} t^2 - \frac{1}{2}$$

$$P_3(t) = \frac{5}{2} t^3 - \frac{3}{2} t$$

$$\cdots\cdots$$

在区间 $[-1,1]$ 内,函数集 $\{P_n(t)\}$ 构成一个完备正交函数集。勒让得多项式是由一组系数取特定值的幂函数组合而成。

(4)沃尔什(Walsh)函数集

沃尔什函数呈矩形脉冲状,其数值仅取 $+1$ 和 -1 两个数值。沃尔什函数很容易由数字电路产生,在数字信号处理领域中受到重视。沃尔什函数的定义方式有多种,各自有各自的特点,并且彼此之间存在着一定的互换关系。

用三角函数定义的沃尔什函数的表达式为

$$\text{Wal}(k, t) = \prod_{l=0}^{m-1} \text{sgn}(\cos k_l 2^l \pi t) \qquad 0 \leqslant t < 1 \qquad (2-52)$$

式中 k 代表沃尔什函数的编号,为一十进制非负整数。k 的二进制表示式为

$$k = \sum_{l=0}^{m-1} k_l 2^l$$

k_l 代表 k 对应的二进制表示式中各位处二进数字的值,其值为 1 或 0;m 代表 k 对应的二进制表示式的位数。沃尔什函数是变量 t 的函数。如果将函数延拓成以 1 为周期的函数,则

$$f(t) = \sum_{n=-\infty}^{\infty} \text{Wal}(k, t-n)$$

表 2-1 表示对应前八个沃尔什函数的各参数值。

表 2-1   前八个沃尔什函数的参数值

k	k 的二进值	k_i			m
		k_2	k_1	k_0	
0	0			0	1
1	1			1	1
2	10		1	0	2
3	11		1	1	2
4	100	1	0	0	3
5	101	1	0	1	3
6	110	1	1	0	3
7	111	1	1	1	3

由表 2-1 不难计算出

$$\mathrm{Wal}(0,t) = \mathrm{sgn}[\cos(0t)] = 1$$

$$\mathrm{Wal}(1,t) = \mathrm{sgn}[\cos(\pi t)] \cdot \mathrm{sgn}[\cos(0\pi)] = \mathrm{sgn}[\cos(\pi t)]$$

$$\mathrm{Wal}(2,t) = \mathrm{sgn}[\cos(2\pi t)] \cdot \mathrm{sgn}[\cos(0t)] = \mathrm{sgn}[\cos(2\pi t)]$$

$$\mathrm{Wal}(3,t) = \mathrm{sgn}[\cos(2\pi t)] \cdot \mathrm{sgn}[\cos(\pi t)] = \mathrm{Wal}(2,t) \cdot \mathrm{Wal}(1,t)$$

$$\mathrm{Wal}(4,t) = \mathrm{sgn}[\cos(4\pi t)]$$

$$\mathrm{Wal}(5,t) = \mathrm{Wal}(4,t) \cdot \mathrm{Wal}(1,t)$$

$$\mathrm{Wal}(6,t) = \mathrm{Wal}(4,t) \cdot \mathrm{Wal}(2,t)$$

$$\mathrm{Wal}(7,t) = \mathrm{Wal}(6,t) \cdot \mathrm{Wal}(1,t)$$

图 2-21 给出了上述各个函数的波形。

由式(2-37)不难证明,沃尔什函数集对应的 $K_i = 1$,因此,它是一个在 $0 \leqslant t < 1$ 定义域内的归一化完备的正交函数集。在信号分析与处理中,有时将信号展成沃尔什级数,下面通过一个例题说明如何用沃尔什函数表示一个函数。

例 2-4   用沃尔什函数的前八项近似表示函数

$$f(t) = 6t \qquad 0 \leqslant t < 1$$

解   由式(2-43)可知

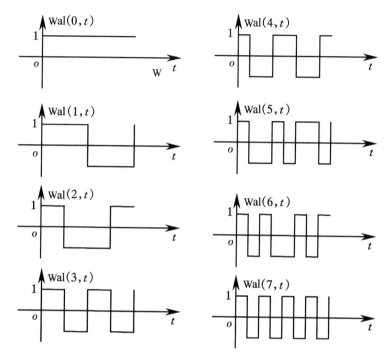

图 2-21　前八个沃尔什函数的波形

$$c_0 = \int_0^1 6t\,\mathrm{d}t = 3$$

$$c_1 = \int_0^{\frac{1}{2}} 6t\,\mathrm{d}t + \int_{\frac{1}{2}}^1 -6t\,\mathrm{d}t = -\frac{3}{2}$$

依次可得

$$c_2 = 0 \qquad c_3 = -3/4$$
$$c_4 = 0 \qquad c_5 = 0$$
$$c_6 = 0 \qquad c_7 = -3/8$$

所以

$$f(t) \approx f_a(t) = 3\mathrm{Wal}(0,t) - \frac{3}{2}\mathrm{Wal}(1,t) - \frac{3}{4}\mathrm{Wal}(3,t) - \frac{3}{8}\mathrm{Wal}(7,t)$$

由式(2-44)知，用 $f_a(t)$ 代替 $f(t)$ 产生的方均误差为

$$\overline{\varepsilon^2} = \frac{1}{t_2 - t_1}\left[\int_{t_1}^{t_2} f^2(t)\,\mathrm{d}t - \sum_{i=1}^{n} c_i^2\right]$$

$$= \int_0^1 (6t)^2\,\mathrm{d}t - \left[3^2 + \left(-\frac{3}{2}\right)^2 + \left(-\frac{3}{4}\right)^2 + \left(-\frac{3}{8}\right)^2\right]$$

$$= 12 - \frac{765}{64} = \frac{3}{64} \approx 4.6875\%$$

$f(t)$ 与 $f_a(t)$ 的波形示于图 2-22 中。从图中不难看出,这种近似的最终结果,类似于阶跃近似,随着近似项数的增加,近似效果将愈来愈好。有关沃尔什函数其他形式及其性质,读者可参阅有关文献,这里不再赘述。

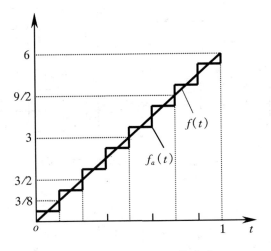

图 2-22　$f(t)$ 与 $f_a(t)$ 的波形

第 4 节　连续时间系统的时域分析

信号通过系统传输,通过系统变换,而系统的输入和输出都是信号,信号与系统是息息相关的。在研究信号处理相关内容时,离不开系统知识。本节简要地介绍一下有关连续时间系统的基本知识。

线性时不变系统的输入与输出之间的关系,可以用常系数线性微

分方程描述。n 阶常系数线性微分方程一般形式为

$$a_n \frac{\mathrm{d}^n y(t)}{\mathrm{d}t^n} + a_{n-1} \frac{\mathrm{d}^{n-1} y(t)}{\mathrm{d}t^{n-1}} + \cdots + a_1 \frac{\mathrm{d}y(t)}{\mathrm{d}t} + a_0 y(t)$$

$$= b_m \frac{\mathrm{d}^m x(t)}{\mathrm{d}t^m} + b_{m-1} \frac{\mathrm{d}^{m-1} x(t)}{\mathrm{d}t^{m-1}} + \cdots + b_1 \frac{\mathrm{d}x(t)}{\mathrm{d}t} + b_0 x(t)$$

$$(2-53)$$

或简写为

$$\sum_{i=0}^{n} a_i \frac{\mathrm{d}^i y(t)}{\mathrm{d}t^i} = \sum_{i=0}^{m} b_i \frac{\mathrm{d}^i x(t)}{\mathrm{d}t^i} \qquad (2-54)$$

有时为方便,使两边同除以 a_n,则可令首项系数 $a_n = 1$。式中,$x(t)$ 表示激励(输入),$y(t)$ 表示响应(输出),a_i 与 b_i 均为实常数。

利用经典法求解微分方程,电路课程已经学过,这里不再介绍。下面重点介绍如何利用卷积求解零状态响应。

2.4.1 单位冲激响应

当系统的激励为单位冲激函数 $\delta(t)$ 时,系统产生的零状态响应称为"单位冲激响应",简称"冲激响应",并以 $h(t)$ 表示。下面介绍 $h(t)$ 的时域求法。

如果激励 $x(t) = \delta(t)$,显然,当 $t > 0$ 时,等式右端项将恒等于零,因此 $h(t)$ 应具有与方程齐次解相同的形式。若方程的特征根是 n 个单根,当 $n > m$ 时

$$h(t) = \sum_{i=1}^{n} c_i \mathrm{e}^{\alpha_i t} \mathrm{u}(t) \qquad (2-55)$$

该结果表明激励 $x(t)$ 的加入,只是在 $t = 0$ 时刻产生了系统能量的储存,在 $t > 0$ 时外加激励不复存在,相当于把冲激信号源携带的能量转换为非零的初始状态。因此,单位冲激响应的形式必定与零输入响应相同。如果 α_i 是 m 重根,可令其相应项为

$$(c_i + c_{i+1} t + \cdots + c_{i+m-1} t^{m-1}) \mathrm{e}^{\alpha_i t} \mathrm{u}(t) \qquad (2-56)$$

系数 c_i 可以通过方程式两端各奇异函数项系数对应相等的方法求得。下面用一个实例说明。

例 2-5 设系统微分方程为

$$\frac{d^2 y(t)}{dt^2} + 5\frac{dy(t)}{dt} + 6y(t) = \frac{dx(t)}{dt} + 5x(t)$$

求其冲激响应。

解 方程的特征根为 $\alpha_1 = -2, \alpha_2 = -3$，可以设

$$h(t) = (c_1 e^{-2t} + c_2 e^{-3t})u(t)$$

而

$$\frac{dh(t)}{dt} = (-2c_1 e^{-2t} - 3c_2 e^{-3t})u(t) + (c_1 + c_2)\delta(t)$$

$$\frac{d^2 h(t)}{dt^2} = (4c_1 e^{-2t} + 9c_2 e^{-3t})u(t) - (2c_1 + 3c_2)\delta(t) + (c_1 + c_2)\delta'(t)$$

方程右端为

$$\delta'(t) + 5\delta(t)$$

将上述结果代入后对比可得

$$\begin{cases} 3c_1 + 2c_2 = 5 \\ c_1 + c_2 = 1 \end{cases}$$

最后解出

$$c_1 = 3, c_2 = -2$$

冲激响应为

$$h(t) = (3e^{-2t} - 2e^{-3t})u(t)$$

为了保证等式两边系数相平衡，显然当 $m = n$ 时，$h(t)$ 的表达式中应包含 $\delta(t)$ 项；当 $m > n$ 时，$h(t)$ 中还应包含 $\delta(t)$ 的相应阶导数项。此时可设

$$h(t) = \sum_{i=1}^{n} c_i e^{\alpha_i t} u(t) + \sum_{i=0}^{m-n} b_i \frac{d^i \delta(t)}{dt^i} \quad m \geqslant n \quad (2\text{-}57)$$

2.4.2 零状态响应的卷积求解方法

在线性时不变系统中，系统的零状态响应可以看作是不同时刻接入的冲激响应之和。为方便，以后用符号→表示对应关系，因为

$$\delta(t) \rightarrow h(t)$$

由线性系统的齐次性可得

$$x(\tau)\delta(t) \rightarrow x(\tau)h(t)$$

由系统的时不变性可得

$$x(\tau)\delta(t-\tau)\to x(\tau)h(t-\tau)$$

再由系统的叠加性得到

$$\int_{-\infty}^{\infty}x(\tau)\delta(t-\tau)\mathrm{d}\tau\to\int_{-\infty}^{\infty}x(\tau)h(t-\tau)\mathrm{d}\tau$$

上式左边即为激励 $x(t)$，右边则表示其对应的响应。所以系统的零状态响应可表示为

$$y(t)=\int_{-\infty}^{\infty}x(\tau)h(t-\tau)\mathrm{d}\tau \tag{2-58}$$

上式在数学上称为卷积积分，简称卷积。其简化表示形式为

$$y(t)=x(t)*h(t) \tag{2-59}$$

对于因果系统，如果激励在 $t=0$ 时加入，又因为在 $t<\tau$ 时，$h(t-\tau)=0$，则

$$y(t)=\int_{0}^{t}x(\tau)h(t-\tau)\mathrm{d}\tau \tag{2-60}$$

作为一种数学运算，卷积具有如下主要性质：

(1)交换率

$$\int_{-\infty}^{\infty}f_1(\tau)f_2(t-\tau)\mathrm{d}\tau=\int_{-\infty}^{\infty}f_2(\tau)f_1(t-\tau)\mathrm{d}\tau \tag{2-61}$$

(2)分配率

$$f_1(t)*[f_2(t)+f_3(t)]=f_1(t)*f_2(t)+f_1(t)*f_3(t) \tag{2-62}$$

(3)结合率

$$[f_1(t)*f_2(t)]*f_3(t)=f_1(t)*[f_2(t)*f_3(t)] \tag{2-63}$$

(4)位移性

如果 $\qquad y(t)=f_1(t)*f_2(t)$

则 $y(t-t_1-t_2)=f(t-t_1)*f_2(t-t_2)=f_1(t-t_2)*f_2(t-t_1)$

$$\tag{2-64}$$

(5)微分性

$$\frac{\mathrm{d}}{\mathrm{d}t}[f_1(t)*f_2(t)]=f_1(t)*\frac{\mathrm{d}f_2(t)}{\mathrm{d}t}=\frac{\mathrm{d}f_1(t)}{\mathrm{d}t}*f_2(t) \tag{2-65}$$

(6)积分性

$$\int_{-\infty}^{\lambda} [f_1(t) * f_2(t)]dt = f_1(t) * \int_{-\infty}^{\lambda} f_2(t)dt = f_2(t) * \int_{-\infty}^{\lambda} f_1(t)dt$$

$$(2-66)$$

卷积可以通过积分式直接计算。另外,常用的卷积计算方法还有图解法和数值计算法等。下面通过一个例题说明图解法的计算过程。

例 2-6 设系统的激励 $x(t)$ 和单位冲激响应 $h(t)$ 的波形如图 2-23(a)和(b),求系统的零状态响应 $y(t)$。

解 为方便,将 $x(t)$ 反摺,得到 $x(-\tau)$ 的图形,然后进行时移得到对应于任一参变量 t 时图形的动态坐标,分析参变量 t 从 $-\infty$ 到 $+\infty$ 变化过程中 $x(t-\tau)$ 与 $h(\tau)$ 相遇会发生的情况,可得如图 2-23 (e)至(i)的五种情况。然后再根据卷积计算公式

$$y(t) = \int_{-\infty}^{\infty} x(t-\tau)h(\tau)d\tau$$

和

$$h(\tau) = \frac{1}{2}(\tau+1) \qquad |\tau| \leqslant 1$$

分别进行积分。

(1) 当 $t-2 < -1$ 时,即 $t < 1$ 时

$$y(t) = 0$$

(2) 当 $t-2 \geqslant -1$,而 $t-3 < -1$ 时,即 $1 \leqslant t < 2$ 时

$$y(t) = \int_{-1}^{t-2} \frac{1}{2}(\tau+1)d\tau = \left(\frac{1}{4}\tau^2 + \frac{1}{2}\tau\right)\Big|_{-1}^{t-2}$$

$$= \frac{1}{4}t^2 - \frac{1}{2}t + \frac{1}{4}$$

(3) 当 $t-3 \geqslant -1$,而 $t-2 < 1$ 时,即 $2 \leqslant t < 3$ 时

$$y(t) = \int_{t-3}^{t-2} \frac{1}{2}(\tau+1)d\tau = \frac{1}{2}t - \frac{3}{4}$$

(4) 当 $t-2 \geqslant 1$,而 $t-3 < 1$ 时,即 $3 \leqslant t < 4$ 时

$$y(t) = \int_{t-3}^{1} \frac{1}{2}(\tau+1)d\tau = -\frac{1}{4}t^2 + t$$

(5) 当 $t-3 \geqslant 1$ 时,即 $t \geqslant 4$ 时

$$y(t) = 0$$

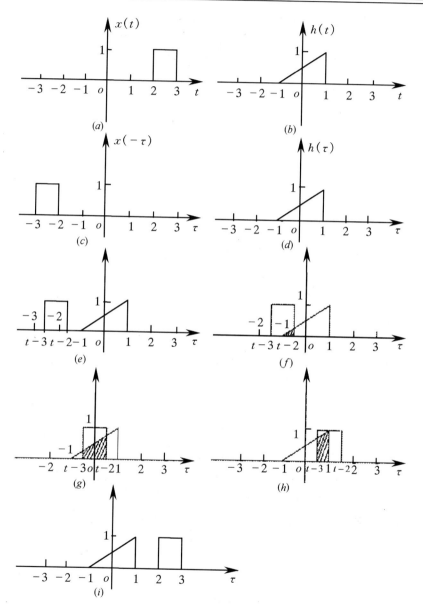

图 2-23 卷积运算及其图形分析

通过此例题不难看出,利用图形求解卷积分的关键是确定定积分的上下限。另外,合理地选择反摺函数会使计算过程简单。

2.4.3　用系统函数求零状态响应

对形如式(2-53)的微分方程,两边同时进行拉普拉斯变换,可得系统函数

$$H(s) = \frac{Y(s)}{X(s)} = \frac{b_m s^m + b_{m-1} s^{m-1} + \cdots + b_1 s + b_0}{a_n s^n + a_{n-1} s^{n-1} + \cdots + a_1 s + a_0} \qquad (2-67)$$

单位冲激响应与系统函数是一对拉普拉斯变换对,如果用符号↔表示一对变换,则

$$h(t) \leftrightarrow H(s)$$

显然,通过对 $H(s)$ 进行拉普拉斯反变换,即可得到 $h(t)$。

更一般的过程是在复频域中求得

$$Y(s) = H(s)X(s) \qquad (2-68)$$

则零状态响应 $y(t)$ 即是 $Y(s)$ 的拉普拉斯反变换。

2.4.4　单位阶跃响应

当系统的激励为单位阶跃函数时,系统产生的零状态响应称为"单位阶跃响应",简称"阶跃响应",以 $g(t)$ 表示。

对于线性时不变系统而言,存在

$$h(t) = \frac{\mathrm{d}}{\mathrm{d}t} g(t) \qquad (2-69)$$

$$g(t) = \int_{0_-}^{t} h(\tau) \mathrm{d}\tau \qquad (2-70)$$

$\delta(t)$ 和 $u(t)$ 是两种最典型的基本信号,$h(t)$ 和 $g(t)$ 完全由系统本身决定,在系统理论研究中,常用它们表征系统的某些基本性能。例如,$t=0$ 开始加入激励的系统是因果系统的充分必要条件为

$$h(t) = 0 \quad t < 0 \qquad (2-71)$$

或

$$g(t) = 0 \quad t < 0 \qquad (2-72)$$

此外,还可以用 $h(t)$ 分析系统的稳定性等。

第 5 节　离散时间系统的时域分析

应用计算机控制的各种数字系统和数字信号处理装置一般属于离散时间系统。如同连续时间系统一样,离散时间系统也可以划分为线性、非线性、时变、时不变等类型,本书仅讨论常用的线性时不变系统。线性时不变离散时间系统可以用常系数线性差分方程描述,其一般表示形式为

$$a_0 y(n) + a_1 y(n-1) + \cdots + a_N y(n-N)$$
$$= b_0 x(n) + b_1 x(n-1) + \cdots + b_M x(n-M) \qquad (2\text{-}73)$$

或

$$\sum_{i=0}^{N} a_i y(n-i) = \sum_{i=0}^{M} b_i x(n-i) \qquad (2\text{-}74)$$

式中,a_i 和 b_i 均为常数,N 称为此差分方程的阶数。

2.5.1　线性差分方程的建立

从数学观点出发,用差商代替微商可以把微分方程转化为差分方程,求解差分方程可以求得微分方程的数值解。差分方程也可以通过实际模型直接建立,下面通过几个实例说明差分方程的建立过程。

例 2-7　建立图 2-24 所示 RC 低通滤波网络的差分方程。

解　响应与激励之间的数学模型为

$$RC \frac{\mathrm{d}y(t)}{\mathrm{d}t} + y(t) = x(t)$$

将输入信号 $x(t)$ 以等间隔 T 进行采样,即取 $t = nT$ 时刻的 $x(t)$ 值,得到 $x(nT)$,简写为 $x(n)$。如果 T 足够小,该系统的数学模型可用差商代替微商近似表示为

$$RC \frac{\Delta y(t)}{\Delta t} + y(t) \approx x(t)$$

若取

$$\Delta y(t) = y(n) - y(n-1)$$

则

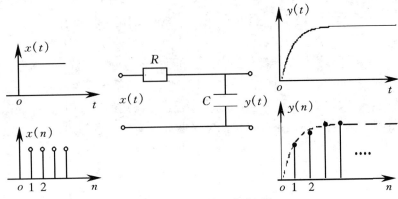

图 2-24　RC 低通滤波网络

$$RC\frac{y(n)-y(n-1)}{T}+y(n)\approx x(n)$$

整理后可得

$$y(n)-\frac{RC}{T+RC}y(n-1)\approx\frac{T}{T+RC}x(n)$$

这是一个一阶后向差分方程。

　　如果令

$$\Delta y(t)=y(n+1)-y(n)$$

可得

$$y(n+1)+\frac{T-RC}{RC}y(n)\approx\frac{T}{RC}x(n)$$

这是一个一阶前向差分方程。

　　例 2-8　图 2-25 为一电阻梯形网络,节点序号分别为 $n=0,1,2,$
$\cdots N$,各节点对地的电位用 $V(n)$ 表示。已知两个边界节点的电位分
别为 $V(0)=V_S,V(N)=0$,试用差分方程表示各节点的电位。

　　解　运用基尔霍夫电流定律,在任一节点处存在

$$\frac{V(n-2)-V(n-1)}{R}=\frac{V(n-1)}{R}+\frac{V(n-1)-V(n)}{R}$$

整理后可得

$$V(n)-3V(n-1)+V(n-2)=0$$

这是一个二阶后向齐次差分方程,借助两个边界条件可以定解。

显然,本例中函数自变量 n 表示的是节点序号,与时间并无关系。差分方程中的 n 不仅可以代表时间,还具有其他更广泛的意义。

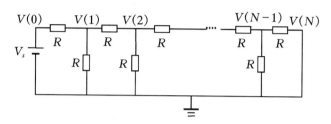

图 2-25　电阻梯形网络

例 2-9　某人在银行储蓄,每月存入款数用 $x(n)$ 表示,银行月利率为 β,试建立其数学模型。

解　设其第 n 个月的本金为 $y(n)$。$y(n)$ 由三部分构成:一是上个月的本金 $y(n-1)$,二是上个月的利息 $\beta y(n-1)$,三是本月存入的款数 $x(n)$。因此

$$y(n) = y(n-1) + \beta y(n-1) + x(n)$$

整理后可得

$$y(n) - (1+\beta) y(n-1) = x(n)$$

差分方程应用很广,不仅局限于电工技术,在社会科学和自然科学等各个领域中,都可找到它的应用。尽管如此,本书更多的叙述还是以电信号特征为出发点。求解常系数线性差分方程的一般方法主要有以下几种。

(1)迭代法

利用逐次代入解出各个 $y(n)$ 值的方法称为迭代法。这种方法概念清晰,但只能得到其数值解,一般不能直接给出一个完整的解析式形式解答(有时称为闭式解)。

(2)经典法

通过求齐次解和特解,再代入边值条件确定待定系数的方法称为经典法。这种方法与求解微分方程的经典法类似,便于从物理概念说明各响应分量之间的关系,但其求解过程比较麻烦。

(3)零输入响应和零状态响应分解法

把线性差分方程和边值条件分解为两个定解问题:其一是由差分方程对应的齐次方程和边值条件构成,其解答为零输入响应。其二是由差分方程和零边值条件构成,其解答是零状态响应。系统全响应为零输入响应与零状态响应之和。零输入响应可以利用求齐次解的方法求得,而零状态响应可以用卷积和(简称卷积)求得。

(4)变换域方法

类似于连续时间系统分析中拉普拉斯变换的方法,利用 Z 变换方法解差分方程有许多优点,这是一种简便而有效的方法。

2.5.2　迭代法

差分方程是一种递归形式的方程,因此可以用迭代的方法求解。迭代算法很容易用计算机求解。下面通过一个计算实例说明其具体过程。

例 2-10　设差分方程为 $y(n) + y(n-1) = nu(n)$,$y(-1) = 1$,求 $y(n)$。

解　将方程改写为 $y(n) = -y(n-1) + nu(n)$,则

$$y(0) = -y(-1) = -1$$
$$y(1) = -y(0) + u(1) = -(-1) + 1 = 2$$
$$y(2) = -y(1) + 2u(2) = -2 + 2 = 0$$
$$y(3) = -y(2) + 3u(3) = 0 + 3 = 3$$
$$\cdots\cdots$$

由此例不难看出,利用迭代法欲得出解析解并非易事。

2.5.3　经典法

2.5.3.1　齐次解

齐次差分方程的一般形式为

$$a_0 y(n) + a_1 y(n-1) + \cdots + a_{N-1} y(n-N+1) + a_N y(n-N) = 0$$

$$(2-75)$$

如果设

$$y_c(n) = c\alpha^n$$

代入(2-75)式后,消去 c 得

$$a_0 \alpha^n + a_1 \alpha^{n-1} + \cdots + a_{N-1} \alpha^{n-N+1} + a_N \alpha^{n-N} = 0$$

对应的特征方程为

$$a_0 \alpha^N + a_1 \alpha^{N-1} + \cdots + a_{N-1} \alpha + a_N = 0 \qquad (2-76)$$

因此,只要 α 满足上式,则 $y_c(n) = c\alpha^n$ 一定满足(2-75)式,即为齐次方程的解。

N 阶差分方程共有 N 个特征根,如果分别用 $\alpha_1, \alpha_2, \cdots, \alpha_N$ 表示,则对应的齐次方程的通解的形式为:

①当特征根为单根时

$$y_c(n) = c_1 \alpha_1^n + c_2 \alpha_2^n + \cdots + c_N \alpha_N^n = \sum_{i=1}^{N} c_i \alpha_i^n \qquad (2-77)$$

②当特征根有重根时,如 α_k 为 m 重根,则其对应项为

$$(c_k n^{m-1} + c_{k+1} n^{m-2} + \cdots + c_{k+m-2} n + c_{k+m-1}) \alpha_k^n \qquad (2-78)$$

③当特征根为复根时,复根一定是共轭复根,其实质虽然也是单根,但通常将 $\alpha \pm \mathrm{j}\beta$ 改写成极坐标形式或复指数形式,令 $\alpha + \mathrm{j}\beta = \rho \mathrm{e}^{\mathrm{j}\varphi}$。因此,齐次解中对应项为

$$c_i (\rho^n \cos n\varphi + \mathrm{j}\rho^n \sin n\varphi) \qquad (2-79)$$

$$c_{i+1} (\rho^n \cos n\varphi - \mathrm{j}\rho^n \sin n\varphi) \qquad (2-80)$$

2.5.3.2　特解

特解 $y_p(n)$ 的形式取决于激励信号,表 2-2 列出了几种典型激励信号的特解形式。

表 2-2　几种典型激励的特解

输入 $x(t)$	输出特解 $y_0(t)$
K(常数)	P
t^m	$P_m t^m + P_{m-1} t^{m-1} + \cdots + P_1 t + P_0$
e^{at}	$P\mathrm{e}^{at}$　　当 α 不是特征根时
	$(P_1 t + P_0)\mathrm{e}^{at}$　　当 α 是特征根时
	$(P_m t^m + P_{m-1} t^{m-1} + \cdots + P_1 t + P_0)\mathrm{e}^{at}$　　当 α 是 m 重特征根时
$\sin \omega t$	$P_1 \sin \omega t + P_2 \cos \omega t$
$\cos \omega t$	

将选定的特解代入差分方程,可以确定特解中相应的系数。

2.5.3.3 完全响应

差分方程的完全响应等于奇次解与特解之和,当特征根中无重根时

$$y(n) = y_c(n) + y_p(n) = \sum_{i=1}^{N} c_i \alpha_i^n + y_p(n) \tag{2-81}$$

式中的待定系数可由 N 个独立的边界条件确定。

经典法虽然把解答分解成两部分,但系数的确定是由完全响应和边界条件最后统一确定,属于一个定解过程。

2.5.4 零输入响应和零状态响应分解法

设差分方程为

$$\sum_{i=0}^{N} a_i y(n-i) = \sum_{i=0}^{m} b_i x(n-i)$$

其边界条件为 $y(-1), y(-2), \cdots, y(-N)$。

对于线性差分方程,该方程的求解可以分解为两个定解问题。

零输入响应对应的定解问题是

$$\begin{cases} \sum_{i=0}^{N} a_i y(n-i) = 0 \\ y(-1), y(-2), \cdots, y(-N) \end{cases} \tag{2-82}$$

零输入响应的形式与齐次解完全一样,区别之处仅在于零输入响应的通解中的待定系数可以直接由其对应的非零边界条件确定(如果边界条件均为零,则零输入响应必为零)。

零状态响应对应的定解问题是

$$\begin{cases} \sum_{i=0}^{N} a_i y(n-i) = \sum_{i=0}^{m} b_i x(n-i) \\ y(-1) = y(-2) = \cdots = y(-N) = 0 \end{cases} \tag{2-83}$$

零状态响应可以借助于单位采样响应求解,其思想方法完全与连续时间系统类似。

2.5.4.1 单位采样响应

离散系统在零状态下对单位采样信号 $\delta(n)$ 的响应称为单位采样

响应,简称采样响应,并以 $h(n)$ 表示。由于任一离散信号可用移序的采样信号的线性组合表示,因此 $\delta(n)$, $h(n)$ 的作用与连续系统中的 $\delta(t)$, $h(t)$ 的作用类似。当描述一个离散系统的差分方程为已知时, $h(n)$ 即可求出。

例 2-11　设差分方程为 $y(n)-0.7y(n-1)=x(n)$,求其对应的单位采样响应。

解　令 $x(n)=\delta(n)$,则
$$h(n)-0.7h(n-1)=\delta(n)$$

改写成
$$h(n)=\delta(n)+0.7h(n-1)$$

利用迭代法可得
$$h(0)=\delta(0)+0.7h(-1)=1+0=1$$
$$h(1)=\delta(1)+0.7h(0)=0+0.7=0.7$$
$$h(2)=0.7h(1)=0.7^2$$
$$\cdots\cdots$$
$$h(n)=0.7^n$$

一阶差分方程比较简单,迭代过程中能够看出解的规律,但一般情况下,用迭代法得不到解析表达式。在上例中,由于激励 $x(n)=\delta(n)$,当 $n>0$ 时,激励不再存在;因此当 $n\geqslant 1$ 时,该方程变成一个齐次方程。据此不难推知,单位采样响应应具有和齐次解相同的形式。不失一般性,只要将激励转化为初始条件,对齐次解进行定解,即可得到单位采样响应。 $h(n)$ 还可以通过系统函数求得,其过程更为简捷,这种方法将在后面介绍。

2.5.4.2　零状态响应——卷积和

由 $\delta(n)$ 的取样特性,任一序列均可写成
$$f(n)=\sum_{m=-\infty}^{\infty}f(m)\delta(n-m)$$

因此,激励信号可表示为
$$x(n)=\sum_{m=-\infty}^{\infty}x(m)\delta(n-m)$$

系统处于零状态下,激励与响应存在下面关系

$$\delta(n) \leftrightarrow h(n)$$

由时不变性

$$\delta(n-m) \leftrightarrow h(n-m)$$

再由线性可得

$$\sum_{m=-\infty}^{\infty} x(m)\delta(n-m) \leftrightarrow \sum_{m=-\infty}^{\infty} x(m)h(n-m)$$

所以系统对任一激励 $x(n)$ 的零状态响应为

$$y(n) = \sum_{m=-\infty}^{\infty} x(m)h(n-m) \qquad (2\text{-}84)$$

简记为
$$y(n) = x(n) * h(n) \qquad (2\text{-}85)$$

上式称为 $x(n)$ 与 $h(n)$ 的卷积和,有时也简称之为卷积。如果令 $k = n - m$,则

$$y(n) = \sum_{k=-\infty}^{\infty} x(n-k)h(k)$$

即

$$y(n) = \sum_{m=-\infty}^{\infty} h(m)x(n-m) \qquad (2\text{-}86)$$

对于因果系统,如果激励 $x(n)$ 在 $n=0$ 时加入,则

$$y(n) = \sum_{m=0}^{n} x(m)h(n-m) = \sum_{m=0}^{n} h(m)x(n-m) \qquad (2\text{-}87)$$

卷积和可以通过定义直接求解,也可以通过图解法或阵列法等方法求解。

(1)用定义直接求解

例 2-12 设系统的差分方程为 $y(n) - 0.1y(n-1) = x(n)$,求激励 $x(n) = 0.2^n \mathrm{u}(n)$ 时系统的零状态响应

解 首先求 $h(n)$。当 $n=0$ 时,$h(0) = \delta(0) + 0.1y(-1) = 1 + 0 = 1$,而齐次方程的特征根为 0.1,故可设

$$h(n) = c\,0.1^n \mathrm{u}(n)$$

由初始条件可得

$$h(0) = c\,0.1^0 = \delta(0) = 1$$

解得 $c=1$，所以

$$h(n)=0.1^n \mathrm{u}(n)$$

$$y(n)=\sum_{m=-\infty}^{\infty} 0.2^m \mathrm{u}(m)\cdot 0.1^{n-m}\mathrm{u}(n-m)$$

由于 $\mathrm{u}(m)$ 非零区间为 $m\geqslant 0$，而 $\mathrm{u}(n-m)$ 非零区间为 $m\leqslant n$，因此求和的上下限改变，即

$$y(n)=\sum_{m=0}^{n} 0.2^m \cdot 0.1^{n-m}\mathrm{u}(n)=0.1^n\cdot\sum_{m=0}^{n} 2^m \mathrm{u}(n)$$

$$=0.1^n\cdot\frac{1-2^{n+1}}{1-2}\mathrm{u}(n)=(-0.1^n+2(0.2)^n)\mathrm{u}(n)$$

（2）卷积和的图解方法

卷积和的图解方法是首先把自变量换成 m，然后把 $x(m)$ 或 $h(m)$ 之一反摺，再通过移位、相乘和相加逐次求得各个 $y(n)$ 值。下面通过一具体实例详细说明其过程。

例 2-13　序列 $x(n)=\{1,4,3,2\}$，$h(n)=\{1,2,3\}$，试求 $y(n)=x(n)*h(n)$。

解　把 $h(m)$ 反摺得到 $h(-m)$，它相当于 $h(n-m)$ 中的 $n=0$ 时的情况。然后再顺次移位，依次得到 $h(1-m)$，$h(2-m)$，……。对应于不同 n 值，$x(m)$ 与 $h(n-m)$ 相同序号对应值相乘后再相加，即得到各个 $y(n)$ 值：

$$y(0)=1\times 1=1$$
$$y(1)=1\times 2+4\times 1=6$$
$$y(2)=1\times 3+4\times 2+3\times 1=14$$
$$y(3)=4\times 3+3\times 2+2\times 1=20$$
$$y(4)=3\times 3+2\times 2=13$$
$$y(5)=2\times 3=6$$

具体过程可参看图 2-26。

（3）阵列法

以 $x(n)$ 和 $h(n)$ 作为边界，构成一个阵列，阵列中各个元素值为相应序号的 $x(n)$ 与 $h(n)$ 相乘值，如图 2-27。阵列中位于斜线上各

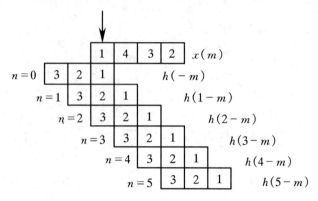

图 2-26 卷积和过程

个值相加,即是各个对应的 $y(n)$ 值。

例 2-14 若 $x(n) = \{3, 2, 1\}$, $h(n) = \left(\dfrac{1}{2}\right)^n u(n)$,求 $y(n) = x(n) * h(n)$。

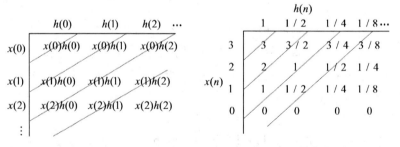

图 2-27 阵列法图示　　　　　图 2-28 例 2-14 阵列

解 利用阵列法给出如图 2-28 的阵列,则

$$y(0) = x(0)h(0) = 3$$

$$y(1) = x(1)h(0) + x(0)h(1) = 2 + \frac{3}{2} = \frac{7}{2}$$

$$y(2) = x(2)h(0) + x(1)h(1) + x(0)h(2) = 1 + 1 + \frac{3}{4} = \frac{11}{4}$$

……

由例题不难看出,如果利用计算机求解,阵列法比较方便。

习 题

2-1 绘出下列信号的波形。

(1) $tu(t)$;

(2) $t[u(t) - u(t - 2)]$;

(3) $t[u(t + 1)] - u(t - 1)]$;

(4) $(t - 1)u(t - 1)$;

(5) $(1 - t)[u(t) - u(t - 1)]$;

(6) $t[u(t + 1) - u(t - 1)] + u(t + 1)$ 。

2-2 求下列函数值。

(1) $\int_{-\infty}^{\infty} \sin t\, \delta\left(t - \dfrac{\pi}{6}\right) dt$;

(2) $\int_{-\infty}^{\infty} e^{-t} \delta(t + 3) dt$;

(3) $\int_{-\infty}^{\infty} (t^2 + 4)\delta(-t + 1) dt$;

(4) $\int_{-\infty}^{\infty} \dfrac{\sin 2t}{t} \delta(t) dt$ 。

2-3 若 $f(t)$ 如题图 2-3 所示,试绘出下面信号的波形。

(1) $f(-t)$;

(2) $f(t - 1)$;

(3) $f(t + 1)$;

(4) $f(2t - 1)$;

(5) $f(-2t - 1)$;

(6) $f(-2t + 1)\left[u(t) - u\left(t - \dfrac{1}{2}\right)\right]$ 。

2-4 若已知 $f(-2t + 4)$ 的波形如题图 2-4 所示,试给出 $f(t)$ 的波形。

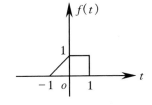

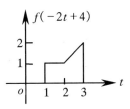

题图 2-3

题图 2-4

2-5 试写出题图 2-5 所示各波形的表达式。

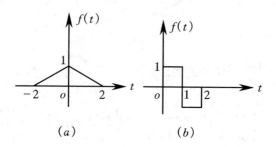

题图　2-5

2-6　若离散信号

$$f(n) = \begin{cases} 0 & n < -2 \\ n+2 & -2 \leqslant n \leqslant 3 \\ 0 & n > 3 \end{cases}$$

试分别绘出 $f(n)$, $f(-n)$, $f(n-3)$ 及 $f(-n-3)$ 的图形。

2-7　若已知序列 $f_1(n)$ 和 $f_2(n)$ 的波形如题图 2-7 所示, 试求:

(1) $f_1(n) + f_2(n)$;

(2) $f_1(n) \cdot f_2(n)$;

(3) $f_1(n) \cdot [f_1(n) - f_2(n)]$;

(4) $f_1(n) + 2f_1(n-2) \cdot f_2(n)$。

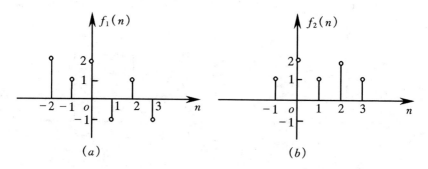

题图　2-7

2-8　试求下列各 $f_1(t)$ 与 $f_2(t)$ 的卷积。

(1) $f_1(t) = f_2(t) = u(t)$;

$(2) f_1(t) = \mathrm{u}(t), f_2(t) = \mathrm{e}^{-at}\mathrm{u}(t)$;

$(3) f_1(t) = \cos\left(\omega t - \dfrac{\pi}{3}\right), f_2(t) = \delta(t)$;

$(4) f(t) = \mathrm{e}^{-at}\mathrm{u}(t), f_2(t) = \sin t\,\mathrm{u}(t)$。

2-9　若各函数的波形如题图 2-9 所示,试求:

$(1) f_1(t) * f_2(t)$;　　　　　　$(2) f_1(t) * f_3(t)$;

$(3) f_1(t) * f_4(t)$;　　　　　　$(4) f_1(t) * f_2(t) * f_2(t)$。

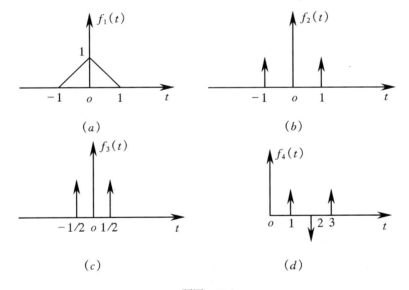

题图　2-9

2-10　试用图解法求题图 2-10 所示各组信号的卷积。

2-11　列出题图 2-11 所示系统的差分方程。若已知 $y(-1) = 0$,试用迭代法求输入为下列信号时系统的输出 $y(n)$。

$(1) x(n) = \delta(n)$;

$(2) x(n) = \mathrm{u}(n)$;

$(3) x(n) = \mathrm{u}(n) - \mathrm{u}(n-5) = G_5(n)$。

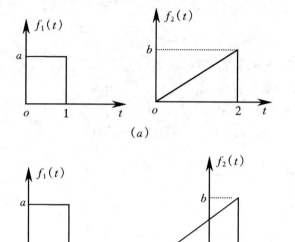

(a)

(b)

(c)

题图 2-10

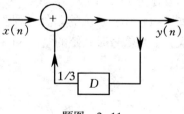

题图 2-11

2-12　若系统的单位采样响应 $h(n)$ 和激励 $x(n)$ 分别如下,试求系统的零状态响应。

(1) $x(n) = u(n), h(n) = \delta(n-1) - \delta(n-2)$;

(2) $x(n) = h(n) = u(n) - u(n-4)$。

2-13　求下列二序列的卷积和。

(1) $x(n) = \alpha^n u(n), 0 < \alpha < \infty$,

　　 $h(n) = \beta^n u(n), 0 < \beta < \infty$ 且 $\beta < \alpha$;

(2) $x(n) = \delta(n) - \delta(n-2)$,

　　 $h(n) = 2^n G_4(n)$。

第 3 章　信号的频域分析

第 1 节　周期信号的傅里叶级数

工程中广泛应用各种各样的周期函数,用一般的数学方法描述分析它们的频率特性既不直观,有时也是困难的。三角函数集和复指数函数集在一个周期内都是完备的正交函数集,将周期函数展成三角函数形式或复指数函数形式的傅里叶级数,这在信号分析和系统设计中具有十分重要的意义。

3.1.1　傅里叶级数

3.1.1.1　三角形式的傅里叶级数

周期为 T 的函数 $f(t)$,若满足狄里赫利条件,其三角形式的傅里叶级数展开式为

$$f(t) = a_0 + \sum_{n=1}^{\infty} (a_n \cos n\omega_1 t + b_n \sin n\omega_1 t) \tag{3-1}$$
$$n = 1, 2, 3, \cdots$$

式中:常数 a_0 表示函数 $f(t)$ 的平均值,n 表示谐波次数,a_n 与 b_n 分别表示对应的 n 次谐波中的余弦和正弦谐波的系数,$\omega_1 = 2\pi/T$ 表示基波角频率。各系数的计算公式为

$$a_0 = \frac{1}{T} \int_{t_0}^{t_0 + T} f(t) \mathrm{d}t \tag{3-2}$$

$$a_n = \frac{2}{T} \int_{t_0}^{t_0 + T} f(t) \cos n\omega_1 t \mathrm{d}t \tag{3-3}$$

$$b_n = \frac{2}{T} \int_{t_0}^{t_0 + T} f(t) \sin n\omega_1 t \mathrm{d}t \tag{3-4}$$

式(3-1)也可以表示为如下形式

$$f(t) = c_0 + \sum_{n=1}^{\infty} c_n \cos(n\omega_1 t + \varphi_n) \qquad (3\text{-}5)$$

对比式(3-1)与式(3-5)不难得到

$$c_0 = a_0 \qquad (3\text{-}6)$$

$$c_n = \sqrt{a_n^2 + b_n^2} \qquad (3\text{-}7)$$

$$\varphi_n = \arctan \frac{-b_n}{a_n} \qquad (3\text{-}8)$$

而

$$a_n = c_n \cos \varphi_n \qquad (3\text{-}9)$$

$$b_n = -c_n \sin \varphi_n \qquad (3\text{-}10)$$

当 $f(t)$ 为偶函数,即 $f(t) = f(-t)$ 时, $b_n = 0$,式(3-1)中将不含正弦项。当 $f(t)$ 为奇函数,即 $f(t) = -f(-t)$ 时,将有 $a_0 = 0$ 及 $a_n = 0$,式(3-1)中将只存在正弦项。如果 $f(t)$ 为奇谐波函数,即 $f(t) = -f(t \pm T/2)$,则不难证明,式(3-1)中将不存在 n 为偶数的项(包括 $a_0 = 0$)。

3.1.1.2　复指数形式的傅里叶级数

在电路分析中,广泛使用三角函数形式的傅里叶级数。但是,在信号分析中,复指数形式的傅里叶级数具有扩展 n 为整个整数域的功能,这在分析某些问题时十分方便。

由于

$$\cos n\omega_1 t = \frac{1}{2}(e^{jn\omega_1 t} + e^{-jn\omega_1 t})$$

$$\sin n\omega_1 t = \frac{1}{2j}(e^{jn\omega_1 t} - e^{-jn\omega_1 t})$$

代入式(3-1)中,则

$$\begin{aligned} f(t) &= a_0 + \sum_{n=1}^{\infty} (a_n \cos n\omega_1 t + b_n \sin n\omega_1 t) \\ &= a_0 + \sum_{n=1}^{\infty} \left[\frac{a_n - jb_n}{2} e^{jn\omega_1 t} + \frac{a_n + jb_n}{2} e^{-jn\omega_1 t} \right] \end{aligned} \qquad (3\text{-}11)$$

如果令

$$F_n = \frac{1}{2}(a_n - \mathrm{j}b_n)$$

$$F_{-n} = \frac{1}{2}(a_n + \mathrm{j}b_n)$$

$$F_0 = a_0$$

由于

$$\sum_{n=1}^{\infty} F_{-n} \mathrm{e}^{-\mathrm{j}n\omega_1 t} = \sum_{n=-\infty}^{-1} F_n \mathrm{e}^{\mathrm{j}n\omega_1 t}$$

则

$$f(t) = \sum_{n=-\infty}^{\infty} F_n \mathrm{e}^{\mathrm{j}n\omega_1 t} \tag{3-12}$$

由式(3-2)、式(3-3)及式(3-4)各关系式不难得到

$$F_n = \frac{1}{T} \int_{t_0}^{t_0+T} f(t) \mathrm{e}^{-\mathrm{j}n\omega_1 t} \mathrm{d}t \tag{3-13}$$

式中, $n = 0, \pm 1, \pm 2, \cdots\cdots$。式(3-12)为复指数形式的傅里叶级数, F_n 为系数。一般情况下, F_n 是一个复数。如果将式(3-13)改写成

$$F_n = \frac{1}{T} \int_{t_0}^{t_0+T} f(t)(\cos n\omega_1 t - \mathrm{j}\sin n\omega_1 t)\mathrm{d}t$$

根据奇函数在一个周期内积分为零,不难看到:当 $f(t)$ 是实偶函数时, F_n 将为实数;当 $f(t)$ 是实奇函数时, F_n 则将为虚数。

如果将 F_n 写成

$$F_n = |F_n| \mathrm{e}^{\mathrm{j}\varphi_n} \tag{3-14}$$

则当 $n > 0$ 时, φ_n 将与三角函数形式中的 φ_n 意义一致,而

$$|F_n| = \frac{1}{2}\sqrt{a_n^2 + b_n^2} = \frac{1}{2}c_n \tag{3-15}$$

必须指出,复指数形式表示的傅里叶级数和三角函数表示的傅里叶级数是同一个函数的两种不同表示方式,只是采用的数域不同。如果 $f(t)$ 是一个实信号,则式(3-12)正是巧妙地利用共轭复数表示一个实数的范例。工程上负频率并无实际意义,最终由三角函数的奇偶性,可以与其绝对值对应的实频率项合并。

3.1.2　周期信号的频谱

三角形式的傅里叶级数,明显地表示了信号的频域特征。平均值 c_0 表示恒定分量(电路中称为直流), c_n 表示 n 次谐波的幅值, φ_n 表示 n 次谐波的初相位, c_n 与 φ_n 都是 $n\omega_1$ 的函数。如果把它们之间的关系画成曲线,则 $c_n(n\omega_1)$ 曲线称之为幅度频谱, $\varphi_n(n\omega_1)$ 曲线称之为相位频谱,或分别简称为幅度谱和相位谱。频谱也常用 F_n 表示,但 F_n 一般情况下是复数,故称之为复数频谱。在 $n>0$ 的情况下,两种频谱的相位谱意义相同,而各次谐波的幅度谱将相差一半。频谱清晰直观地显示了各频率分量的相对大小和初相位,在信号分析中占有重要的地位。下面介绍几种常见的周期信号的频谱。

3.1.2.1　周期矩形脉冲信号的频谱

$f(t)$ 如图 3-1(a) 所示, τ , A 和 T 分别表示脉冲宽度、脉冲幅度和周期。

$$F_n = \frac{1}{T}\int_{-\tau/2}^{\tau/2} A e^{-jn\omega_1 t}\,dt = \frac{-A}{jTn\omega_1} e^{-jn\omega_1 t}\Big|_{-\tau/2}^{\tau/2}$$

$$= \frac{2A}{Tn\omega_1}\sin\frac{n\omega_1\tau}{2} = \frac{A\tau}{T}\mathrm{Sa}\left(\frac{n\omega_1\tau}{2}\right)$$

所以

$$f(t) = \frac{A\tau}{T}\sum_{n=-\infty}^{\infty}\mathrm{Sa}\left(\frac{n\omega_1\tau}{2}\right)e^{jn\omega_1 t} \tag{3-16}$$

$$|F_n| = \frac{A\tau}{T}\left|\mathrm{Sa}\left(\frac{n\omega_1\tau}{2}\right)\right| \tag{3-17}$$

$$\varphi_n = \begin{cases} 0 & F_n \geq 0 \\ \pi & F_n < 0 \end{cases} \tag{3-18}$$

如果将 $\omega_1 = 2\pi/T$ 代入上面有关各式,则

$$\mathrm{Sa}\left(\frac{n\omega_1\tau}{2}\right) = \mathrm{Sa}\left(\frac{n\pi\tau}{T}\right)$$

图 3-1(b) 示出了 F_n 的波形,从图中不难看出:

①这是一个离散谱,谱线间隔为 ω_1 ,因为 $\omega_1 = 2\pi/T$,谱线间隔将取决于 T 。

②各谱线的高度正比于信号在一个周期内的平均值,即 $A\tau/T$,其中 $A\tau$ 正是脉冲的面积,幅度谱的包络线按 $\mathrm{Sa}(n\pi\tau/T)$ 的规律变化。

③频谱含无限多条谱线,但能量主要集中在零频和包络线第一次过零点对应的频率之间。在允许一定失真的条件下,传输信号往往只输送 $\omega < (2\pi/\tau)$ 范围内的各频率分量,所以常常把这段频率范围称为频带宽度。若频带宽度用 B_f 表示,显然

$$B_f = 1/\tau \tag{3-19}$$

谱线的密度取决于 T 与 τ 之比,即

$$\frac{2\pi/\tau}{\omega_1} = \frac{2\pi/\tau}{2\pi/T} = T/\tau \tag{3-20}$$

图 3-1 是按 $(T/\tau) = 4$ 绘制的。

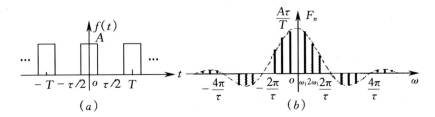

图 3-1 周期矩形脉冲及其频谱

3.1.2.2 周期三角波信号

设周期三角波 $f(t)$ 如图 3-2,A 为幅度,T 为周期。显然,$f(t)$ 为一奇谐波函数,只含奇次正弦项,考虑 $\omega_1 = 2\pi/T$,则

$$b_n = \frac{2}{T} \cdot 4 \int_0^{T/4} \frac{4A}{T} t \sin n\omega_1 t \, dt$$

$$= \frac{32A}{T^2} \left[\frac{1}{n^2\omega_1^2} \sin n\omega_1 t - \frac{1}{n\omega_1} t \cos n\omega_1 t \right] \Big|_0^{T/4}$$

$$= \frac{32A}{T^2 n^2 \omega_1^2} \sin \frac{n\omega_1 T}{4} = \frac{8A}{n^2\pi^2} \sin \frac{n\pi}{2}$$

所以

$$f(t) = \frac{8A}{\pi^2} \sum_{n=0}^{\infty} (-1)^n \frac{1}{(2n+1)^2} \sin(2n+1)\omega_1 t \tag{3-21}$$

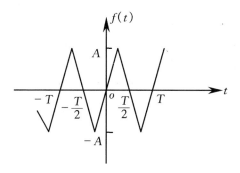

图 3-2   周期三角波

周期三角波只含奇次正弦谐波,其谐波的幅值与谐波次数的平方成反比,这是一种收敛较快的周期信号。若将其转换成复指数形式的傅里叶级数,则

$$F_n = -\frac{\mathrm{j}b_n}{2} = \frac{\mathrm{j}4A}{\pi^2}(-1)^{n+1}\frac{1}{(2n+1)^2}$$

$$f(t) = \frac{\mathrm{j}4A}{\pi^2}\sum_{n=-\infty}^{\infty}(-1)^{n+1}\frac{1}{(2n+1)^2}\mathrm{e}^{\mathrm{j}n\omega_1 t} \tag{3-22}$$

3.1.2.3   周期锯齿波信号

图 3-3 所示的锯齿波为一奇函数,三角展开式中将只含正弦项。其对应的傅里叶级数不难得出

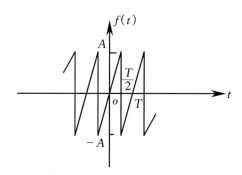

图 3-3   锯齿波

$$f(t) = \frac{A}{2\pi} \sum_{n=1}^{\infty} (-1)^{n+1} \frac{1}{n} \sin n\omega_1 t \qquad (3\text{-}23)$$

锯齿波包含各次谐波分量,谐波的幅值以 $1/n$ 衰减。

3.1.3 吉伯斯现象

用傅里叶级数表示一个周期信号 $f(t)$,实际上只能选取有限项,这将造成不可避免的误差。如果所取的是级数的前 $N+1$ 项,则

$$f(t) \approx c_0 + \sum_{n=1}^{N} c_n \cos(n\omega_1 t + \varphi_n) \qquad (3\text{-}24)$$

方均误差为

$$\overline{\varepsilon_N^2} = \frac{1}{T} \int_{t_0}^{t_0+T} \left[f(t) - c_0 - \sum_{n=1}^{N} c_n \cos(n\omega_1 t + \varphi_n) \right]^2 \mathrm{d}t \quad (3\text{-}25)$$

一般情况下,N 值越大,$\overline{\varepsilon_N^2}$ 越小。根据要求的 $\overline{\varepsilon_N^2}$,可选定项数 N。下面以图 3-4(a) 所示的对称方波 $f(t)$ 为例说明这一近似过程的特点。

$f(t)$ 既是偶对称,又是奇谐波函数,其傅里叶级数表达式为

$$f(t) = \frac{4A}{\pi} \left(\cos\omega_1 t - \frac{1}{3}\cos 3\omega_1 t + \frac{1}{5}\cos 5\omega_1 t - \cdots \right) \quad (3\text{-}26)$$

如果仅取第一项,方均误差为 $\overline{\varepsilon_1^2} \approx 0.2A^2$,若取前两项,则 $\overline{\varepsilon_2^2} \approx 0.08A^2$,图 3-4(b) 给出了分别取第一项、前两项和前三项时各自对应的图形。从图中不难得出:

①所取的项数愈多,波形愈接近原函数。但只有 $n \to \infty$,波形才会与原函数一致。

②当 $f(t)$ 为脉冲信号时,高频分量主要影响脉冲的跳变沿,而低频分量主要影响脉冲的顶部。一个信号的波形变化愈剧烈,其所含的高频分量愈丰富;反之,信号变化愈缓慢,所含的低频分量就愈多。

③信号中任一分量的幅度或相位发生相对变化时,波形都要发生失真。

在选取傅里叶级数项数时,如果信号不连续,则存在一种现象:所选取的项数愈多,所合成的波形中的峰起愈靠近 $f(t)$ 的不连续点。当所取项数足够大时,该峰起趋于一常数,约为跳变值的 9%,并从不连

续点开始以起伏振荡的形式逐渐衰减。这种现象称为吉伯斯现象。

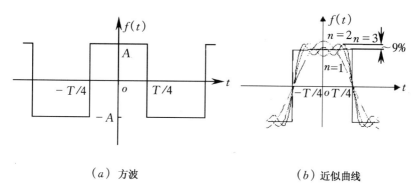

（a）方波　　　　　　　　（b）近似曲线

图 3-4 方波及吉伯斯现象

第 2 节 非周期信号的傅里叶变换

在工程实际中,非周期信号十分重要,但非周期信号不存在傅里叶级数,如何对其进行频域分析呢? 傅里叶变换提供了有力的工具。

3.2.1 傅里叶变换的定义

傅里叶变换的定义是

$$F(\mathrm{j}\omega) = \int_{-\infty}^{\infty} f(t)\mathrm{e}^{-\mathrm{j}\omega t} \,\mathrm{d}t \tag{3-27}$$

$F(\mathrm{j}\omega)$ 存在的充分条件是 $f(t)$ 满足绝对可积条件,即

$$\int_{-\infty}^{\infty} |f(t)| \,\mathrm{d}t < \infty \tag{3-28}$$

非周期信号相当于周期信号的周期趋于无限大时的极限情况。下面以周期信号的傅里叶级数为出发点,分析傅里叶变换的物理意义。周期为 T 的信号 $f(t)$ 的傅里叶级数为

$$f(t) = \sum_{n=-\infty}^{\infty} F_n \mathrm{e}^{\mathrm{j}n\omega_1 t}$$

而

$$F_n = \frac{1}{T} \int_{-T/2}^{T/2} f(t) \mathrm{e}^{-\mathrm{j}n\omega_1 t} \mathrm{d}t$$

当 $T \to \infty$ 时,由于 $f(t)$ 满足绝对可积条件,F_n 将趋于零,这导致非周期信号不可能表示为傅里叶级数形式。但是,由于 TF_n 是一个有限值,而 $\omega_1 = 2\pi/T = \Delta\omega \to \mathrm{d}\omega$,$n\omega_1 \to \omega$,由此可得

$$\lim_{T \to \infty} TF_n = \int_{-\infty}^{\infty} f(t) \mathrm{e}^{-\mathrm{j}\omega t} \mathrm{d}t$$

上式右端项正是傅里叶变换式。

若以 f 表示频率,由于 $TF_n = F_n/f$,所以傅里叶变换 $F(\mathrm{j}\omega)$ 表示的是单位频率的频谱,其单位为频谱/赫兹。$F(\mathrm{j}\omega)$ 代表的是频谱密度函数。通常称式(3-27)为傅里叶正变换,其反变换亦可由傅里叶级数的极限情况导得。若

$$f(t) = \sum_{n=-\infty}^{\infty} F_n(n\omega_1) \mathrm{e}^{\mathrm{j}n\omega_1 t}$$

上式可改写成

$$f(t) = \sum_{n=-\infty}^{\infty} \frac{F_n(n\omega_1)}{\omega_1} \mathrm{e}^{\mathrm{j}n\omega_1 t} \omega_1 = \frac{1}{2\pi} \sum_{n=-\infty}^{\infty} TF_n(n\omega_1) \mathrm{e}^{\mathrm{j}n\omega_1 t} \omega_1$$

当 $T \to \infty$ 时,$\omega_1 \to \mathrm{d}\omega$,$n\omega_1 \to \omega$,$TF_n(n\omega_1) \to F(\mathrm{j}\omega)$,则

$$f(t) = \frac{1}{2\pi} \int_{-\infty}^{\infty} F(\mathrm{j}\omega) \mathrm{e}^{\mathrm{j}\omega t} \mathrm{d}\omega \qquad (3-29)$$

式(3-29)即是傅里叶反变换。如果直接用频率 f 而不是用角频率 ω,则式(3-27)与式(3-29)完全相似。为方便,本书用下面符号表示傅里叶变换对

$$f(t) \leftrightarrow F(\mathrm{j}\omega)$$

由于 $F(\mathrm{j}\omega)$ 一般是一个复数,因此可表示为

$$F(\mathrm{j}\omega) = |F(\mathrm{j}\omega)| \mathrm{e}^{\mathrm{j}\varphi(\omega)} \qquad (3-30)$$

式中,$|F(\mathrm{j}\omega)|$ 和 $\varphi(\omega)$ 分别是频谱密度 $F(\mathrm{j}\omega)$ 的幅度谱和相位谱,$|F(\mathrm{j}\omega)|$ 代表信号中各频率分量的相对大小,$\varphi(\omega)$ 表示各频率分量的初始相位。虽然这些频率分量都趋于零,但它们的相对幅值和初相位不同,而无穷多趋于零的分量的组合,却可以表示一个满足绝对可

积的信号。因此,傅里叶变换和傅里叶级数类似,也清晰地表示了非周期信号的频域特性。

工程实际中存在大量的不满足绝对可积条件的信号(如周期信号、阶跃信号、符号函数等),在引入广义函数以后,它们也具有相应的傅里叶变换式。因此,在无特殊需要的情况下,对绝对可积条件不再作强调。另外,为了方便,在不致引起混淆的情况下,今后将频谱密度亦简称为频谱。

3.2.2 傅里叶变换的奇偶虚实性分析

由傅里叶变换的定义

$$F(j\omega) = \int_{-\infty}^{\infty} f(t) e^{-j\omega t} dt$$

$F(j\omega)$ 的一般形式可以写作

$$F(j\omega) = R(\omega) + jX(\omega) \tag{3-31}$$

或

$$F(j\omega) = |F(j\omega)| e^{j\varphi(\omega)}$$

式中

$$R(\omega) = \int_{-\infty}^{\infty} f(t) \cos\omega t \, dt \tag{3-32}$$

$$X(\omega) = -\int_{-\infty}^{\infty} f(t) \sin\omega t \, dt \tag{3-33}$$

当 $f(t)$ 是实函数时,则

$$|F(j\omega)| = \sqrt{R(\omega)^2 + X(\omega)^2} \tag{3-34}$$

$$\varphi(\omega) = \arctan \frac{X(\omega)}{R(\omega)} \tag{3-35}$$

通过对以上各式分析可知:

①当 $f(t)$ 是实函数时,显然 $R(\omega)$ 是 ω 的偶函数,而 $X(\omega)$ 是 ω 的奇函数,且此时 $F(j\omega)$ 与 $F(-j\omega)$ 互为共轭复数。即, $F(j\omega) = F^*(-j\omega)$ 。

②当 $f(t)$ 是虚函数时,则 $R(\omega)$ 是 ω 的奇函数,而 $X(\omega)$ 是 ω 的偶函数。而 $F(j\omega)$ 与 $-F(-j\omega)$ 互为共轭复数。

③无论 $f(t)$ 是实函数或是虚函数, $|F(j\omega)|$ 始终是 ω 的偶函数,

而 $\varphi(\omega)$ 始终是 ω 的奇函数。

④当 $f(t)$ 是实偶(奇)函数时,则其傅里叶变换为实偶(虚奇)函数。

3.2.3　几种常见信号的频谱

3.2.3.1　矩形脉冲信号

设矩形脉冲信号如图 3-5(a)所示,即

$$f(t)=\begin{cases} A & |t|<\dfrac{\tau}{2} \\[2mm] 0 & |t|>\dfrac{\tau}{2} \end{cases} \qquad (3-36)$$

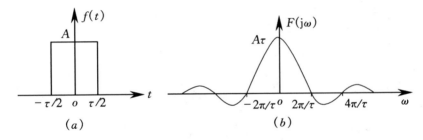

(a)　　　　　　　　　　(b)

图 3-5　矩形脉冲及其频谱

式中:A 为脉冲幅度,τ 为脉冲宽度。

$$F(\mathrm{j}\omega)=\int_{-\infty}^{\infty}f(t)\mathrm{e}^{-\mathrm{j}\omega t}\mathrm{d}t=\int_{-\tau/2}^{\tau/2}A\mathrm{e}^{-\mathrm{j}\omega t}\mathrm{d}t=\frac{2A}{\omega}\sin\frac{\omega\tau}{2}=A\tau\ \mathrm{Sa}\left(\frac{\omega\tau}{2}\right) \qquad (3-37)$$

$$|F(\mathrm{j}\omega)|=A\tau\left|\mathrm{Sa}\left(\frac{\omega\tau}{2}\right)\right| \qquad (3-38)$$

$$\varphi(\omega)=\begin{cases} 0 & \dfrac{4n\pi}{\tau}<|\omega|<\dfrac{2(2n+1)\pi}{\tau} \\[3mm] \pi & \dfrac{2(2n+1)\pi}{\tau}<|\omega|<\dfrac{4(n+1)\pi}{\tau} \end{cases} \quad n=0,1,2,\cdots$$

图 3-5(b)给出了其频谱图。这是一个连续的实数谱,幅度谱与相位谱可以画在一起。当 $F(\mathrm{j}\omega)>0$ 时,其相位为零;当 $F(\mathrm{j}\omega)<0$ 时,其相位为 π。

由图可见,矩形脉冲在时域中只是存在于有限时间范围内,但在频域却以 $\mathrm{Sa}(\omega\tau/2)$ 的规律分布在无限宽的频率范围内。显然,大部分能量集中在零频与第一个零点($\omega>0$ 时)之间,因此,称这段频率范围为矩形脉冲的频带宽度。如果用频率表示带宽,则带宽 $B_f=1/\tau$。

3.2.3.2 指数信号

(1) 单边指数信号

形如图 3-6(a)所示的单边指数信号的表达式为

$$f(t)=\begin{cases}\mathrm{e}^{-at} & t\geqslant 0\\ 0 & t<0\end{cases} \tag{3-39}$$

式中,$a>0$。其傅里叶变换为

$$F(\mathrm{j}\omega)=\int_0^\infty f(t)\mathrm{e}^{-\mathrm{j}\omega t}\mathrm{d}t=\int_0^\infty \mathrm{e}^{-at}\mathrm{e}^{-\mathrm{j}\omega t}\mathrm{d}t$$

$$=\int_0^\infty \mathrm{e}^{-(a+\mathrm{j}\omega)t}\mathrm{d}t=\frac{1}{a+\mathrm{j}\omega} \tag{3-40}$$

而

$$|F(\mathrm{j}\omega)|=\frac{1}{\sqrt{a^2+\omega^2}}$$

$$\varphi(\omega)=-\arctan\frac{\omega}{a}$$

单边指数信号的幅度谱 $|F(\mathrm{j}\omega)|$ 和相位谱 $\varphi(\omega)$ 如图 3-6(b)和(c)所示。

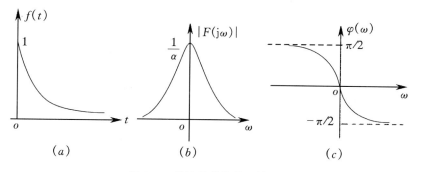

| (a) | (b) | (c) |

图 3-6 单边指数信号及其频谱

(2)双边指数信号

双边指数信号的定义为

$$f(t) = e^{-\alpha|t|} \quad -\infty < t < \infty \quad \alpha > 0 \tag{3-41}$$

其傅里叶变换为

$$F(j\omega) = \int_{-\infty}^{0} e^{\alpha t} e^{-j\omega t} dt + \int_{0}^{\infty} e^{-\alpha t} e^{-j\omega t} dt$$

$$= \frac{1}{\alpha - j\omega} + \frac{1}{\alpha + j\omega} = \frac{2\alpha}{\alpha^2 + \omega^2} \tag{3-42}$$

这是一个正实数频谱，$|F(j\omega)| = F(j\omega)$，而 $\varphi(\omega) = 0$。双边指数信号及其频谱如图 3-7。

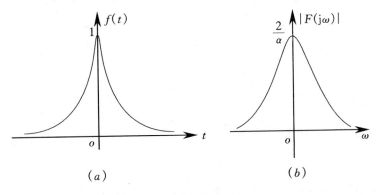

图 3-7　双边指数信号及其频谱

3.2.3.3　单位冲激信号

$$F(j\omega) = \int_{-\infty}^{\infty} \delta(t) e^{-j\omega t} dt = 1 \tag{3-43}$$

可见，单位冲激信号的频谱是一个均匀频谱。同理可证

$$k\delta(t) \leftrightarrow k$$

$\delta(t)$ 是时域中变化最剧烈的函数之一，而其频谱却是频域最均匀的。$\delta(t)$ 的波形及其频谱示于图 3-8 中。

3.2.3.4　常数

常数不满足绝对可积条件，由于 $\delta(t) \leftrightarrow 1$，所以

$$\delta(t) = \frac{1}{2\pi} \int_{-\infty}^{\infty} e^{j\omega t} d\omega$$

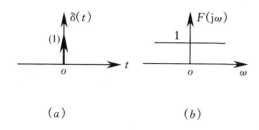

(a)　　　　　　　　　(b)

图 3-8　单位冲激信号的频谱

因为 $\delta(t)$ 是偶函数,上式可改写成

$$\delta(t) = \delta(-t) = \frac{1}{2\pi} \int_{-\infty}^{\infty} e^{-j\omega t} \, d\omega$$

交换 ω 与 t 后可得

$$2\pi\delta(\omega) = \int_{-\infty}^{\infty} 1 \cdot e^{-j\omega t} \, dt$$

对于一般的常数 k,则

$$k \leftrightarrow 2\pi k \delta(\omega) \tag{3-44}$$

常数是时域中最均匀的函数,但其在频域中对应的频谱却是一个只在 $\omega = 0$ 处存在的冲激谱,这一点和人们的直觉完全一致,常数只对应一个直流分量。通过对 $\delta(t)$ 和常数的频谱分析,已初步可以看出:在时域中信号变化愈尖锐,其频域对应的高频分量就愈丰富;反之,信号在时域中变化愈缓慢,其频域对应的低频分量就愈多;认识到这一点十分重要。常数 k 及其频谱示于图 3-9 中。

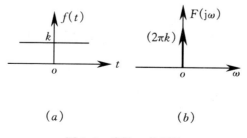

(a)　　　　　　　　　(b)

图 3-9　常数 k 的频谱

3.2.3.5　符号函数

符号函数的定义是

$$\mathrm{sgn}(t) = \begin{cases} 1 & t>0 \\ -1 & t<0 \end{cases} \tag{3-45}$$

符号函数不满足绝对可积条件,但它可以通过极限写成

$$\mathrm{sgn}(t) = \lim_{\alpha \to 0}[-\mathrm{e}^{\alpha t}\mathrm{u}(-t) + \mathrm{e}^{-\alpha t}\mathrm{u}(t)]$$

故其傅里叶变换为

$$\int_{-\infty}^{\infty} \mathrm{sgn}(t)\mathrm{e}^{-\mathrm{j}\omega t}\mathrm{d}t = \lim_{\alpha \to 0}\left[\int_{-\infty}^{0} -\mathrm{e}^{\alpha t}\mathrm{e}^{-\mathrm{j}\omega t}\mathrm{d}t + \int_{0}^{\infty}\mathrm{e}^{-\alpha t}\mathrm{e}^{-\mathrm{j}\omega t}\mathrm{d}t\right]$$

$$= \lim_{\alpha \to 0}\left[\frac{-1}{\alpha-\mathrm{j}\omega} + \frac{1}{\alpha+\mathrm{j}\omega}\right] = \lim_{\alpha \to 0}\frac{-2\mathrm{j}\omega}{\alpha^2-(\mathrm{j}\omega)^2} = \frac{2}{\mathrm{j}\omega}$$

$$\mathrm{sgn}(t) \leftrightarrow \frac{2}{\mathrm{j}\omega} \tag{3-46}$$

符号函数及其频谱见图 3-10。

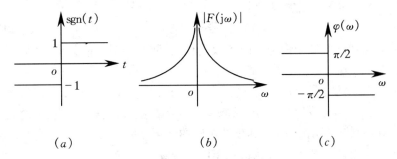

(a)　　　　　　　　(b)　　　　　　　　(c)

图 3-10　符号函数及其频谱

3.2.3.6　单位阶跃信号

单位阶跃函数不满足绝对可积条件,但它可以表示为下面形式

$$\mathrm{u}(t) = \frac{1}{2}\mathrm{sgn}(t) + \frac{1}{2}$$

由式(3-44)和式(3-46)可得

$$\mathrm{u}(t) \leftrightarrow \frac{1}{\mathrm{j}\omega} + \pi\delta(\omega) \tag{3-47}$$

由于单位阶跃信号在 $t=0$ 处有一突变,故其频谱一直延伸到无穷

远。单位阶跃信号及其频谱见图 3-11。

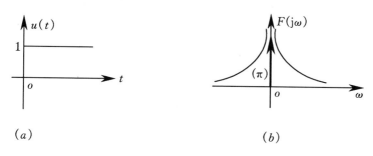

(a)　　　　　　　　　　　　　　　　(b)

图 3-11　单位阶跃信号及其频谱

第 3 节　傅里叶变换的性质

　　一个信号既可以用时域方法表示，又可以用频域方法表示，在实际中各有所用。同时，还不可避免地需要在两个域之间进行相互转换。掌握傅里叶变换的性质，不仅有助于简化这种转换过程，而且有利于加深对傅里叶变换的理解。从实际应用出发，本节将介绍傅里叶变换的一些主要性质。

3.3.1　线性性质

　　若

$$f_1(t) \leftrightarrow F_1(j\omega), f_2(t) \leftrightarrow F_2(j\omega)$$

则

$$af_1(t) + bf_2(t) \leftrightarrow aF_1(j\omega) + bF_2(j\omega) \tag{3-48}$$

式中，a 和 b 均为常数。

　　线性性质应用十分广泛，形式也易于接受。该性质可由傅里叶变换定义直接证明，这里从略。

3.3.2　尺度变换性质

　　若

$$f(t) \leftrightarrow F(j\omega)$$

则

$$f(at) \leftrightarrow \frac{1}{|a|} F\left(j\frac{\omega}{a}\right) \qquad (a \text{ 为不等于零的实常数}) \qquad (3\text{-}49)$$

证明 由

$$f(at) \leftrightarrow \int_{-\infty}^{\infty} f(at) e^{-j\omega t} dt$$

令 $v = at$，则 $dv = a dt$，当 $a > 0$ 时，等式右边变为

$$\frac{1}{a} \int_{-\infty}^{\infty} f(v) e^{-j\frac{\omega}{a}v} dv = \frac{1}{a} F\left(j\frac{\omega}{a}\right)$$

当 $a < 0$ 时得

$$\frac{1}{a} \int_{\infty}^{-\infty} f(v) e^{-j\frac{\omega}{a}v} dv = \frac{-1}{a} F\left(j\frac{\omega}{a}\right) = \frac{1}{|a|} F\left(j\frac{\omega}{|a|}\right)$$

可见，只要 a 为不等于零的实常数，该性质就成立。

该性质说明：信号在时域中时间轴扩展 $|a|$ 倍，则其对应的频域中频率轴就将压缩到 $1/|a|$。信号仅在时间扩展意味着信号随时间变化变缓，其高频成分自然要减少，当然其密度也应相应降低。如果信号在时域中时间轴压缩，则其情况与上述情况恰巧相反。

3.3.3 对称性质

若

$$f(t) \leftrightarrow F(j\omega)$$

则

$$F(jt) \leftrightarrow 2\pi f(-\omega) \qquad (3\text{-}50)$$

证明 由傅里叶反变换的定义

$$f(t) = \frac{1}{2\pi} \int_{-\infty}^{\infty} F(j\omega) e^{j\omega t} d\omega$$

可得

$$2\pi f(-t) = \int_{-\infty}^{\infty} F(j\omega) e^{-j\omega t} d\omega$$

调换上式中两个变量，则

$$2\pi f(-\omega) = \int_{-\infty}^{\infty} F(jt) e^{-j\omega t} dt$$

即

$$F(\mathrm{j}t) \leftrightarrow 2\pi f(-\omega)$$

如果 $f(t)$ 是一个偶函数,则

$$F(\mathrm{j}t) \leftrightarrow 2\pi f(\omega)$$

对称性质显示了时域与频域函数之间的对应关系,对展宽人们的视野十分有益。例如,矩形时间脉冲的频谱是抽样函数,则抽样时间函数的频谱一定是矩形脉冲。

3.3.4　时移性质

若

$$f(t) \leftrightarrow F(\mathrm{j}\omega)$$

则

$$f(t-t_0) \leftrightarrow F(\mathrm{j}\omega)\mathrm{e}^{-\mathrm{j}\omega t_0} \tag{3-51}$$

式中,t_0 是一个常数。

证明　令 $v = t - t_0$,则 $\mathrm{d}v = \mathrm{d}t$,代入傅里叶变换的定义式中为

$$\int_{-\infty}^{\infty} f(t-t_0)\mathrm{e}^{-\mathrm{j}\omega t}\mathrm{d}t = \int_{-\infty}^{\infty} f(v)\mathrm{e}^{-\mathrm{j}\omega(v+t_0)}\mathrm{d}v$$
$$= F(\mathrm{j}\omega)\mathrm{e}^{-\mathrm{j}\omega t_0}$$

该性质说明:信号在时域中时移,由于其波形不改变,其幅度谱不会改变,但其相位将会改变 $-\omega t_0$。这一点与时域中信号平移将伴随相位变化概念完全一致。

3.3.5　频移性质

若

$$f(t) \leftrightarrow F(\mathrm{j}\omega)$$

则

$$f(t) \cdot \mathrm{e}^{\mathrm{j}\omega_0 t} \leftrightarrow F(\mathrm{j}\omega - \mathrm{j}\omega_0) \tag{3-52}$$

式中,ω_0 为常数,代表位移的角频率。

证明　由傅里叶变换的定义

$$\int_{-\infty}^{\infty} f(t)\mathrm{e}^{\mathrm{j}\omega_0 t}\mathrm{e}^{-\mathrm{j}\omega t}\mathrm{d}t = \int_{-\infty}^{\infty} f(t)\mathrm{e}^{-\mathrm{j}(\omega-\omega_0)t}\mathrm{d}t$$
$$= F(\mathrm{j}\omega - \mathrm{j}\omega_0)$$

该性质说明:信号在时域中乘以 $\mathrm{e}^{\mathrm{j}\omega_0 t}$,相应于其在频域的频谱右移

ω_0。频移在信号传输中具有重要的地位,高频载波信号被调制信号调制后,其包络线具有调制信号的信息,这样低频信号就可以通过高频信号传输出去。在无线电通讯和广播技术中,低频信号的发射效率甚低,必须采用调制技术才能把信息有效地发送出去。在接收端,再通过解调或检波方法恢复调制信号,这里载波信号仅起运载作用。

3.3.6　卷积定理

3.3.6.1　时域卷积定理

若

$$f_1(t) \leftrightarrow F_1(j\omega), \quad f_2(t) \leftrightarrow F_2(j\omega)$$

则

$$f_1(t) * f_2(t) \leftrightarrow F_1(j\omega) \cdot F_2(j\omega) \tag{3-53}$$

证明　由

$$\int_{-\infty}^{\infty} [f_1(t) * f_2(t)] e^{-j\omega t} dt = \int_{-\infty}^{\infty} \left[\int_{-\infty}^{\infty} f_1(\tau) f_2(t-\tau) d\tau \right] e^{-j\omega t} dt$$

$$= \int_{-\infty}^{\infty} f_1(\tau) \left[\int_{-\infty}^{\infty} f_2(t-\tau) e^{-j\omega t} dt \right] d\tau$$

令 $v = t - \tau$,则 $dv = dt$,代入上式可得

$$\int_{-\infty}^{\infty} f_1(\tau) \left[\int_{-\infty}^{\infty} f_2(v) e^{-j\omega(v+\tau)} dv \right] d\tau = \int_{-\infty}^{\infty} f_1(\tau) e^{-j\omega\tau} d\tau \int_{-\infty}^{\infty} f_2(v) e^{-j\omega v} dv$$

$$= F_1(j\omega) \cdot F_2(j\omega)$$

由于时域卷积是求解系统零状态响应的重要手段,因此,时域卷积性质为分析这种响应的频谱提供了方便。

3.3.6.2　频域卷积性质

若

$$f_1(t) \leftrightarrow F_1(j\omega), f_2(t) \leftrightarrow F_2(j\omega)$$

则

$$f_1(t) \cdot f_2(t) \leftrightarrow \frac{1}{2\pi} F_1(j\omega) * F_2(j\omega) \tag{3-54}$$

该性质证明方法与时域卷积性质类似,这里不再叙述。

3.3.7　微分性质

3.3.7.1 时域微分性质

若

$$f(t) \leftrightarrow F(j\omega)$$

则

$$\frac{\mathrm{d}f(t)}{\mathrm{d}t} \leftrightarrow j\omega F(j\omega) \tag{3-55}$$

证明　由定义

$$f(t) = \frac{1}{2\pi} \int_{-\infty}^{\infty} F(j\omega) e^{j\omega t} \mathrm{d}\omega$$

上式两边分别对 t 求导

$$\frac{\mathrm{d}f(t)}{\mathrm{d}t} = \frac{1}{2\pi} \int_{-\infty}^{\infty} j\omega F(j\omega) e^{j\omega t} \mathrm{d}\omega$$

根据傅里叶变换的定义得

$$\frac{\mathrm{d}f(t)}{\mathrm{d}t} \leftrightarrow j\omega F(j\omega) \tag{3-56}$$

如果重复进行求导,上述结论可推广到

$$\frac{\mathrm{d}^n f(t)}{\mathrm{d}t^n} \leftrightarrow (j\omega)^n F(j\omega) \tag{3-57}$$

利用时域微分性质,可以十分方便地求解由线段组合而形成的信号的傅里叶变换,后面的例题将充分说明这一点。但应该指出的是:如果通过信号的导数的傅里叶变换求原信号的傅里叶变换,因为常数求导后变为零,这将导致其逆运算中失掉一表示直流分量的冲激量,此时宜用下面介绍的积分性质求解。换句话说,如果信号的平均值为零,利用微分性质也可以求原函数的傅里叶变换。

3.3.7.2　频域微分性质

若

$$f(t) \leftrightarrow F(j\omega)$$

则

$$-jtf(t) \leftrightarrow \frac{\mathrm{d}F(j\omega)}{\mathrm{d}\omega} \tag{3-58}$$

该性质的证明与时域微分性质类似。

例 3-1　求冲激偶函数的傅里叶变换。

解　由于

$$\delta(t) \leftrightarrow 1$$

而

$$\delta'(t) = \frac{\mathrm{d}\delta(t)}{\mathrm{d}t}$$

根据微分性质必有

$$\delta'(t) \leftrightarrow \mathrm{j}\omega \qquad\qquad (3\text{-}59)$$

例 3-2　设信号的波形如图 3-12(a)所示,试用微分性质求其傅里叶变换。

解　$f(t) = (t+1)[\mathrm{u}(t+1) - \mathrm{u}(t)] + [\mathrm{u}(t) - \mathrm{u}(t-1)] + (-2t+4)[\mathrm{u}(t-1) - \mathrm{u}(t-2)]$

$$\frac{\mathrm{d}f(t)}{\mathrm{d}t} = (t+1)[\delta(t+1) - \delta(t)] + \mathrm{u}(t+1) - \mathrm{u}(t) + \delta(t) - \delta(t-1) + (-2t+4)[\delta(t-1) - \delta(t-2)] - 2[\mathrm{u}(t-1) - \mathrm{u}(t-2)]$$

$$= [\mathrm{u}(t+1) - \mathrm{u}(t)] + \delta(t-1) - 2[\mathrm{u}(t-1) - \mathrm{u}(t-2)]$$

$$\frac{\mathrm{d}^2 f(t)}{\mathrm{d}t^2} = \delta(t+1) - \delta(t) + \delta'(t-1) - 2\delta(t-1) + 2\delta(t-2)$$

根据时移性质可得

$$\frac{\mathrm{d}^2 f(t)}{\mathrm{d}t^2} \leftrightarrow \mathrm{e}^{\mathrm{j}\omega} - 1 + \mathrm{j}\omega \mathrm{e}^{-\mathrm{j}\omega} - 2\mathrm{e}^{-\mathrm{j}\omega} + 2\mathrm{e}^{-\mathrm{j}2\omega}$$

再根据微分性质得

$$f(t) \leftrightarrow \frac{-1}{\omega^2}(\mathrm{e}^{\mathrm{j}\omega} - 1 + \mathrm{j}\omega \mathrm{e}^{-\mathrm{j}\omega} - 2\mathrm{e}^{-\mathrm{j}\omega} + 2\mathrm{e}^{-\mathrm{j}2\omega})$$

　　通过上述求解过程可以看出,函数式中包含定义域在内,这使求解过程变得麻烦,但这个过程是严密的,不会发生漏项。如果利用导数概念,直接用图形分析,则 $f(t)$ 的一阶导数和二阶导数分别示于图 3-12(b)与(c)中,由图(c)不难根据微分性质求得最后结果。显然,后一种过程更简便。但是,如果将表达式与定义域分开表示,则在函数突变处

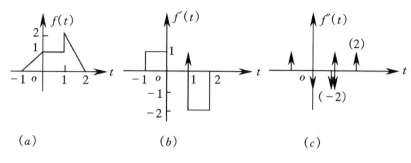

(a) (b) (c)

图 3-12

很容易产生漏项。

如果信号是由线段组合而成,则最多求二阶导数必定只存在冲激函数(有时含冲激偶函数),这两种函数的傅里叶变换都是已知的,再根据微分定理就可求出其傅里叶变换。

3.3.8 积分性质

3.3.8.1 时域积分性质

若

$$f(t) \leftrightarrow F(j\omega)$$

则

$$\int_{-\infty}^{t} f(\tau)d\tau \leftrightarrow \frac{F(j\omega)}{j\omega} + \pi F(0)\delta(\omega) \qquad (3-60)$$

显然,当信号的平均值不等于零时,$F(0) \neq 0$,这意味着信号含有直流成分;否则,式(3-60)中将不含冲激项。

证明 因为

$$f(t) * u(t) = \int_{-\infty}^{\infty} f(\tau)u(t-\tau)d\tau = \int_{-\infty}^{t} f(\tau)d\tau$$

根据时域卷积性质

$$\int_{-\infty}^{t} f(\tau)d\tau \leftrightarrow F(j\omega)\left[\frac{1}{j\omega} + \pi\delta(\omega)\right]$$

即

$$\int_{-\infty}^{t} f(\tau)d\tau \leftrightarrow \frac{F(j\omega)}{j\omega} + \pi F(0)\delta(\omega)$$

3.3.8.2　频域积分性质

若

$$f(t) \leftrightarrow F(j\omega)$$

则

$$\frac{f(t)}{-jt} \leftrightarrow \int_{-\infty}^{\infty} F(jv)dv \qquad (3-61)$$

上式的证明类似于微分性质。

例 3-3　已知 $\delta(t) \leftrightarrow 1$，利用积分性质求单位阶跃函数的傅里叶变换。

解　当 $t>0$ 时存在

$$u(t) = \int_{-\infty}^{t} \delta(\tau)d\tau$$

由于 $\delta(t) \leftrightarrow 1$，由积分性质可得

$$u(t) \leftrightarrow \frac{1}{j\omega} + \pi F(0)\delta(\omega)$$

由于 $F(j\omega) = 1$，则 $F(0) = 1$，故

$$u(t) \leftrightarrow \frac{1}{j\omega} + \pi\delta(\omega)$$

由于 $u(t)$ 的平均值不为零，直接通过微分性质求解是不合理的。如果采用微分性质求解，则

$$\frac{du(t)}{dt} = \delta(t)$$

设 $F(j\omega)$ 是 $u(t)$ 的傅里叶变换，由微分性质

$$1 = j\omega F(j\omega)$$

则

$$F(j\omega) = \frac{1}{j\omega} \neq \frac{1}{j\omega} + \pi\delta(\omega)$$

这一结果显然丢失了表示平均值的项。

例 3-4　信号的波形如图 3-13 所示，若已知 $f(t) \leftrightarrow F(j\omega)$，试求 $f_1(t)$ 的傅里叶变换 $F_1(j\omega)$。

解　由图形变换可知

$$f_1(t) = f\left[-2\left(t - \frac{T}{2} \right) \right]$$

$f(t)$经反摺和比例变换得 $f(-2t)$，最后经时移而得 $f\left[-2\left(t - \frac{T}{2} \right) \right]$，由尺度变换性质可知

$$f(-2t) \leftrightarrow \frac{1}{2}F\left(-\frac{\mathrm{j}\omega}{2} \right)$$

再由时移性质得

$$f_1(t) \leftrightarrow \frac{1}{2}F\left(-\frac{\mathrm{j}\omega}{2} \right) \mathrm{e}^{-\mathrm{j}\frac{T}{2}\omega}$$

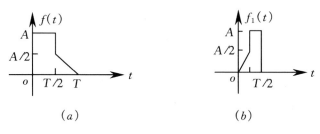

图 3-13

第4节 周期信号的傅里叶变换

周期信号可以用傅里叶级数表示，其频域特性已十分清晰，为什么还要研究其傅里叶变换呢？首先周期信号存在傅里叶变换，并代表其频谱密度；另外，周期信号与非周期信号不可避免地会同时存在于同一系统之中，分析二者相互作用的频域特性只能用傅里叶变换。

设周期信号的周期为 T，则基波角频率 $\omega_1 = 2\pi/T$，其傅里叶级数展开式为

$$f(t) = \sum_{n=-\infty}^{\infty} F_n \mathrm{e}^{\mathrm{j}n\omega_1 t}$$

两边同时取傅里叶变换得

$$F(\mathrm{j}\omega) = \int_{-\infty}^{\infty} \sum_{n=-\infty}^{\infty} F_n \mathrm{e}^{\mathrm{j}n\omega_1 t} \mathrm{e}^{-\mathrm{j}\omega t} \mathrm{d}t = \sum_{n=-\infty}^{\infty} F_n \int_{-\infty}^{\infty} \mathrm{e}^{-\mathrm{j}(\omega-n\omega_1)t} \mathrm{d}t$$

由频移性质和常数 $k \leftrightarrow 2\pi k\delta(\omega)$，可得

$$F(\mathrm{j}\omega) = 2\pi \sum_{n=-\infty}^{\infty} F_n \delta(\omega - n\omega_1) \qquad (3\text{-}62)$$

上式即为周期信号的傅里叶变换公式。式中，F_n 就是傅里叶级数的系数，即

$$F_n = \frac{1}{T} \int_{-T/2}^{T/2} f(t) \mathrm{e}^{-\mathrm{j}n\omega_1 t} \mathrm{d}t \qquad (3\text{-}63)$$

　　显然，这是一个离散的冲激谱。由于傅里叶级数只是在整数倍基波频率处存在谐波，其频谱密度必然在谐波存在点趋于无限值。

　　确定周期信号的频谱的关键，就是如何给出系数 F_n。当然，直接通过积分计算是一种办法，但有时这一过程很繁。在工程实际中，常采用下面两种方法：一种方法是通过已知的傅里叶级数确定 F_n；另一种途径是利用所谓时限信号的傅里叶变换，通过简单的变换获得。下面说明后一种方法的变换过程。

　　如果以 $f_0(t)$ 表示周期函数 $f(t)$ 的一个周期，即

$$f_0(t) = \begin{cases} f(t) & |t| < T/2 \\ 0 & |t| > T/2 \end{cases}$$

则

$$f(t) = \sum_{n=-\infty}^{\infty} f_0(t - nT)$$

由于

$$F_0(\mathrm{j}\omega) = \int_{-\infty}^{\infty} f_0(t) \mathrm{e}^{-\mathrm{j}\omega t} \mathrm{d}t = \int_{-T/2}^{T/2} f(t) \mathrm{e}^{-\mathrm{j}\omega t} \mathrm{d}t$$

上式与 F_n 相比较，不难得出

$$F_n = \frac{1}{T} F_0(\mathrm{j}\omega) \bigg|_{\omega = n\omega_1} \qquad (3\text{-}64)$$

　　上式不仅说明了如何通过 $F_0(\omega)$ 确定 $F_n(n\omega_1)$，而且说明了当时限信号延拓成周期信号时，周期信号的频谱密度的包络线与 $F_0(\omega)$ 的

形状完全相似,仅仅是幅度相差一个比例常数 $1/T$。

3.4.1 正弦函数与余弦函数

将正弦函数和余弦函数表示为

$$\sin\omega_0 t = \frac{1}{2\mathrm{j}}(\mathrm{e}^{\mathrm{j}\omega_0 t} - \mathrm{e}^{-\mathrm{j}\omega_0 t})$$

$$\cos\omega_0 t = \frac{1}{2}(\mathrm{e}^{\mathrm{j}\omega_0 t} + \mathrm{e}^{-\mathrm{j}\omega_0 t})$$

由于

$$k \leftrightarrow 2\pi k \delta(\omega)$$

再根据频移性质得

$$\sin\omega_0 t \leftrightarrow \mathrm{j}\pi[\delta(\omega + \omega_0) - \delta(\omega - \omega_0)] \tag{3-65}$$

$$\cos\omega_0 t \leftrightarrow \pi[\delta(\omega - \omega_0) + \delta(\omega + \omega_0)] \tag{3-66}$$

由上面二式可以看出,无论正弦还是余弦函数,其频谱密度只有在 $\pm\omega_0$ 处不等于零,这说明正弦或余弦函数只存在一个频率。

3.4.2 周期矩形脉冲信号

周期矩形脉冲信号在采样电路中十分重要,现在从周期延拓的概念来推导其傅里叶变换。设 $f_0(t)$ 如图 3-5(a)所示,而 $f(t)$ 以 T 为周期,由 $f_0(t)$ 延拓而成。由式(3-38)可知

$$F_0(\mathrm{j}\omega) = A\tau\mathrm{Sa}\left(\frac{\omega\tau}{2}\right)$$

而

$$F_n = \frac{1}{T}F_0(\mathrm{j}\omega)\bigg|_{\omega = n\omega_1} = \frac{A\tau}{T}\mathrm{Sa}\left(\frac{n\omega_1\tau}{2}\right)$$

则

$$F(\mathrm{j}\omega) = 2\pi \sum_{n=-\infty}^{\infty} F_n \delta(\omega - n\omega_1)$$

$$= A\tau\omega_1 \sum_{n=-\infty}^{\infty} \mathrm{Sa}\left(\frac{n\omega_1\tau}{2}\right)\delta(\omega - n\omega_1) \tag{3-67}$$

$F_0(\mathrm{j}\omega)$,$F_n(n\omega_1)$ 和 $F(\mathrm{j}\omega)$ 的图形示于图 3-14。通过图形容易看出:时限函数 $f_0(t)$ 的频谱是一个连续谱,周期信号 $f(t)$ 用傅里叶级

数表示的频谱是一个离散谱,而其频谱密度则是一个离散的冲激谱。此外,连续谱与离散谱的包络线是相似的。

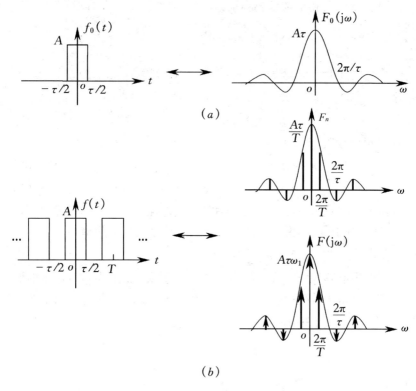

图 3-14　周期矩形脉冲信号及其频谱

3.4.3　单位冲激序列

单位冲激序列的表达式是

$$\delta_T = \sum_{n=-\infty}^{\infty} \delta(t - nT) \tag{3-68}$$

这是一个以 T 为周期的冲激序列。

该序列可以看作由 $\delta(t)$ 延拓而成,由

$$\delta(t) \leftrightarrow 1$$

则

$$F_n = \frac{1}{T} F_0(\omega) \bigg|_{\omega = n\omega_1} = \frac{1}{T}$$

所以

$$F(j\omega) = 2\pi \sum_{n=-\infty}^{\infty} F_n \delta(\omega - n\omega_1) = \frac{2\pi}{T} \sum_{n=-\infty}^{\infty} \delta(\omega - n\omega_1)$$

或写为

$$\delta_T(t) \leftrightarrow \omega_1 \sum_{n=-\infty}^{\infty} \delta(\omega - n\omega_1) \qquad (3\text{-}69)$$

$\delta_T(t)$ 对应的傅里叶级数为

$$\delta_T(t) = \frac{1}{T} \sum_{n=-\infty}^{\infty} e^{jn\omega_1 t} \qquad (3\text{-}70)$$

图 3-15 给出了 $\delta_T(t)$ 及其频谱。

冲激序列之所以归结于连续时间信号,这是因为可以定义在 n 不是整数时的值为零,并可以通过时域积分求其积分值。但是,冲激序列还是一个序列,又具有离散时间信号的特点,这是一个十分特殊的信号。当周期矩形脉冲信号的脉冲宽度甚小时,通常用冲激序列来理想化,其目的在于简化分析计算过程。

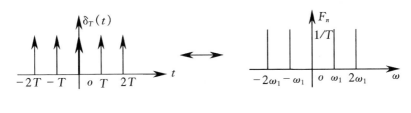

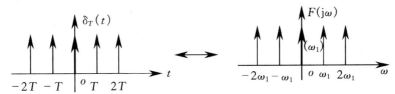

图 3-15　冲激序列及其频谱

例 3-5　求图 3-16(a)所示信号的傅里叶变换。

解　由微分性质,很容易求得

$$F_0(j\omega) = -\frac{1}{\omega^2}(e^{-j\omega} - 2 + e^{j\omega}) = \frac{2}{\omega^2}(1 - \cos\omega)$$

$$= \left(\frac{\sin\dfrac{\omega}{2}}{\dfrac{\omega}{2}}\right)^2 = S_a^2\left(\frac{\omega}{2}\right)$$

因为 $\omega_1 = 2\pi/T = \pi/2$，所以

$$F(n\omega_1) = \frac{1}{T}F_0(j\omega)\bigg|_{\omega = n\omega_1}$$

$$= \frac{1}{4}S_a^2\left(\frac{n\pi}{4}\right)$$

根据式(3-62)得

$$F(j\omega) = \frac{\pi}{2}\sum_{n=-\infty}^{\infty} S_a^2\left(\frac{n\pi}{4}\right)\delta\left(\omega - \frac{n\pi}{2}\right)$$

$F(j\omega)$ 的图形示于图 3-16(b)。

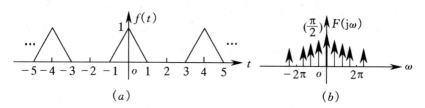

$$(a) \qquad\qquad (b)$$

图 3-16

例 3-6　若 $f_1(t)$ 的频谱如图 3-17(a)所示，$f_2(t) = \cos t$，试求 $y(t) = f_1(t) \cdot f_2(t)$ 的频谱。

解　由式(3-66)知

$$F_2(j\omega) = \pi[\delta(\omega - 1) + \delta(\omega + 1)]$$

根据频域卷积性质

$$Y(j\omega) = \frac{1}{2\pi}F_1(j\omega) * F_2(j\omega)$$

$$= \frac{1}{2\pi}F_1(j\omega) * \pi[\delta(\omega - 1) + \delta(\omega + 1)]$$

$$= \frac{1}{2}\{F_1[j(\omega - 1)] + F_1[j(\omega + 1)]\}$$

$Y(j\omega)$ 的图形示于图 3-17(b)。

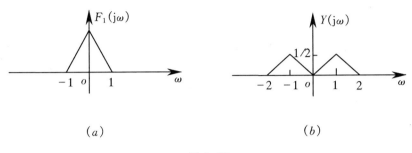

(a)　　　　　　　　　　　(b)

图 3-17

第 5 节 能谱与功率谱

信号的某些特点,除了可以在时域和频域中研究外,还可以通过能量或功率进行研究。实际中常把信号分为能量有限信号与功率有限信号,并使用能量谱或功率谱描述信号。能量谱表示信号能量随频率的变化;功率谱表示信号的平均功率随频率的变化。通过能量谱或功率谱决定信号的频带很有意义。在随机信号分析中,信号不能用确定的时间函数表示,也无法用频谱表示,往往用功率谱描述它们的频域特性。

3.5.1 能量谱

信号的能量定义为

$$E(\omega) = \int_{-\infty}^{\infty} |f(t)|^2 dt \qquad (3-71)$$

如果 $f(t)$ 是实函数,则

$$E(\omega) = \int_{-\infty}^{\infty} f^2(t) dt \qquad (3-72)$$

当 $E(\omega)$ 为有限值时,称之为能量有限信号。

下面通过对实信号的分析,确定信号能量如何用频域表示。

由于

$$f(t) = \frac{1}{2\pi}\int_{-\infty}^{\infty} F(j\omega)e^{j\omega t}d\omega$$

则

$$E(\omega) = \int_{-\infty}^{\infty} f(t)\left[\frac{1}{2\pi}\int_{-\infty}^{\infty} F(j\omega)e^{j\omega t}d\omega\right]dt$$

$$= \frac{1}{2\pi}\int_{-\infty}^{\infty} F(j\omega)\left[\int_{-\infty}^{\infty} f(t)e^{j\omega t}dt\right]d\omega = \frac{1}{2\pi}\int_{-\infty}^{\infty} F(j\omega)F(-j\omega)d\omega$$

因为 $f(t)$ 是实函数，$F(-j\omega) = F^*(j\omega)$，所以

$$E(\omega) = \frac{1}{2\pi}\int F(j\omega)F^*(j\omega)d\omega = \frac{1}{2\pi}\int_{-\infty}^{\infty}|F(j\omega)|^2 d\omega \quad (3-73)$$

因此

$$\int_{-\infty}^{\infty} f^2(t)dt = \frac{1}{2\pi}\int_{-\infty}^{\infty}|F(j\omega)|^2 d\omega \quad (3-74)$$

上式称为帕斯瓦尔公式，它表示信号的能量可以通过频域进行计算，这和通过时域计算的结果完全一致。也就是说：信号经过傅里叶变换后，其能量保持不变。

如果令

$$S(\omega) = \frac{1}{\pi}|F(j\omega)|^2 \quad (3-75)$$

考虑 $|F(j\omega)|$ 应是 ω 的实偶函数，则

$$E(\omega) = \int_0^{\infty} S(\omega)d\omega \quad (3-76)$$

$S(\omega)$ 称为信号的能量密度谱，简称为能量谱或能谱，表示单位频带含有的能量。当信号的能谱给出时，任一带宽范围内信号所具有的能量与该段曲线下的面积成正比，这对分析信号各频率范围占有的能量比例十分方便。

例 3-7 求图 3-5(a)所示的矩形脉冲 $f(t)$ 的能量谱。

解 由式(3-38)知矩形脉冲信号的频谱为

$$F(j\omega) = A\tau Sa\left(\frac{\omega\tau}{2}\right)$$

所以

$$S(\omega) = \frac{1}{\pi} |F(j\omega)|^2 = \frac{1}{\pi} A^2 \tau^2 Sa^2 \left(\frac{\omega\tau}{2} \right)$$

据此可以绘出能量密度谱曲线。

3.5.2 功率谱

如果信号的能量无限大,用能量谱研究就十分不方便,甚至是不可能的,遇到这种情况可以研究其功率谱。信号的功率指的是其平均功率,并定义

$$P(\omega) = \lim_{T \to \infty} \frac{1}{T} \int_{-T/2}^{T/2} |f(t)|^2 \mathrm{d}t \qquad (3-77)$$

若 $f(t)$ 是实函数,则

$$P(\omega) = \lim_{T \to \infty} \frac{1}{T} \int_{-T/2}^{T/2} f^2(t) \mathrm{d}t \qquad (3-78)$$

如果信号的功率是有限值,则称此信号为功率有限信号,简称功率信号。由于信号的平均功率时间定义为 $T \to \infty$,显然,一切能量有限信号的平均功率都为零,故一般所指的功率有限信号的能量必定是无限大。

将式(3-74)代入式(3-78)中,则

$$P(\omega) = \frac{1}{2\pi} \int_{-\infty}^{\infty} \lim_{T \to \infty} \frac{|F(j\omega)|^2}{T} \mathrm{d}\omega$$

因为 $f(t)$ 是实函数,故

$$P(\omega) = \frac{1}{\pi} \int_{0}^{\infty} \lim_{T \to \infty} \frac{|F(j\omega)|^2}{T} \mathrm{d}\omega$$

如果积分号下的极限存在,定义

$$S_p(\omega) = \frac{1}{\pi} \lim_{T \to \infty} \frac{|F(j\omega)|^2}{T} \qquad (3-79)$$

则

$$P(\omega) = \int_{0}^{\infty} S_p(\omega) \mathrm{d}\omega \qquad (3-80)$$

$S_p(\omega)$ 称为信号 $f(t)$ 的功率密度谱,简称功率谱,表示单位频带内的功率。

与信号的功率谱构成一对傅里叶变换的是信号的相关函数,通过

相关函数定义能量谱和功率谱也是一种常用的方法。当某些信号无法确定其傅里叶变换时,有时却可以通过相关函数求得其对应的傅里叶变换。有关相关函数的介绍将在随机信号分析一章中涉及。

第6节 采样信号

所谓"采样"(或抽样),就是在自变量的一些离散点上"采取"(或抽取)连续信号的一系列离散值,由这些离散值构成的信号,称为原连续信号的"采样信号"。采样信号经过量化编码形成所谓"数字信号",而数字信号是典型的离散信号,这种信号在信号传输与信号处理过程中有许多优点,得到了广泛的应用。当需要将信号恢复成连续信号时,可对上述过程进行逆变换。这种变换过程可以通过数-模转换器完成。

在信号离散化的过程中,必须回答的问题是:①采样信号是否保留了原连续信号的全部信息,即二者的频域特性有什么联系?②必须满足什么样的条件,才能够由采样信号无失真地恢复原连续信号?下面将从采样过程开始,回答这两个问题。

3.6.1 时域采样

图 3-18 表示的连续信号 $f(t)$ 经采样脉冲 $p(t)$ 采样,在数学上这是一个乘法运算。若采样信号用 $f_s(t)$ 表示,则

$$f_s(t) = f(t) \cdot p(t) \tag{3-81}$$

若 $f(t) \leftrightarrow F(\mathrm{j}\omega)$, $p(t) \leftrightarrow P(\mathrm{j}\omega)$, $f_s(t) \leftrightarrow F_s(\mathrm{j}\omega)$,因为 $p(t)$ 是周期函数,所以

$$P(\mathrm{j}\omega) = 2\pi \sum_{n=-\infty}^{\infty} P_n \delta(\omega - n\omega_s) \tag{3-82}$$

式中 T_s 是 $p(t)$ 的周期,$\omega_s = 2\pi/T_s$,而

$$P_n = \frac{1}{T_s} \int_{-T_s/2}^{T_s/2} p(t) \mathrm{e}^{-\mathrm{j}n\omega_s t} \mathrm{d}t$$

根据频域卷积性质可知

$$F_s(\mathrm{j}\omega) = \frac{1}{2\pi} F(\mathrm{j}\omega) * P(\mathrm{j}\omega)$$

将式(3-82)代入上式,于是

$$F_s(\mathrm{j}\omega) = \sum_{n=-\infty}^{\infty} P_n F[\mathrm{j}(\omega - n\omega_s)] \qquad (3-83)$$

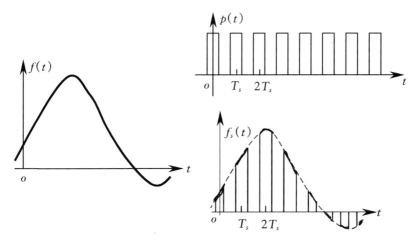

图 3-18   采样信号的波形

式(3-83)说明:采样信号的频谱是原连续信号的频谱以采样信号的角频率为间隔,并被采样脉冲的傅里叶级数的系数 P_n 所加权而重复出现的频谱。显然,如果 P_n 是实数且任取一个 n 值,则上式对应的频谱与原连续信号的频谱 $F(\mathrm{j}\omega)$ 的差别仅仅是幅度相差 P_n 倍,而频移为 $n\omega_s$,P_n 取决于采样脉冲。下面介绍两种常用的采样过程。

3.6.1.1   矩形脉冲采样

若矩形脉冲如图 3-19,则

$$P_n = \frac{A\tau}{T_s} \mathrm{Sa}\frac{n\omega_s\tau}{2}$$

而

$$F_s(\mathrm{j}\omega) = \frac{A\tau}{T_s} \sum_{n=-\infty}^{\infty} \mathrm{Sa}\left(\frac{n\omega_s\tau}{2}\right) F[\mathrm{j}(\omega - n\omega_s)] \qquad (3-84)$$

在矩形脉冲采样的情况下,$F(\mathrm{j}\omega)$ 在重复过程中的幅度以 $A\tau \mathrm{Sa}(n\omega_s\tau/2)/T_s$ 的规律变化,其重复出现的间隔决定于采样信号的

基频角频率 ω_s ,在两个零点之间出现的次数由采样脉冲的周期 T_s 与脉冲宽度 τ 之比决定。图 3-19 给出的图形选择的是 $T_s/\tau = 1/2$ 。

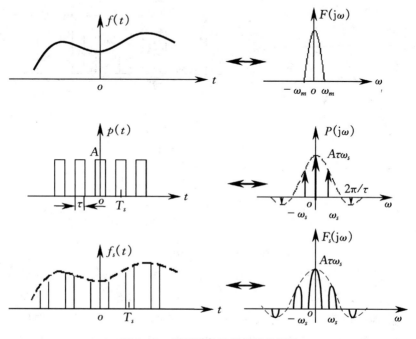

图 3-19　矩形脉冲采样信号的频谱

3.6.1.2　冲激采样

如果采样脉冲是单位冲激序列,则称之为"冲激采样"或"理想采样"。因为

$$p(t) = \delta_T(t) = \sum_{n=-\infty}^{\infty} \delta(t - nT_s)$$

$$P_n = \frac{1}{T_s}$$

及

$$f_s(t) = f(t)p(t)$$

则

$$F_s(j\omega) = \sum_{n=-\infty}^{\infty} P_n F[j(\omega - n\omega_s)]$$

$$= \frac{1}{T_s} \sum_{n=-\infty}^{\infty} F[j(\omega - n\omega_s)] \qquad (3-85)$$

上式表明:由冲激序列采样,采样信号的频谱是连续信号的频谱 $F(j\omega)$ 是以 ω_s 为间隔、以常数 P_n 等幅加权的周期频谱。由图 3-20 可见,这种采样的结果,无疑是十分理想的。

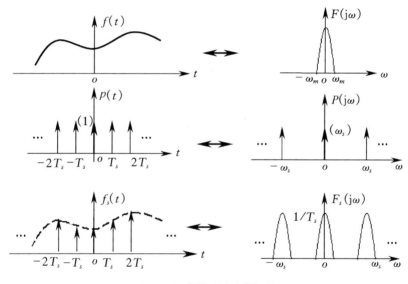

图 3-20 冲激采样及其频谱

在工程实际中,通常采用矩形脉冲采样。由于用冲激采样分析比较方便,因此在矩形脉冲宽度较小时,一般都近似采用冲激采样分析。

3.6.2 频域采样

如果已知频域中连续频谱 $F(j\omega)$ 对应的时间函数 $f(t)$,若 $F(j\omega)$ 在频域中被冲激序列 $\delta_{\omega_1}(j\omega)$ 所采样,则称之为频域采样。

频域冲激序列的表达式为

$$\delta_{\omega_1}(\mathrm{j}\omega) = \sum_{n=-\infty}^{\infty} \delta[\mathrm{J}(\omega - n\omega_1)] \tag{3-86}$$

式中 ω_1 表示频域采样脉冲的角频率间隔。频域采样后的频谱为

$$F_s(\mathrm{j}\omega) = F(\mathrm{j}\omega) \cdot \delta_{\omega_1}(\mathrm{j}\omega)$$

而式(3-86)频谱对应的时域信号为

$$f_1(t) = \frac{1}{\omega_1} \sum_{n=-\infty}^{\infty} \delta(t - nT_1)$$

式中 $T_1 = 2\pi/\omega_1$。

根据卷积性质,采样后的频域函数对应的时域信号为

$$f_s(t) = f(t) * f_1(t) = f(t) * \left[\frac{1}{\omega_1} \sum_{n=-\infty}^{\infty} \delta(t - nT_1) \right]$$

$$= \frac{1}{\omega_1} \sum_{n=-\infty}^{\infty} f(t - nT_1)$$

图 3-21 表示了频域采样过程中频域和时域相互对应的各个波形,它表示离散的频域频谱对应于周期的时域信号。

3.6.3 时域采样定理

采样定理在信号传输与信号处理中占有十分重要的地位,因为它回答了在什么情况下原信号与采样信号才具有一一对应的关系。

时域采样定理的内容是:一个频谱受限的信号,如果其最高频率不超过 f_m,则信号可以用采样时间间隔不大于 $1/(2f_m)$ 的等间隔采样值惟一地表示。

时域采样定理还可以表述为:采样频率大于或等于信号的最高频率 f_m 的两倍时,一个频谱受限信号可以用采样信号惟一地表示。

通常把最低的允许采样频率($f_s = 2f_m$)称为奈奎斯特频率,而把最大允许的采样时间间隔($T_s = 1/(2f_m)$)称之为奈奎斯特时间间隔。

3.6.3.1 定理说明

为了简单直观,下面以冲激采样为例对采样定理予以说明。从图 3-22 可以看出:对于图 3-22(a)所示的信号,图 3-22(b)中采样频率大于奈奎斯特频率,$F_s(\mathrm{j}\omega)$ 不发生混叠现象,因此可以用理想低通滤

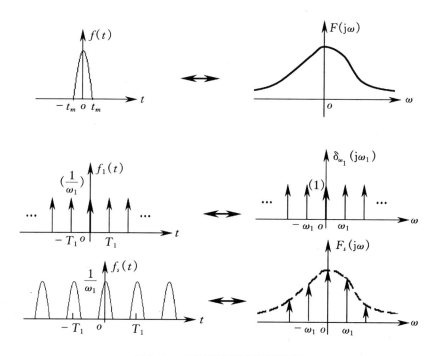

图 3-21 频域采样及其时域波形

波器取出 $F(\mathrm{j}\omega)$，即由 $f_s(t)$ 恢复 $f(t)$；如果采样频率不满足奈奎斯特频率，采样信号的频谱将如图 3-22(c)所示，发生了所谓混叠现象，这样的频谱无法取出 $F(\mathrm{j}\omega)$，信号 $f(t)$ 不能恢复或产生失真。

3.6.3.2 信号的恢复

如果采样信号满足采样定理，由低通滤波器可以恢复原信号。下面仍以冲激采样信号为例。设低通滤波器的频域特性为

$$H(\mathrm{j}\omega) = \begin{cases} 1 & |\omega| < \omega_c \\ 0 & |\omega| > \omega_c \end{cases}$$

$H(\mathrm{j}\omega)$ 对应的傅里叶反变换是滤波器的单位冲激响应 $h(t)$，则

$$h(t) = \frac{\omega_c}{\pi}\mathrm{Sa}(\omega_c t)$$

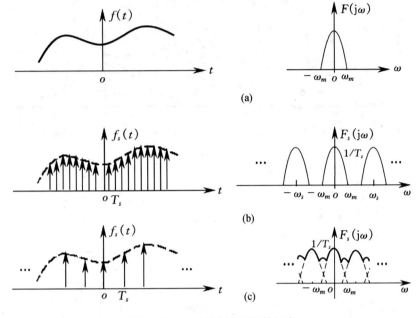

图 3-22　　　采样与奈奎斯特频率

而采样信号为

$$f_s(t) = \sum_{n=-\infty}^{\infty} f(nT_s)\delta(t - nT_s)$$

采样信号通过低通滤波器后,则

$$F(j\omega) = F_s(j\omega) \cdot H(j\omega)$$

因此

$$f(t) = f_s(t) * h(t)$$

$$= \sum_{n=-\infty}^{\infty} f(nT_s)\delta(t - nT_s) * \frac{\omega_c}{\pi} \text{Sa}(\omega_c t)$$

$$= \sum_{n=-\infty}^{\infty} \frac{\omega_c}{\pi} f(nT_s)\text{Sa}[\omega_c(t - nT_s)]$$

上式右端是一个系数为采样值 $f(nT_s)$ 的无穷级数,级数中的任一项的图形都表示以某个采样点的采样值为峰值的抽样函数波形,这些项合成的波形就是 $f(t)$。

图 3-23 给出了当 $\omega_s = 2\omega_m$，$\omega_c = \omega_m$ 时信号恢复的过程。这里 $\omega_m = 2\pi f_m$，f_m 代表信号的最高频率。

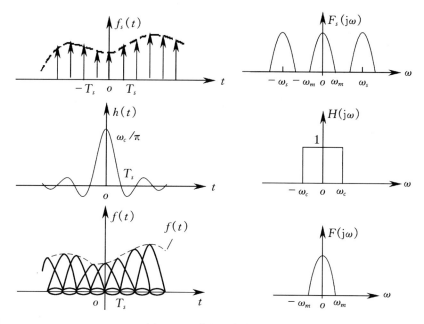

图 3-23　信号的恢复过程

最后,需要强调指出:工程实际中许多信号的频谱相当宽广,采样频率一般不可能,同时也没有必要达到其最高频率的两倍。因此,所谓频谱受限信号往往是人为地截取关心的频段,采样信号与原信号之间正是在这种意义上的相互对应。

3.6.4　频域采样定理

根据时域与频域的对称性,可推论出频域采样定理:一个时间受限信号,如果 $|t| < t_m$,则频谱可以用采样频率间隔不大于 $1/(2t_m)$ 的均匀采样后的频谱惟一地表示。

从物理概念上分析,在频域中对 $F(j\omega)$ 采样,等效于信号在时域中重复,只要采样间隔不大于 $1/(2t_m)$,则时域中对应的波形就不会产生混叠,因此可用矩形脉冲作选通信号无失真地选出原信号。对于频域采样定理,这里不再证明。

习   题

3-1 求下列信号的傅里叶级数:

(1) $f(t)$ 以 2 为周期,且 $f(t) = e^{-t}$,$-1 \leqslant t \leqslant 1$;

(2) $f(t)$ 以 4 为周期,且 $f(t) = \begin{cases} \sin\pi t & 0 \leqslant t \leqslant 2 \\ 0 & 2 \leqslant t \leqslant 4 \end{cases}$;

(3) $f(t)$ 如题图 3-1(a)所示;

(4) $f(t)$ 如题图 3-1(b)所示。

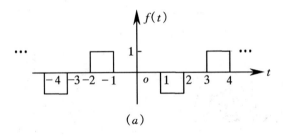

(a)

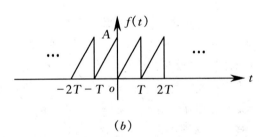

(b)

题图 3-1

3-2 已知周期信号 $f(t)$ 及其延时的周期信号 $f(t - t_0)$ 的傅里叶级数分别为

$$f(t) = \sum_{n=-\infty}^{\infty} F_n e^{jn\omega_1 t}$$

$$f(t-t_0) = \sum_{n=-\infty}^{\infty} F'_n e^{jn\omega_1 t}$$

试证明：$F'_n = F_n e^{-jn\omega_1 t_0}$，并据此说明信号时移后对其频谱的影响。

3-3　若题 3-2 中二函数采用三角表达形式的傅里叶级数，试研究它们对应的系数之间的关系。

3-4　试求下列信号的傅里叶变换：

(1)$f(t) = e^{-at} \cos\omega_0 t \, u(t) \quad \alpha > 0$；

(2)$f(t) = t e^{-at} u(t) \quad \alpha > 0$；

(3)$f(t) = e^{-3t} [u(t+2) - u(t-3)]$；

(4)$f(t) = \sum_{k=0}^{\infty} \alpha^k \delta(t - kT) \quad |\alpha| < 1$。

3-5　求题图 3-5 所示各信号的傅里叶变换。

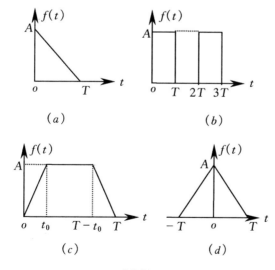

(a)　　　　　(b)

(c)　　　　　(d)

题图 3-5

3-6　求题图 3-6 所示各信号的傅里叶变换。

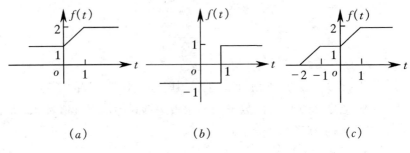

（a） （b） （c）

题图 3-6

3-7 信号的波形如题图 3-7 所示，$f_1(t)$ 的傅里叶变换为 $F_1(j\omega)$，试求 $f_2(t)$ 的傅里叶变换。

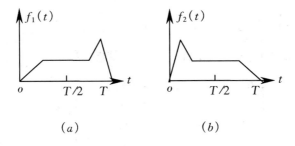

（a） （b）

题图 3-7

3-8 若已知信号 $f(t)$ 的频谱为 $F(j\omega)$，试利用傅里叶变换的性质确定下列信号的傅里叶变换。

(1)$f(3t)$;

(2)$f(2-t)$;

(3)$tf(t)$;

(4)$(2t-1)f(-2t)$。

3-9 若信号 $f_0(t) = e^{-t}[u(t) - u(t-1)]$，试求题图 3-9 所示的各信号的傅里叶变换。

3-10 信号的波形如题图 3-10 所示，试求 $f(t) = f_1(t) * f_2(t)$ 的傅里叶变换。

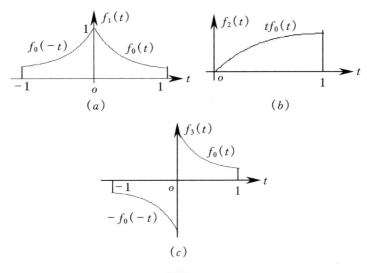

题图 3-9

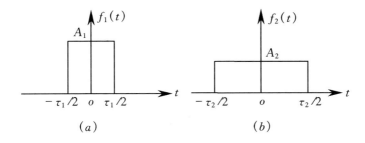

题图 3-10

3-11　求下列信号的频谱：

(1) $f(t) = \sin\omega_0 t \cdot u(t)$；

(2) $f(t) = \cos\omega_0 t \cdot u(t)$；

(3) $f(t) = \sin\omega_0 t \left[u(t) - u\left(t - \dfrac{\pi}{\omega_0}\right) \right]$。

3-12　如果信号 $x(t)$ 的频谱如题图 3-12 所示，试求当 $p(t)$ 为下列函数时，$x(t)p(t)$ 的频谱：

$(1) p(t) = \cos\left(\dfrac{1}{2} t\right)$;

$(2) p(t) = \cos 2t$;

$(3) p(t) = \displaystyle\sum_{n=-\infty}^{\infty} \delta(t - 2n\pi)$。

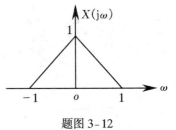

题图 3-12

3-13 求下列频谱对应的时域函数：

$(1) F(j\omega) = \dfrac{\sin\omega/2}{\omega/2}$;

$(2) F(j\omega) = \delta(\omega - \omega_1)$;

$(3) F(j\omega) = u(\omega + \omega_1) - u(\omega - \omega_1)$;

$(4) F(j\omega) = \displaystyle\sum_{n=-\infty}^{\infty} A\delta(\omega - n)$。

3-14 求题图 3-14 所示信号及其一阶导数的傅里叶变换。

3-15 确定下列信号的最低采样频率与奈奎斯特间隔。

$(1) \mathrm{Sa}(1000t)$;

$(2) \mathrm{Sa}(1000t) + \mathrm{Sa}(500t)$;

$(3) \mathrm{Sa}^2(1000t)$;

$(4) \mathrm{Sa}(1000t) + \mathrm{Sa}^2(600t)$。

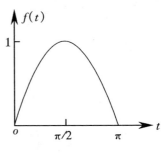

题图 3-14

3-16 $f(t)$ 的波形如题图 3-16 所示，若采样脉冲

$$\delta_T(t) = \sum_{n=-\infty}^{\infty} \delta\left(t - \dfrac{1}{4} n\right)$$

试求采样后的频谱。

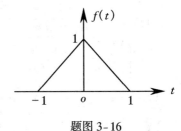

题图 3-16

第4章 离散信号的变换域分析

第1节 离散信号的 Z 变换及其性质

类似于连续时间信号和连续时间系统存在拉普拉斯变换分析,离散时间信号和离散时间系统也存在对应的 Z 变换分析。Z 变换既是求解差分方程的有效方法,也是分析离散信号和离散系统的重要工具。

4.1.1 Z 变换的定义及其收敛域

4.1.1.1 Z 变换的定义

设离散信号 $x(n)$,则其 Z 变换的定义为

$$X(z) = \sum_{n=-\infty}^{\infty} x(n) z^{-n} \qquad (4-1)$$

式中 $X(z)$ 是以复数 z 为自变量的复变函数,n 值取值范围为整个整数,故式(4-1)又称之为双边 Z 变换。单边 Z 变换的定义为

$$X(z) = \sum_{n=0}^{\infty} x(n) z^{-n} \qquad (4-2)$$

显然,若 $x(n)$ 是从 $n=0$ 开始的因果序列,单边 Z 变换和双边 Z 变换相等。$X(z)$ 是复变量 z^{-1} 的幂级数,亦称为罗朗级数,级数的系数就是序列 $x(n)$ 的值。

例 4-1 设序列 $x(n) = \{3, -2, 5, 7, -9\}$,求其双边 Z 变换。

解 由定义得

$$X(z) = 3z^2 - 2z + 5 + 7z^{-1} - 9z^{-2}$$

4.1.1.2　Z 变换的收敛域

所谓收敛域,就是指式(4-1)或式(4-2)表示的级数之和存在的复数 z 的集合。一方面只有级数收敛时,Z 变换才有实际意义;另一方面,同一个 Z 变换式对应于不同的收敛域,则将导致对应于不同的序列。因此,Z 变换与其对应的收敛域密不可分。

例 4-2　试求下面二序列的 Z 变换:

(1)
$$x(n) = \begin{cases} a^n & n \geqslant 0 \\ 0 & n < 0 \end{cases}$$

(2)
$$x(n) = \begin{cases} 0 & n \geqslant 0 \\ -a^n & n < 0 \end{cases}$$

解　(1)这是一个右边序列,由定义

$$X(z) = \sum_{n=0}^{\infty} a^n z^{-n} = \sum_{n=0}^{\infty} (az^{-1})^n = \lim_{n \to \infty} \frac{1-(az^{-1})^{n+1}}{1-az^{-1}}$$

当 $|az^{-1}| < 1$ 时,即 $|z| > |a|$ 时级数收敛,此时

$$X(z) = \frac{1}{1-az^{-1}} = \frac{z}{z-a}$$

(2) 由定义

$$X(z) = \sum_{n=-\infty}^{\infty} x(n)z^{-n} = \sum_{n=-\infty}^{-1} -a^n z^{-n} = -\sum_{m=1}^{\infty} a^{-m} z^m$$

$$= -\lim_{m \to \infty} a^{-1} z \frac{1-(a^{-1}z)^m}{1-a^{-1}z}$$

当 $|a^{-1}z| < 1$ 时,级数收敛。即当 $|z| < |a|$ 时

$$X(z) = -a^{-1}z \frac{1}{1-a^{-1}z} = \frac{z}{z-a}$$

通过上例不难看出,两个不同的序列,对应的 Z 变换式完全一样,它们的区别仅仅是收敛域不同。因此,只有给定 Z 变换的定义域时,Z 变换式与序列之间才具有一一对应的关系。

根据级数理论,级数收敛的充分必要条件是满足绝对可和条件,对式(4-1)而言,即要求

$$\sum_{n=-\infty}^{\infty} |x(n)z^{-n}| < \infty \tag{4-3}$$

把复数 z 表示成指数形式,即 $z = r\mathrm{e}^{\mathrm{j}\theta}$,则

$$\sum_{n=-\infty}^{\infty} |x(n)z^{-n}| = \sum_{n=-\infty}^{\infty} |x(n)r^{-n}\mathrm{e}^{-\mathrm{j}n\theta}| = \sum_{n=-\infty}^{\infty} |x(n)|r^{-n}$$

$$= \sum_{n=-\infty}^{-1} |x(n)|r^{-n} + \sum_{n=0}^{\infty} |x(n)|r^{-n} < \infty$$

如果级数收敛,上式中两个和式均应为有限值。假如存在三个正数 M, R_1 和 R_2,满足下面关系

$$|x(n)| \leqslant MR_2^n \quad n < 0$$

$$|x(n)| \leqslant MR_1^n \quad n \geqslant 0$$

则

$$\sum_{n=-\infty}^{\infty} |x(n)z^{-n}| \leqslant M\left[\sum_{n=-\infty}^{-1} R_2^n r^{-n} + \sum_{n=0}^{\infty} R_1^n r^{-n} \right]$$

将上式改写成

$$\sum_{n=-\infty}^{\infty} |x(n)z^{-n}| \leqslant M\left[\sum_{m=1}^{\infty} R_2^{-m} r^m + \sum_{m=0}^{\infty} R_1^m r^{-m} \right] \tag{4-4}$$

要使级数收敛,z 值的范围完全可由半径决定。

(1)有限长序列

如果 n_1 和 n_2 均为有限值,则当序列的非零值区间定义在 $n_1 \leqslant n \leqslant n_2$ 时,该序列称之为有限长序列。Z 变换实际是一个求和运算,所以有限长序列的收敛域至少应包含 $0 < |z| < \infty$。当 $n_1 \geqslant 0$ 时,收敛域还应包含 $|z| = \infty$;当 $n_2 \leqslant 0$ 时,收敛域还应包含 $|z| = 0$。

(2)右边序列

右边序列是有始无终的序列,即 $n < n_1$ 时,$x(n) = 0$。其 Z 变换可用下式表示

$$X(z) = \sum_{n=n_1}^{\infty} x(n)z^{-n}$$

此时,$x(n)$ 可用一个自 $n = 0$ 开始的因果序列和一个有限长序列之和(或差)表示,因果序列的收敛域要求 $R_1 r^{-1} < 1$,即 $r > R_1$。因此,若 $n_1 < 0$,则 $R_1 < |z| < \infty$;当 $n_1 \geqslant 0$ 时,$|z| > R_1$,即其收敛域为半径是 R_1 的圆域外。

（3）左边序列

左边序列是无始有终的序列，即 $n > n_2$ 时，$x(n) = 0$。其 Z 变换可用下式表示

$$X(z) = \sum_{n=-\infty}^{n_2} x(n) z^{-n}$$

若 $n_2 > 0$，显然 z 不能为 0，故 $0 < |z| < R_2$；若 $n_2 \leqslant 0$，则 $|z| < R_2$，即其收敛域为半径为 R_2 的圆域内。

（4）双边序列

此时式（4-4）中的两个和式同时存在，则要求 $R_1 < r < R_2$，其收敛域为一环状域。

图 4-1 给出了一些序列对应的收敛域（阴影部分）。判定 Z 变换的收敛域还可用比值判定法和根值判定法，这里不再介绍。

4.1.2 几种常见序列的 Z 变换

4.1.2.1 单位采样序列

由 Z 变换的定义

$$\sum_{n=-\infty}^{\infty} \delta(n) z^{-n} = 1$$

故有 $$\delta(n) \leftrightarrow 1 \tag{4-5}$$

其收敛域应为 $$0 \leqslant |z| \leqslant \infty$$

4.1.2.2 单位阶跃序列

由于

$$\sum_{n=0}^{\infty} u(n) z^{-n} = \sum_{n=0}^{\infty} z^{-n} = \lim_{n \to \infty} \frac{1 - z^{-(n+1)}}{1 - z^{-1}}$$

当 $|z^{-1}| < 1$ 时，即 $|z| > 1$ 时，级数收敛。此时

$$u(n) \leftrightarrow \frac{1}{1 - z^{-1}}$$

或写为

$$u(n) \leftrightarrow \frac{z}{z-1} \tag{4-6}$$

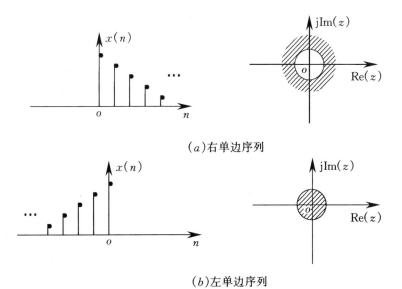

(a)右单边序列

(b)左单边序列

(c)双边序列

图 4-1　序列的收敛域

4.1.2.3　单边指数序列

由例 4-2 知,如果设单边指数序列为

$$x(n) = a^n u(n)$$

则

$$a^n u(n) \leftrightarrow \frac{z}{z-a} \qquad (4-7)$$

其收敛域为

$$|z| > |a|$$

如果设

$$x(n) = -a^n \mathrm{u}(-n-1)$$

则

$$-a^n \mathrm{u}(-n-1) \leftrightarrow \frac{z}{z-a} \qquad (4\text{-}8)$$

其收敛域为

$$|z| < |a|$$

表 4-1 给出了一些常用序列对应的 Z 变换及其收敛域。

表 4-1   常用序列的 Z 变换及其收敛域

时间序列	Z 变换及其收敛域
$\delta(n)$	整个 z 平面
$\mathrm{u}(n)$	$\dfrac{1}{1-z^{-1}}, |z| > 1$
$n\mathrm{u}(n)$	$\dfrac{z^{-1}}{(1-z^{-1})^2}, |z| > 1$
$a^n \mathrm{u}(n)$	$\dfrac{1}{1-az^{-1}}, |z| > a$
$\cos an \cdot \mathrm{u}(n)$	$\dfrac{1-z^{-1}\cos a}{1-2z^{-1}\cos a + z^{-2}}, |z| > 1$
$\sin an \cdot \mathrm{u}(n)$	$\dfrac{z^{-1}\sin a}{1-2z^{-1}\cos a + z^{-2}}, |z| > 1$

4.1.3   Z 变换的性质

4.1.3.1   线性性质

Z 变换是一种线性运算,故满足叠加性与齐次性,即若

$$x_1(n) \leftrightarrow X_1(z) \qquad R_{11} < |z| < R_{21}$$
$$x_2(n) \leftrightarrow X_2(z) \qquad R_{12} < |z| < R_{22}$$

则

$$ax_1(n) + bx_2(n) \leftrightarrow aX_1(z) + bX_2(z) \qquad (4\text{-}9)$$
$$\max(R_{11}, R_{12}) < |z| < \min(R_{21}, R_{22})$$

将 $x_1(n)$ 和 $x_2(n)$ 直接代入 Z 变换定义式即可证明上述关系。线性性质说明如果一个序列能够分解为若干个基本序列之和,则该序

列的 Z 变换可以通过各个基本序列的 Z 变换相加获得,其收敛域自然应是各基本序列 Z 变换收敛域的交集。但应该指出,如果线性组合中的某些零点与极点可以抵消,则收敛域也可能扩大,例 4-3 就是这方面的一个实例。

例 4-3 求序列 u(n) - u(n-1)的变换。

解 因为

$$u(n) \leftrightarrow \frac{z}{z-1} \qquad |z| > 1$$

$$u(n-1) = u(n) - \delta(n)$$

而

$$u(n-1) \leftrightarrow \frac{z}{z-1} - 1 = \frac{1}{z-1} \qquad |z| > 1$$

所以

$$u(n) - u(n-1) \leftrightarrow \frac{z}{z-1} - \frac{1}{z-1} = \frac{z-1}{z-1} = 1$$

此时收敛域由 $|z| > 1$ 扩展为全平面。如果从时域分析,u(n) - u(n-1)本来就可以用 $\delta(n)$ 表示,自然收敛域应是全平面。类似如 $a^n u(n) - a^n u(n-1)$ 实际上也等于 $\delta(n)$,如果对指数分别求 Z 变换,虽然各项的 Z 变换的收敛域均是 $|z| > |a|$,合成后却扩展为全平面。

4.1.3.2 位移性质

位移性质表示序列移位(左移或右移)后的 Z 变换与原序列的 Z 变换之间的关系,可分为双边 Z 变换和单边 Z 变换两种情况讨论。

(1) 双边 Z 变换

设 m 为任意正整数,若

$$x(n) \leftrightarrow X(z) \quad R_1 < |z| < R_2$$

则

$$x(n \pm m) \leftrightarrow z^{\pm m} X(z) \quad R_1 < |z| < R_2 \qquad (4-10)$$

证明 令 $k = n \pm m$,则

$$\sum_{n=-\infty}^{\infty} x(n \pm m) z^{-n} = \sum_{k=-\infty}^{\infty} x(k) z^{-k \pm m} = z^{\pm m} \sum_{k=-\infty}^{\infty} x(k) z^{-k} = z^{\pm m} X(z)$$

由于位移后的 Z 变换含 $z^{\pm m}$,因此可能在 $z = 0$ 或 $z = \infty$ 处产生极点,

但双边 Z 变换的收敛域是一个环形域,所以序列移位后的 Z 变换的收敛域一般不会变化。

(2) 单边 Z 变换

无论序列自身是单边序列或是双边序列,其单边 Z 变换的定义都是

$$X(z) = \sum_{n=0}^{\infty} x(n) z^{-n} \quad |z| > R_1$$

如果序列左移,则

$$x(n+m) u(n) \leftrightarrow z^m \left[X(z) - \sum_{k=0}^{m-1} x(k) z^{-k} \right] \quad R_1 < |z| < \infty$$

$$(4\text{-}11)$$

证明　由定义式

$$\sum_{n=0}^{\infty} x(n+m) z^{-n} = \sum_{k=m}^{\infty} x(k) z^{-(k-m)} = z^m \left[\sum_{k=0}^{\infty} x(k) z^{-k} - \sum_{k=0}^{m-1} x(k) z^{-k} \right]$$

$$= z^m \left[X(z) - \sum_{k=0}^{m-1} x(k) z^{-k} \right]$$

因为这里多了 z^m,故收敛域不再包含 $z = \infty$。

同理可得右移序列的 Z 变换为

$$x(n-m) u(n) \leftrightarrow z^{-m} \left[X(z) + \sum_{k=-m}^{-1} x(k) z^{-k} \right] \quad |z| > R_1 \quad (4\text{-}12)$$

如果序列是自 $n = 0$ 开始的因果序列,则当 $n < 0$ 时,序列值为零,故上式简化为

$$x(n-m) u(n) \leftrightarrow z^{-m} X(z) \quad (4\text{-}13)$$

4.1.3.3　序列线性加权性质(z 域微分性质)

若

$$x(n) \leftrightarrow X(z)$$

则

$$n x(n) \leftrightarrow -z \frac{\mathrm{d} X(z)}{\mathrm{d} z} \quad (4\text{-}14)$$

证明　由定义

$$\sum_{n=-\infty}^{\infty} nx(n)z^{-n} = z\sum_{n=-\infty}^{\infty} x(n)(nz^{-n-1}) = z\sum_{n=-\infty}^{\infty} x(n)\left(-\frac{\mathrm{d}z^{-n}}{\mathrm{d}z}\right)$$

$$= -z\frac{\mathrm{d}}{\mathrm{d}z}\left[\sum_{n=-\infty}^{\infty} x(n)z^{-n}\right] = -z\frac{\mathrm{d}}{\mathrm{d}z}X(z)$$

上述结果可以推广为

$$n^m x(n) \leftrightarrow -z\frac{\mathrm{d}}{\mathrm{d}z}\left\{-z\frac{\mathrm{d}}{\mathrm{d}z}\left[-z\frac{\mathrm{d}}{\mathrm{d}z}\cdots\left(-z\frac{\mathrm{d}}{\mathrm{d}z}X(z)\right)\right]\right\}$$

或简写为

$$n^m x(n) \leftrightarrow \left(-z\frac{\mathrm{d}}{\mathrm{d}z}\right)^m X(z) \tag{4-15}$$

式中 m 为正整数。

例 4-4　求斜变序列 $x(n) = nu(n)$ 的 Z 变换。

解　由于

$$u(n) \leftrightarrow \frac{z}{z-1}$$

根据序列加权性质

$$nu(n) \leftrightarrow -z\frac{\mathrm{d}}{\mathrm{d}z}\left(\frac{z}{z-1}\right) = \frac{z}{(z-1)^2}$$

4.1.3.4　序列指数加权性质(z 域尺度变换性质)

若

$$x(n) \leftrightarrow X(z) \quad R_1 < |z| < R_2$$

则

$$a^n x(n) \leftrightarrow X\left(\frac{z}{a}\right) \quad R_1 < \left|\frac{z}{a}\right| < R_2 \tag{4-16}$$

证明　根据定义

$$\sum_{z=-\infty}^{\infty} a^n x(n)z^{-n} = \sum_{n=-\infty}^{\infty} x(n)\left(\frac{z}{a}\right)^{-n} = X\left(\frac{z}{a}\right)$$

其收敛域的变化显而易见,不再证明。

4.1.3.5　初值定理

若 $x(n)$ 是一自 $n=0$ 开始的因果序列,且

$$x(n) \leftrightarrow X(z)$$

则

$$x(0) = \lim_{z \to \infty} X(z) \qquad (4-17)$$

证明 将 $X(z)$ 依定义展开

$$X(z) = \sum_{n=0}^{\infty} x(n) z^{-n} = x(0) + x(1) z^{-1} + x(2) z^{-2} + \cdots\cdots$$

当 $z \to \infty$ 时，则含 z 的负次幂的项都应趋于零，故

$$x(0) = \lim_{z \to \infty} X(z)$$

4.1.3.6 终值定理

若 $x(n)$ 是一因果序列，其收敛域包含 $z = 1$，且

$$x(n) \leftrightarrow X(z)$$

则

$$x(\infty) = \lim_{z \to 1} (z-1) X(z) \qquad (4-18)$$

证明 对于因果序列存在

$$x(n+1) \leftrightarrow zX(z) - zx(0)$$

故

$$x(n+1) - x(n) \leftrightarrow zX(z) - zx(0) - X(z) = (z-1)X(z) - zx(0)$$

而

$$\lim_{z \to 1} (z-1) X(z) = \lim_{z \to 1} \left\{ zx(0) + \sum_{n=0}^{\infty} \left[x(n+1) - x(n) \right] z^{-n} \right\}$$

$$= x(0) + \sum_{n=0}^{\infty} \left[x(n+1) - x(n) \right]$$

$$= x(0) + \left[x(1) - x(0) \right] + \left[x(2) - x(1) \right] + \left[x(3) - x(2) \right] + \cdots$$

$$= x(\infty)$$

即

$$x(\infty) = \lim_{z \to 1} (z-1) X(z)$$

初值定理和终值定理常用来校验 Z 变换的正确性，同时也可以由 Z 变换式反求初值或终值。

4.1.3.7 时域卷积性质

若

$$x(n) \leftrightarrow X(z) \qquad R_{x1} < |z| < R_{x2}$$

$$h(n) \leftrightarrow H(z) \qquad R_{h1} < |z| < R_{h2}$$

则

$$x(n) * h(n) \leftrightarrow X(z)H(z) \qquad (4-19)$$

一般情况下,收敛域是二者收敛域的交集,即

$$\max\{R_{x1}, R_{h1}\} < |z| < \min\{R_{x2}, R_{h2}\}$$

如果存在零极点相消的情况,则收敛域可能扩大。

证明　根据定义

$$\sum_{n=-\infty}^{\infty} [x(n) * h(n)] z^{-n} = \sum_{n=-\infty}^{\infty} \left[\sum_{m=-\infty}^{\infty} x(m)h(n-m) \right] z^{-n}$$

$$= \sum_{m=-\infty}^{\infty} x(m) \sum_{n=-\infty}^{\infty} h(n-m) z^{-(n-m)} z^{-m}$$

$$= \sum_{m=-\infty}^{\infty} x(m) z^{-m} \sum_{k=-\infty}^{\infty} h(k) z^{-k}$$

$$= X(z)H(z)$$

两个序列在时域中卷积对应的 Z 变换等于二序列各自的 Z 变换的乘积,这在求解系统的零状态响应时十分有用。

第 2 节　应用 Z 变换求解差分方程

4.2.1　系统函数

设系统的单位采样响应为 $h(n)$,若输入信号为 $x(n)$,由第二章知系统的零状态响应为

$$y(n) = x(n) * h(n)$$

根据时域卷积定理,若用相应的大写字母表示上述对应小写字母表示的信号的 Z 变换,则

$$Y(z) = X(z)H(z) \qquad (4-20)$$

式中 $H(z)$ 称为离散时间系统的系统函数,它与 $h(n)$ 构成一对 Z 变换对,即

$$H(z) = \sum_{n=0}^{\infty} h(n) z^{-n} \qquad (4-21)$$

若系统的差分方程为

$$\sum_{i=0}^{N} a_i y(n-i) = \sum_{i=0}^{M} b_i x(n-i)$$

在零状态下将上式进行 Z 变换,可以得到

$$Y(z) \sum_{i=0}^{N} a_i z^{-i} = X(z) \sum_{i=0}^{M} b_i z^{-i}$$

对照式(4-20)可得

$$H(z) = \frac{Y(z)}{X(z)} = \frac{\sum\limits_{i=0}^{M} b_i z^{-i}}{\sum\limits_{i=0}^{N} a_i z^{-i}} \qquad (4-22)$$

上式说明,只要差分方程已知,系统函数很容易得到。而单位采样响应 $h(n)$ 也可以通过 Z 反变换求得。系统函数在分析离散系统时用途十分广泛。

4.2.1.1　离散系统的稳定性

稳定系统的充分必要条件是要求 $h(n)$ 满足绝对可和,即

$$\sum_{n=0}^{\infty} |h(n)| < \infty \qquad (4-23)$$

由于

$$H(z) = \sum_{n=0}^{\infty} h(n) z^{-n}$$

则当 $z=1$ 时

$$H(z)|_{z=1} = \sum_{n=0}^{\infty} h(n) \leqslant \sum_{n=0}^{\infty} |h(n)| < \infty$$

因此,对于稳定的因果系统来说,其收敛域应包括单位圆在内,即 $R_1 < 1$,也就是说 $H(z)$ 的全部极点应落在单位圆内。

4.2.1.2　利用系统函数解差分方程

对差分方程进行 Z 变换,如果只求零状态响应,则

$$Y(z) = H(z) X(z)$$

求 $Y(z)$ 的 Z 反变换,即得到时域的零状态响应。零输入响应也可以在 Z 域求解,但这要用到非零初值时的位移性质,这里不再介绍。

4.2.2 反变换

从 $X(z)$ 恢复原序列 $x(n)$ 的运算称之为 Z 反变换。求 Z 反变换的主要方法有长除法、部分分式法和留数法。长除法是利用 $X(z)$ 的分子除以分母,再利用 Z 变换的定义得到 $x(n)$,这种方法虽然简单,但一般很难得到一个解析表达式(又称闭式解),这里不再介绍。另外,由于实际应用中主要为自 $n=0$ 开始的右边序列,所以下面将主要介绍收敛域为 $|z|>|a|$ 时的情况。

4.2.2.1 留数法(围线积分法)

复变函数中的柯西积分定理为

$$\frac{1}{2\pi j}\oint_c z^{k-1}\mathrm{d}z = \begin{cases} 1 & k=0 \\ 0 & k\neq 0 \end{cases} \tag{4-24}$$

式中 c 表示在 z 平面上的一条围绕原点逆时针旋转的闭合曲线。对单边 Z 变换而言,收敛域为一圆外域,在收敛域内任取一围线都将包围所有极点。设

$$X(z) = \sum_{n=0}^{\infty} x(n)z^{-n}$$

上式两边同乘以 z^{k-1},再在收敛域内取一条闭合曲线作围线积分,则

$$\frac{1}{2\pi j}\oint_c X(z)z^{k-1}\mathrm{d}z = \frac{1}{2\pi j}\oint_c \sum_{n=0}^{\infty} x(n)z^{-n+k-1}\mathrm{d}z$$

由于级数一致收敛,因此可以交换求和与积分的顺序,即

$$\frac{1}{2\pi j}\oint_c X(z)z^{k-1}\mathrm{d}z = \sum_{n=0}^{\infty} x(n)\left[\frac{1}{2\pi j}\oint_c z^{-n+k-1}\mathrm{d}z\right]$$

根据柯西积分定理,等式右边的积分只有在 $n=k$ 时才等于1,故

$$x(n) = \frac{1}{2\pi j}\oint_c X(z)z^{n-1}\mathrm{d}z \tag{4-25}$$

上式即 $X(z)$ 的围线积分表达式,也就是求 Z 反变换的表达式。

对单边 Z 变换而言,所有的极点都落在围线 c 内,因此可以用留数定理求解。即

$$x(n) = \sum_i \mathrm{Res}\left[X(z)z^{n-1}\right]_{z=z_i} \tag{4-26}$$

式中 Res 表示极点的留数,z_i 为 $X(z)z^{n-1}$ 的极点。对于单极点而

言,存在

$$x(n) = \sum_i (z - z_i) X(z) z^{n-1} \Big|_{z=z_i} \tag{4-27}$$

如果 z_i 为一 m 重极点,则其对应项为

$$\text{Res}[X(z) z^{n-1}]_{z=z_i} = \frac{1}{(m-1)!} \left\{ \frac{d^{m-1}}{dz^{m-1}} [(z-z_i)^m X(z) z^{n-1}] \right\}_{z=z_i} \tag{4-28}$$

例 4-5 求下式的 Z 反变换:

$$X(z) = \frac{z^2 + z}{z^2 - \frac{5}{6} z + \frac{1}{6}} \quad |z| > \frac{1}{2}$$

解

$$X(z) = \frac{z^2 + z}{\left(z - \frac{1}{2}\right)\left(z - \frac{1}{3}\right)}$$

$X(z)$ 存在两个单极点,由式(4-27)知

$$x(n) = \left(z - \frac{1}{2}\right) X(z) z^{n-1} \Big|_{z=\frac{1}{2}} + \left(z - \frac{1}{3}\right) X(z) z^{n-1} \Big|_{z=\frac{1}{3}}$$

$$= \frac{z+1}{z - \frac{1}{3}} z^n \Big|_{z=\frac{1}{2}} + \frac{z+1}{z - \frac{1}{2}} z^n \Big|_{z=\frac{1}{3}}$$

$$= 9\left(\frac{1}{2}\right)^n - 8\left(\frac{1}{3}\right)^n$$

因为这是一个单边 Z 变换,所以上式中的 n 的定义域为 $n \geq 0$,或写为

$$x(n) = \left[9\left(\frac{1}{2}\right)^n - 8\left(\frac{1}{3}\right)^n\right] u(n)$$

例 4-6 求下面 $X(z)$ 的 Z 反变换:

$$X(z) = \frac{z^3 + z - 1}{z(z-1)(z-0.5)} \quad |z| > 1$$

解 由式(4-26)知

$$x(n) = \sum_i \text{Res}[X(z) z^{n-1}]_{z=z_i} = \sum_i \text{Res}\left[\frac{z^3 + z - 1}{(z-1)(z-0.5)} z^{n-2}\right]_{z=z_i}$$

当 n 自 0 变化时,上式的极点是变化的,因此应分别情况进行计算。

（1）当 $n=0$ 时,存在 4 个极点,$z_1=1$,$z_2=0.5$,$z_3=z_4=0$,其中包含二重极点。所以

$$x(0) = \frac{z^3+z-1}{z-0.5}z^{-2}\Big|_{z=1} + \frac{z^3+z-1}{z-1}z^{-2}\Big|_{z=0.5}$$
$$+ \frac{\mathrm{d}}{\mathrm{d}z}\left[z^2\frac{z^3+z-1}{(z-1)(z-0.5)}z^{-2}\right]_{z=0}$$
$$= 2+0.75\times0.5^{-2}-4 = 1$$

（2）当 $n=1$ 时,存在三个单极点,$z_1=1$,$z_2=0.5$,$z_3=0$,所以

$$x(1) = \frac{z^3+z-1}{z-0.5}z^{-1}\Big|_{z=1} + \frac{z^3+z-1}{z-1}z^{-1}\Big|_{z=0.5} + \frac{z^3+z-1}{(z-1)(z-0.5)}\Big|_{z=0}$$
$$= 2+0.75\times0.5^{-1}-2 = 1.5$$

（3）当 $n\geqslant2$ 时,存在两个单极点,$z_1=1$,$z_2=0.5$,所以

$$x(n) = \frac{z^3+z-1}{z-0.5}z^{n-2}\Big|_{z=1} + \frac{z^3+z-1}{z-1}z^{n-2}\Big|_{z=0.5}$$
$$= 2+0.75\times0.5^{n-2}$$

上述结果可以统一表示为

$$x(n) = \delta(n) + 1.5\delta(n-1) + (2+0.75\times0.5^{n-2})u(n-2)$$

通过上面的例题不难看出,由于要求的是 $X(z)z^{n-1}$ 的留数,而不是 $X(z)$ 的留数,这其中包含一个变化的 n,如果 $X(n)$ 的分子中各项不共同含 z 的正次幂,在 $z=0$ 处必有极点增加（相对 $X(z)$ 的极点而言）,这也正是利用留数法麻烦的地方。

4.2.2.2　部分分式法

在实际中,$X(z)$ 一般是 z 的有理函数,其通式可表示为

$$X(z) = \frac{\sum\limits_{i=0}^{M}b_iz^i}{\sum\limits_{i=0}^{N}a_iz^i} = Q(z) + \frac{N(z)}{D(z)} \tag{4-29}$$

如果 $M<N$,则 $Q(z)=0$;否则,$Q(z)$ 是一个 $(M-N)$ 次的多项式,由 Z 变换的定义可以直接给出其对应的有限长序列。下面讨论当 $M\leqslant N$ 时的情况。

所谓部分分式法就是把 $X(z)$ 分解为一些简单的部分分式之和，而这些简单的分式的反变换为常见信号。如果设

$$X(z) = \frac{N(z)}{D(z)} = c_0 + \frac{c_1 z}{z - p_1} + \frac{c_2 z}{z - p_2} + \cdots + \frac{c_N z}{z - p_N} \quad (4\text{-}30)$$

式中 p_i 为 $D(z) = 0$ 的根，即为 $X(z)$ 的极点，c_i 为待定的常数。利用

$$\delta(n) \leftrightarrow 1 \ \text{及} \ a^n u(n) \leftrightarrow \frac{z}{z - a}$$

可得

$$x(n) = c_0 \delta(n) + (c_1 p_1^n + c_2 p_2^n + \cdots + c_N p_N^n) u(n)$$

各待定系数实际对应于一些留数，即

$$c_0 = X(z)|_{z=0} = \frac{b_M}{a_N} \quad (4\text{-}31)$$

$$c_i = \frac{z - p_i}{z} X(z) \bigg|_{z = p_i} \quad (4\text{-}32)$$

如果极点中 p_k 为一 l 阶极点，则可设

$$X(z) = c_0 + \sum_{i=1}^{N-l} \frac{c_i z}{z - p_i} + \sum_{i=1}^{l} \frac{b_i z}{(z - p_k)^i} \quad (4\text{-}33)$$

式中

$$b_i = \frac{1}{(l-i)!} \frac{\mathrm{d}^{l-i}}{\mathrm{d}z^{l-i}} \left[(z - p_k)^l \frac{X(z)}{z} \right]_{z = p_k} \quad (4\text{-}34)$$

如果 $X(z)$ 对应的收敛域是 $|z| < |a|$，则 $x(n)$ 将是一个左边序列，利用部分分式法展开后，对照表 4-2 即可得出其相应的 Z 反变换。

表 4-2 部分分式对应的 Z 反变换

部分分式	反变换（$|z| > |p_i| = |a|$ 时）
$\dfrac{z}{z - a}$	$a^n u(n)$
$\dfrac{z^2}{(z - a)^2}$	$(n + 1) a^n u(n)$
$\dfrac{z^3}{(z - a)^3}$	$\dfrac{1}{2!}(n + 1)(n + 2) a^n u(n)$
$\dfrac{z^m}{(z - a)^m}$	$\dfrac{1}{(m-1)!}(n + 1)(n + 2)\cdots(n + m - 1) a^n u(n)$

部分分式	反变换($\|z\| < \|p_i\| = \|a\|$ 时)
$\dfrac{z}{z-a}$	$-a^n \mathrm{u}(-n-1)$
$\dfrac{z^2}{(z-a)^2}$	$-(n+1)a^n \mathrm{u}(-n-1)$
$\dfrac{z^3}{(z-a)^3}$	$-\dfrac{1}{2!}(n+1)(n+2)a^n \mathrm{u}(-n-1)$
$\dfrac{z^m}{(z-a)^m}$	$-\dfrac{1}{(m-1)!}(n+1)(n+2)\cdots(n+m-1)a^n \mathrm{u}(-n-1)$

例 4-7　求下面各式的 Z 反变换：

(1) $$X(z)=\frac{z-3}{1-3z} \qquad |z|>\frac{1}{3}$$

(2) $$X(z)=\frac{5z}{-3z^2+7z-2} \qquad |z|>2$$

解　(1)可直接改写成

$$X(z)=\frac{-\dfrac{1}{3}z+1}{z-\dfrac{1}{3}}=\frac{-\dfrac{1}{3}z}{z-\dfrac{1}{3}}+\frac{1}{z}\cdot\frac{z}{z-\dfrac{1}{3}}$$

利用式(4-7)及位移性质得

$$x(n)=-\frac{1}{3}\left(\frac{1}{3}\right)^n \mathrm{u}(n)+\left(\frac{1}{3}\right)^{n-1}\mathrm{u}(n-1)$$

为方便,将(2)改写成

$$X(z)=\frac{-\dfrac{5}{3}z}{\left(z-\dfrac{1}{3}\right)(z-2)}=\frac{c_1 z}{z-\dfrac{1}{3}}+\frac{c_2 z}{z-2}$$

$$c_1=\left.\frac{z-\dfrac{1}{3}}{z}X(z)\right|_{z=\frac{1}{3}}=1$$

$$c_2=\left.\frac{z-2}{z}X(z)\right|_{z=2}=-1$$

所以

$$x(n) = \left[\left(\frac{1}{3} \right)^n - 2^n \right] u(n)$$

例 4-8 若线性时不变系统的差分方程为

$$y(n) - 5y(n-1) + 6y(n-2) = x(n)$$

试求:(1)系统的单位采样响应 $h(n)$;

（2）当 $x(n) = u(n)$ 时,系统的零状态响应;

（3）若 $x(n) = u(n-5)$ 时,系统的零状态响应。

解 （1）对方程进行 Z 变换

$$Y(z) - 5z^{-1}Y(z) + 6z^{-2}Y(z) = X(z)$$

所以

$$H(z) = \frac{Y(z)}{X(z)} = \frac{1}{1 - 5z^{-1} + 6z^{-2}} = \frac{-2z}{z-2} + \frac{3z}{z-3}$$

$$h(n) = \left[-2^{n+1} + 3^{n+1} \right] u(n)$$

（2）由于

$$u(n) \leftrightarrow \frac{z}{z-1}$$

所以

$$Y(z) = H(z)X(z) \frac{z^3}{(z-2)(z-3)(z-1)}$$

其部分分式展开式为

$$y(z) = \frac{0.5z}{z-1} - \frac{4z}{z-2} + \frac{4.5z}{z-3}$$

所以零状态响应为

$$y(n) = (0.5 - 4 \times 2^n + 4.5 \times 3^n) u(n)$$

（3）对于线性时不变系统,激励延迟,响应也延迟,所以

$$y(n-5) = (0.5 - 4 \times 2^{n-5} + 4.5 \times 3^{n-5}) u(n-5)$$

第3节　非周期序列的傅里叶变换(DTFT)

类似于连续时间信号存在傅里叶级数和傅里叶变换一样,离散时间信号也存在傅里叶级数和傅里叶变换。而且,从一般意义上讲,周期

序列存在所谓离散傅里叶级数,而非周期序列存在傅里叶变换。

4.3.1 序列的傅里叶变换

一个离散的非周期序列的 Z 变换为

$$X(z) = \sum_{n=-\infty}^{\infty} x(n) z^{-n}$$

如果 $X(z)$ 的收敛域包含单位圆,令 $z = e^{j\theta}$,则

$$X(e^{j\theta}) = \sum_{n=-\infty}^{\infty} x(n) e^{-j\theta n} \qquad (4-35)$$

这里 θ 是极坐标的极角,以 2π 为其自然周期,称之为数字角频率。将上式两端同乘以 $e^{j\theta k}$ 而后积分得

$$\int_{-\pi}^{\pi} X(e^{j\theta}) e^{j\theta k} d\theta = \int_{-\pi}^{\pi} \sum_{n=-\infty}^{\infty} x(n) e^{-j\theta n} e^{j\theta k} d\theta$$

$$= \sum_{n=-\infty}^{\infty} x(n) \int_{-\pi}^{\pi} e^{j\theta(k-n)} d\theta$$

由函数的正交性知上式中的积分仅当 $n = k$ 时等于 2π,而 $n \neq k$ 时,积分为零。故

$$x(n) = \frac{1}{2\pi} \int_{-\pi}^{\pi} X(e^{j\theta}) e^{j\theta n} d\theta \qquad (4-36)$$

式(4-35)与式(4-36)构成一对变换对,式(4-35)称之为序列的傅里叶正变换,式(4-36)称之为序列的傅里叶反变换。z 取在单位圆上,意味着序列满足绝对可和,这是序列存在傅里叶变换的条件。

数字角频率 θ 不像连续时间信号中的 ω 那样具有直观的物理意义,但在某种情况下二者是有联系的。如果对连续信号 $e^{j\omega t}$ 以等间隔 T 进行采样,将得到离散信号 $e^{j\omega T n}$,这相当于令 $\theta = \omega T$ 时的情况。因此,θ 的单位是弧度而不是弧度/秒,但由 ωt 对应 θn 的形式,习惯上仍称之为数字角频率。

由式(4-35)不难看出,$X(e^{j\theta})$ 是变量 θ 的连续周期函数,$X(e^{j\theta})$ 称之为序列的频谱。序列的频谱不像连续信号的频谱那样具有直观的物理意义,而且式(4-36)也仅仅是各数字频率分量合成序列的一种数学表达式。

例 4- 9 已知序列

$$x(n) = \begin{cases} 1 & 0 \leqslant n \leqslant N-1 \\ 0 & n < 0, n \geqslant N \end{cases}$$

求此序列的频谱。

解

$$X(e^{j\theta}) = \sum_{n=0}^{N-1} x(n) e^{-j\theta n} = \frac{1 - e^{-j\theta N}}{1 - e^{-j\theta}} = \frac{e^{-j\frac{N}{2}\theta}(e^{j\frac{N}{2}\theta} - e^{-j\frac{N}{2}\theta})}{e^{-j\frac{\theta}{2}}(e^{j\frac{\theta}{2}} - e^{-j\frac{N}{2}})}$$

$$= e^{-j\theta\frac{N-1}{2}} \frac{\sin\dfrac{\theta N}{2}}{\sin\dfrac{\theta}{2}}$$

如果 $N = 8$,则

$$X(e^{j\theta}) = e^{-j\frac{7}{2}\theta} \frac{\sin 4\theta}{\sin\dfrac{\theta}{2}}$$

其幅度谱为

$$|X(e^{j\theta})| = \left| \frac{\sin 4\theta}{\sin\dfrac{\theta}{2}} \right|$$

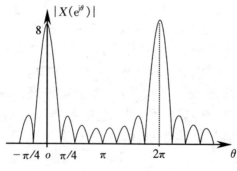

图 4- 2

$|X(e^{j\theta})|$ 的波形示于图 4- 2。

4.3.2 序列的傅里叶变换的主要性质

若设 a, b 为任意常数,且令

$$x_i(n) \leftrightarrow X_i(e^{j\theta})$$

线性性质

$$ax_1(n) + bx_2(n) \leftrightarrow aX_1(e^{j\theta}) + bX_2(e^{j\theta}) \tag{4-37}$$

位移性质

$$x(n \pm m) \leftrightarrow e^{\pm j\theta m}X(e^{j\theta}) \tag{4-38}$$

卷积性质

$$x_1(n) * x_2(n) \leftrightarrow X_1(e^{j\theta})X_2(e^{j\theta}) \tag{4-39}$$

上述性质可直接通过定义证明,这里从略。

4.3.3　离散系统的频率响应

一个线性时不变离散系统,如果系统是稳定的,若设系统的单位采样响应为 $h(n)$,当系统的激励为

$$x(n) = e^{j\theta n} \quad -\infty \leqslant n \leqslant \infty$$

时,则系统的零状态响应为

$$y(n) = h(n) * x(n) = \sum_{m=-\infty}^{\infty} h(m)e^{j\theta(n-m)} = e^{j\theta n} \sum_{m=-\infty}^{\infty} h(m)e^{-j\theta m}$$

$$= e^{j\theta n}H(e^{j\theta}) \tag{4-40}$$

将上式中的 m 换成 n,则

$$H(e^{j\theta}) = \sum_{n=-\infty}^{\infty} h(n)e^{-j\theta n} \tag{4-41}$$

$H(e^{j\theta})$ 称为系统的频率响应。虽然 $H(e^{j\theta})$ 是通过求解零状态响应获得的,但由式(4-40)不难看出,对于复指数信号 $e^{j\theta n}$ 这一特殊激励而言,式(4-40)却表示了系统的稳态响应。$H(e^{j\theta})$ 一般为复数,可写作

$$H(e^{j\theta}) = |H(e^{j\theta})|e^{j\varphi(\theta)} \tag{4-42}$$

$|H(e^{j\theta})|$ 被称为幅频响应,$\varphi(\theta)$ 被称为相频响应。这样

$$y(n) = |H(e^{j\theta})|e^{j[\theta n + \varphi(\theta)]} \tag{4-43}$$

频率响应也可以从系统函数导得,由

$$H(z) = \frac{Y(z)}{X(z)} = \sum_{n=-\infty}^{\infty} h(n)z^{-n}$$

只要系统在单位圆上收敛,即可令 $z = e^{j\theta}$,代入上式得

$$H(e^{j\theta}) = \frac{Y(e^{j\theta})}{X(e^{j\theta})} \tag{4-44}$$

或写为

$$Y(e^{j\theta}) = H(e^{j\theta})X(e^{j\theta}) \tag{4-45}$$

对式(4-45)再求反变换显然就是系统的零状态响应。由于周期函数不满足绝对可和条件,要表示 $X(e^{j\theta})$ 是困难的,这样就限制了该式的应用。换句话说,利用 Z 变换求系统的响应一般比用式(4-45)方便得多,这正如连续时间系统中的拉普拉斯变换与傅里叶变换的关系一样。但是,如果系统的输入是典型的复指数信号,由式(4-43)建立的关系既简单,物理意义又鲜明,因而频率响应的概念得到广泛应用。

总结上述过程不难看出:

①$H(e^{j\theta})$表示系统输出与输入的傅里叶变换之比,而且与 $h(n)$ 构成一对序列的傅里叶变换对;

②$H(e^{j\theta})$是以 2π 为周期的 θ 的连续函数;

③如果 $h(n)$是实序列,则不难证明$|H(e^{j\theta})|$将是 θ 的偶函数,而 $\varphi(\theta)$是 θ 的奇函数,$H(e^{j\theta})$与 $H(e^{-j\theta})$是共轭复数,即

$$H(e^{j\theta}) = H^*(e^{-j\theta}) \tag{4-46}$$

④系统对复指数激励的响应仍是复指数函数,响应的频率与输入频率相同,而响应的幅度和相位取决于系统的频率响应。

将式(4-43)用欧拉公式展开

$$y(n) = |H(e^{j\theta})|\cos(\theta n + \varphi) + j|H(e^{j\theta})|\sin(\theta n + \varphi) \tag{4-47}$$

如果激励为 $x(n) = \sin\theta n$,则系统的响应相应变成

$$y(n) = \text{Im}[e^{j\theta n}H(e^{j\theta})] = |H(e^{j\theta})|\sin(\theta n + \varphi) \tag{4-48}$$

如果激励为 $x(n) = \cos\theta n$,则系统的响应相应变成

$$y(n) = \text{Re}\{e^{j\theta n}H(e^{j\theta})\} = |H(e^{j\theta})|\cos(\theta n + \varphi) \tag{4-49}$$

证明　由于

$$\cos\theta n = \frac{1}{2}(e^{j\theta n} + e^{-j\theta n})$$

依据线性系统的线性性质,并考虑式(4-43)可得

$$y(n) = \frac{1}{2}|H(e^{j\theta})|e^{j[\theta n + \varphi(\theta)]} + \frac{1}{2}|H(e^{-j\theta})|e^{-j[\theta n + \varphi(\theta)]}$$

$$= |H(e^{j\theta})| \cos[\theta n + \varphi(\theta)]$$

同理,可证式(4-48)的正确性。

　　工程实际中,经常取正弦或余弦激励加入的时间为时间起点,这将与上述讨论的非时限信号不同。对于稳定系统来说,理论上应是时间趋于无穷大时系统才达到稳定状态,因而频率响应的幅频响应与相频响应只有此时才具有明确意义。

　　例 4-10　某离散系统的差分方程为

$$y(n) - 0.8y(n-1) = x(n)$$

若输入 $x(n) = \cos(0.05\pi n)$,求系统的幅频响应、相频响应和稳态响应。

　　解　将方程进行 Z 变换

$$Y(z) - 0.8z^{-1}Y(z) = X(z)$$

系统函数

$$H(z) = \frac{Y(z)}{X(z)} = \frac{1}{1 - 0.8z^{-1}}$$

频率响应

$$H(e^{j\theta}) = H(z)\big|_{z=e^{j\theta}} = \frac{1}{1 - 0.8e^{-j\theta}}$$

故幅频响应为

$$|H(e^{j\theta})| = \frac{1}{|(1 - 0.8\cos\theta) + j0.8\sin\theta|} = \frac{1}{\sqrt{1.64 - 1.6\cos\theta}}$$

相频响应为

$$\varphi(\theta) = -\arctan\frac{0.8\sin\theta}{1 - 0.8\cos\theta}$$

对本题特定的输入,相应的 $\theta = 0.05\pi$,代入上二式可得

$$|H(e^{-j0.05\pi})| = \frac{1}{\sqrt{1.64 - 1.6\cos0.05\pi}} = 4.093$$

$$\varphi(\theta) = -\arctan\frac{0.8\sin0.05\pi}{1 - 0.8\cos0.05\pi} = -0.5377 = -30.8°$$

稳态响应为

$$y(n) = 4.093\cos(0.05\pi n - 0.5377)$$

例 4-11 某一离散系统的单位采样响应为

$$h(n) = \frac{1}{2}\delta(n) + \delta(n-1) + \frac{1}{2}\delta(n-2)$$

求系统的频率响应，并绘出幅频响应和相频响应的曲线。

解 系统函数为

$$H(z) = \frac{1}{2} + z^{-1} + \frac{1}{2}z^{-2}$$

频率响应为

$$\begin{aligned}
H(e^{j\theta}) &= \frac{1}{2} + e^{-j\theta} + \frac{1}{2}e^{-j2\theta} \\
&= e^{-j\theta}\left[\frac{1}{2}e^{j\theta} + 1 + \frac{1}{2}e^{-j\theta}\right] \\
&= e^{-j\theta}(1 + \cos\theta)
\end{aligned}$$

幅频响应为

$$|H(e^{j\theta})| = 1 + \cos\theta$$

相频响应为

$$\varphi(\theta) = -\theta$$

图 4-3 给出了相应于右半频率范围的频谱图，左半平面显然应与之对称。

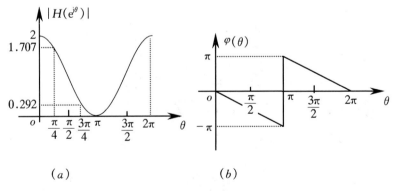

(a)　　　　　　　　(b)

图 4-3　例 4-11 频谱图

第 4 节　周期序列的离散傅里叶级数(DFS)

周期序列不满足绝对可和条件,不存在相应的 Z 变换。在引入广义函数后,周期序列虽然可以写出其对应序列的傅里叶变换,但其表达式较麻烦,本书不再作介绍。类似于连续信号,周期序列可以用所谓离散傅里叶级数表示。

为了方便,本节约定用 $x_0(n)$ 表示一有限长序列,而用 $\tilde{x}(n)$ 表示周期序列。设一有限长序列 $x_0(n)$ 的长度为 N,其定义域为 $0 \leqslant n \leqslant N-1$。如果将 $x_0(n)$ 延拓成周期为 N 的序列,则

$$\tilde{x}(n) = \sum_{r=-\infty}^{\infty} x_0(n - rN) \qquad -\infty \leqslant n \leqslant \infty \qquad (4-50)$$

而

$$x_0(n) = \begin{cases} \tilde{x}(n) & 0 \leqslant n \leqslant N-1 \\ 0 & n < 0, n \geqslant N \end{cases} \qquad (4-51)$$

反过来,$x_0(n)$ 也可视为任一周期序列 $\tilde{x}(n)$ 的主值区间序列,即周期序列自 $n=0$ 开始的第一个周期。

4.4.1　离散傅里叶级数

离散傅里叶级数的定义是

$$\tilde{x}(n) = \frac{1}{N} \sum_{k=0}^{N-1} \widetilde{X}(k) e^{j\frac{2\pi}{N}nk} \qquad n = 0, \pm 1, \pm 2, \cdots \cdots \qquad (4-52)$$

式中 $\widetilde{X}(k)$ 为离散傅里叶级数的系数,N 表示序列只有 N 个样值而周期出现,习惯上称式(4-52)为离散傅里叶级数反变换(IDFS)。下面确定 $\widetilde{X}(k)$ 的值。

将式(4-52)两边同乘以 $e^{-j(2\pi/N)nr}$,再从 $n=0$ 到 $N-1$ 求和,则

$$\sum_{n=0}^{N-1} \tilde{x}(n) e^{-j\frac{2\pi}{N}nr} = \sum_{n=0}^{N-1} \frac{1}{N} \sum_{k=0}^{N-1} \widetilde{X}(k) e^{j\frac{2\pi}{N}(k-r)n}$$

$$= \sum_{k=0}^{N-1} \widetilde{X}(k) \frac{1}{N} \sum_{n=0}^{N-1} e^{j\frac{2\pi}{N}(k-r)n}$$

根据复指数函数的正交特性可知

$$\frac{1}{N}\sum_{n=0}^{N-1}e^{j\frac{2\pi}{N}(k-r)n} - \begin{cases} 1 & k=r \\ 0 & k\neq r \end{cases}$$

所以上式变为

$$\widetilde{X}(r) = \sum_{n=0}^{N-1}\widetilde{x}(n)e^{-j\frac{2\pi}{N}nr}$$

将 r 换成 k,则

$$\widetilde{X}(k) = \sum_{n=0}^{N-1}\widetilde{x}(n)e^{-j\frac{2\pi}{N}nk} \quad k=0,\pm 1,\pm 2,\cdots\cdots \quad (4-53)$$

式(4-53)称为离散傅里叶级数正变换(DFS),并与式(4-52)构成一对离散傅里叶级数变换对。若令

$$W_N = e^{-j\frac{2\pi}{N}} \quad (或简写为 W = e^{-j\frac{2\pi}{N}}) \quad (4-54)$$

则

DFS $$\widetilde{X}(k) = \sum_{n=0}^{N-1}\widetilde{x}(n)W_N^{nk} \quad k=0,\pm 1,\pm 2,\cdots\cdots \quad (4-55)$$

IDFS $$\widetilde{x}(n) = \frac{1}{N}\sum_{k=0}^{N-1}\widetilde{X}(k)W_N^{-nk} \quad n=0,\pm 1,\pm 2,\cdots\cdots$$

$$(4-56)$$

对离散傅里叶级数可以这样理解:周期序列 $\widetilde{x}(n)$ 实际只有 N 个样值携有信息,而每一个样值都可以由 N 项以 $\widetilde{X}(k)$ 为系数的复指数函数组成,系数 $\widetilde{X}(k)$ 取决于 N 个信息,它也是以 N 为周期的周期函数,也只存在 N 个独立值。因此,每一个样值都含 N 个谐波成分,其对应的基频是 n 的函数,即 $e^{j(2\pi/N)n}$,而 k 表示谐波相对于基频的谐波次数。由于

$$e^{j\frac{2\pi}{N}nk} = e^{j\frac{2\pi}{N}(nk-N)} \quad (4-57)$$

所以实际上式(4-56)总共只存在 N 个谐波分量.

4.4.2 离散傅里叶级数的性质

为了简便,设以下各式中 a,b 均为任意常数,并设 $\widetilde{x}_i(n) \leftrightarrow \widetilde{X}_i(k)$。

线性性质

$$a\tilde{x}_1(n) + b\tilde{x}_2(n) \leftrightarrow a\tilde{X}_1(k) + b\tilde{X}_2(k) \tag{4-58}$$

时域位移性质

$$\tilde{x}(n-m) \leftrightarrow W^{mk}\tilde{X}(k) \tag{4-59}$$

频域位移性质

$$W^{-mn}\tilde{x}(n) \leftrightarrow \tilde{X}(k-m) \tag{4-60}$$

时域周期卷积性质

$$\sum_{m=0}^{N-1} \tilde{x}_1(m)\tilde{x}_2(n-m) \leftrightarrow \tilde{X}_1(k)\tilde{X}_2(k) \tag{4-61}$$

频域周期卷积性质

$$\tilde{x}_1(n) \cdot \tilde{x}_2(n) \leftrightarrow \frac{1}{N}\sum_{m=0}^{N-1} \tilde{X}_1(m)\tilde{X}_2(k-m) \tag{4-62}$$

对称性质　　若 $\tilde{x}(n)$ 为一实周期序列,则

$$\text{Re}[\tilde{X}(k)] = \text{Re}[\tilde{X}(N-k)] \tag{4-63}$$

$$\text{Im}[\tilde{X}(k)] = -\text{Im}[\tilde{X}(N-k)] \tag{4-64}$$

对上述性质的证明,有的可通过代入定义式直接获得,有的证明方法与下节 DFT 类似的性质证明方法相同,这里不再叙述。

第5节　离散傅里叶变换(DFT)

截止目前,本书对连续信号和离散信号的傅里叶变换做了介绍,从中不难发现时域与频域之间具有如表 4-3 所示的对应关系。显然,连续对应非周期,离散对应周期。在离散系统中,离散傅里叶级数用于分析周期序列,而序列的傅里叶变换可用于分析有限长序列。但是,有限长序列的 DTFT 是一个连续函数,而周期序列的 DTFT 又是一个冲激频谱,这就给利用计算机分析带来困难。为了借助于数字计算机,必须构造一个无论在时域还是在频域都是有限个离散有限值的函数,而该函数应具有合理的物理解释。这就是本节介绍的离散傅里叶变换。

表 4-3　信号与傅里叶变换的对应关系

时域信号	非周期、连续	周期、连续	非周期、离散	周期、离散
频域信号	连续、非周期	离散、非周期	连续、周期	离散、周期

4.5.1 离散傅里叶变换的定义

在分析周期序列的傅里叶级数时已经提到,周期序列虽然是无限长序列,但其携带的信息却只包含在一个周期内,有限长序列可视为一个周期序列的主值区间序列,因此有限长序列与周期序列具有内在的联系。所谓离散傅里叶变换正是借助于离散傅里叶级数的严格定义,而无论在时域,还是在频域仅取其主值区间数据用来分析有限长序列的一种方法。离散傅里叶变换的定义如下。

设有限长序列

$$x(n) = \begin{cases} \tilde{x}(n) & 0 \leqslant n \leqslant N-1 \\ 0 & n < 0, n \geqslant N \end{cases} \qquad (4\text{-}65)$$

则

$$X(k) = \mathrm{DFT}[x(n)] = \sum_{n=0}^{N-1} x(n) W^{nk} \quad 0 \leqslant k \leqslant N-1 \quad (4\text{-}66)$$

$$x(n) = \mathrm{IDFT}[X(k)] = \frac{1}{N} \sum_{k=0}^{N-1} X(k) W^{-nk} \quad 0 \leqslant n \leqslant N-1$$

$$(4\text{-}67)$$

式中,DFT 表示离散傅里叶的正变换,IDFT 表示离散傅里叶的反变换。式(4-66)和式(4-67)也可以表示为如下矩阵形式

$$[X(k)] = [W^{nk}][x(n)] \qquad (4\text{-}68)$$

$$[x(n)] = \frac{1}{N}[W^{-nk}][X(k)] \qquad (4\text{-}69)$$

式中$[x(n)]$和$[X(k)]$均为 N 维列矩阵,而$[W^{nk}]$和$[W^{-nk}]$均为 $N \times N$ 维对称方阵。

有限长序列的傅里叶变换是连续函数,而有限长序列的离散傅里叶变换却是离散的,因此离散傅里叶变换是一个具有特定意义的专用术语,千万不要混淆。

例 4-12 若 $x(n) = \{1, 2, -1, 3\}$,求 $X(k)$。

解 由于 $N = 4$,故

$$\begin{bmatrix} X(0) \\ X(1) \\ X(2) \\ X(3) \end{bmatrix} = \begin{bmatrix} W^0 & W^0 & W^0 & W^0 \\ W^0 & W^1 & W^2 & W^3 \\ W^0 & W^2 & W^4 & W^6 \\ W^0 & W^3 & W^6 & W^9 \end{bmatrix} \begin{bmatrix} x(0) \\ x(1) \\ x(2) \\ x(3) \end{bmatrix}$$

由于 $W = \mathrm{e}^{-\mathrm{j}\frac{2\pi}{4}} = -\mathrm{j}$,所以 $W^0 = 1, W^1 = W^9 = -\mathrm{j}, W^2 = W^6 = -1, W^3 = \mathrm{j}$,代入上式得

$$\begin{bmatrix} X(0) \\ X(1) \\ X(2) \\ X(3) \end{bmatrix} = \begin{bmatrix} 1 & 1 & 1 & 1 \\ 1 & -\mathrm{j} & -1 & \mathrm{j} \\ 1 & -1 & 1 & -1 \\ 1 & \mathrm{j} & -1 & -\mathrm{j} \end{bmatrix} \begin{bmatrix} 1 \\ 2 \\ -1 \\ 3 \end{bmatrix} = \begin{bmatrix} 5 \\ 2+\mathrm{j} \\ -5 \\ 2-\mathrm{j} \end{bmatrix}$$

若代入式(4-67)则可由 $X(k)$ 求得 $x(n)$。

4.5.2　DFT 与 DTFT 及 Z 变换的关系

由上述分析中已经知道,DFT 实际就是取 DFS 的主值区间,实际上 DFT 与 DTFT 及 Z 变换也有一定的关系。

4.5.2.1　DFT 与 DTFT 之间的关系

根据序列的傅里叶变换定义

$$X(\mathrm{e}^{\mathrm{j}\theta}) = \sum_{n=-\infty}^{\infty} x(n)\mathrm{e}^{-\mathrm{j}\theta n}$$

这是一个随变量 θ 变化,且以 2π 为周期的连续函数。当序列的定义域为 $0 \leqslant n \leqslant N-1$ 时,则

$$X(\mathrm{e}^{\mathrm{j}\theta}) = \sum_{n=0}^{N-1} x(n)\mathrm{e}^{-\mathrm{j}\theta n}$$

DTFT 携带的信息可以只用其一个周期表示,若只取 $0 \leqslant \theta < 2\pi$,并将 θ 在一个周期等分成 N 份,且令 k 取自 0 至 $N-1$ 之间的整数值,则 $\theta_k = (2\pi/N)k$,这样 DTFT 就演变成 k 的函数,於是

$$X(k) = X(\mathrm{e}^{\mathrm{j}\theta})\Big|_{\theta = \frac{2\pi}{N}k} \tag{4-70}$$

上式就是序列 $x(n)$ 的 DFT,也就是说,有限长序列的 DFT 是该序列的 DTFT 在其主值周期内等分为 N 个点处的离散值。

4.5.2.2　DFT 与 Z 变换的关系

由长度为 N 的有限长序列 $x(n)$ 的 Z 变换定义

$$X(z) = \sum_{n=0}^{N-1} x(n) z^{-n}$$

一个数值有界的有限长序列,其 Z 变换的收敛域必定包括单位圆在内,如果在 Z 平面的单位圆上取 N 个等间隔的点,求 $x(n)$ 在这些点上的变换,由于

$$z = e^{j\frac{2\pi}{N}k} \quad k = 0, 1, 2, \cdots, N-1$$

则

$$X(z)\bigg|_{z=e^{j\frac{2\pi}{N}k}} = \sum_{n=0}^{N-1} x(n) e^{-j\frac{2\pi}{N}nk}$$

上式右端就是 $\mathrm{DFT}[x(n)]$,所以

$$X(k) = X(z)\bigg|_{z=e^{j\frac{2\pi}{N}k}}$$

因此,有限长序列的 DFT 可以解析为在其 Z 变换的单位圆上的均匀采样点处的 $X(z)$ 值,如图 4-4 所示。

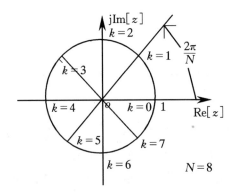

图 4-4　z 平面单位圆上 N 个等间距点

如果要从 $X(k)$ 求取 $X(z)$,则由 IDFT

$$x(n) = \frac{1}{N} \sum_{k=0}^{N-1} X(k) W^{-nk}$$

则

$$X(z) = \sum_{n=0}^{N-1} x(n) z^{-n} = \sum_{n=0}^{N-1} \left[\frac{1}{N} \sum_{k=0}^{N-1} X(k) W^{-nk} \right] z^{-n}$$

$$= \sum_{k=0}^{N-1} X(k) \left[\frac{1}{N} \sum_{n=0}^{N-1} (W^{-k} z^{-1})^n \right]$$

$$= \sum_{k=0}^{N-1} X(k) \left[\frac{1 - W^{-Nk} z^{-N}}{N(1 - W^{-k} z^{-1})} \right]$$

因为

$$W^{-Nk} = \mathrm{e}^{\mathrm{j}\frac{2\pi}{N}Nk} = 1$$

如果令内插函数 $\xi_k(z)$ 为

$$\xi_k(z) = \frac{1 - z^{-N}}{N(1 - W^{-k} z^{-1})} \tag{4-71}$$

则

$$X(z) = \sum_{k=0}^{N-1} X(k) \xi_k(z) \tag{4-72}$$

例 4-13　设 $\alpha > 0$, 试计算下面各非周期信号相应的傅里叶变换和周期信号的傅里叶级数:

$$(1) f(t) = \begin{cases} \mathrm{e}^{-\alpha t} & 0 \leqslant t \leqslant \dfrac{5}{\alpha} \\[2mm] 0 & t < 0, t > \dfrac{5}{\alpha} \end{cases} \qquad (2) \tilde{f}(t) = \sum_{n=-\infty}^{\infty} f\left(t - n\,\frac{5}{\alpha} \right)$$

$$(3) f(n) = \begin{cases} \mathrm{e}^{-n} & 0 \leqslant n \leqslant 4 \\ 0 & n < 0, n \geqslant 5 \end{cases} \qquad (4) \tilde{f}(n) = \sum_{r=-\infty}^{\infty} f(n - 5r)$$

解　(1)这是一个连续非周期时限信号, 其傅里叶变换为

$$F(\mathrm{j}\omega) = \int_0^{5/\alpha} \mathrm{e}^{-\alpha t} \mathrm{e}^{-\mathrm{j}\omega t} \mathrm{d}t = \frac{-1}{\alpha + \mathrm{j}\omega} \mathrm{e}^{-(\alpha + \mathrm{j}\omega)t} \Big|_0^{5/\alpha}$$

$$= \frac{1}{\alpha + \mathrm{j}\omega} \left[1 - \mathrm{e}^{-(\alpha + \mathrm{j}\omega)\frac{5}{\alpha}} \right]$$

因为 $\mathrm{e}^{-5} = 0.00674$, 所以上式中的第二项相对很小, $f(t)$ 的频谱几乎与单边指数信号的频谱相同, 因此

$$F(\mathrm{j}\omega) \approx \frac{1}{\alpha + \mathrm{j}\omega}$$

时限信号 $f(t)$ 的频谱是遍布整个频域随 $|\omega|$ 增加而衰减的连续谱。

(2)这是一个周期信号,由时限信号与周期信号的关系可得其傅里叶级数的系数为

$$F_n = \frac{1}{T} F(\mathrm{j}\omega) \bigg|_{\omega = n\omega_1} \approx \frac{\alpha}{5\left(\alpha + \mathrm{j}\dfrac{2\pi\alpha}{5}n\right)}$$

式中 $\omega_1 = 2\pi/T = 2\pi\alpha/5$,周期信号 $\tilde{f}(t)$ 的频谱是遍布整数域随 $|n|$ 增加而衰减的离散谱。

(3)这是一个有限长序列,相当于 $f(t)$ 在等间隔 $1/\alpha$ 处的样值,其 DTFT 为

$$F(\mathrm{e}^{\mathrm{j}\theta}) = \sum_{n=0}^{4} \mathrm{e}^{-n} \mathrm{e}^{-\mathrm{j}\theta n} = \frac{1 - \mathrm{e}^{-5(1+\mathrm{j}\theta)}}{1 - \mathrm{e}^{-(1+\mathrm{j}\theta)}}$$

忽略含系数 e^{-5} 项,可得近似式

$$F(\mathrm{e}^{\mathrm{j}\theta}) \approx \frac{1}{1 - \mathrm{e}^{-1} \mathrm{e}^{\mathrm{j}\theta}}$$

有限长序列 $f(n)$ 的频谱是遍布角度域 (θ) 以 2π 为周期的连续频谱。

(4)这是一个周期序列,相当于 $f(n)$ 的延拓,其 DFS 为

$$\begin{aligned}
\tilde{F}(k) &= \sum_{n=0}^{4} \tilde{f}(n) \mathrm{e}^{-\mathrm{j}\frac{2\pi}{5}nk} = \sum_{n=0}^{4} \sum_{r=-\infty}^{\infty} \mathrm{e}^{-n} \mathrm{e}^{-\mathrm{j}\frac{2\pi}{5}n(k-5r)} \\
&= \sum_{r=-\infty}^{\infty} \left[\sum_{n=0}^{4} \mathrm{e}^{-n\left[1+\mathrm{j}\frac{2\pi}{5}(k-5r)\right]} \right] \\
&= \sum_{r=-\infty}^{\infty} \frac{1 - \mathrm{e}^{-5\left[1+\mathrm{j}\frac{2\pi}{5}(k-5r)\right]}}{1 - \mathrm{e}^{-\left[1+\mathrm{j}\frac{2\pi}{5}(k-5r)\right]}}
\end{aligned}$$

忽略含系数 e^{-5} 项,则

$$\tilde{F}(k) \approx \sum_{r=-\infty}^{\infty} \frac{1}{1 - \mathrm{e}^{-1} \mathrm{e}^{-\mathrm{j}\frac{2\pi}{5}(k-5r)}}$$

显然,这是一个以 $N=5$ 为周期的离散频谱。

如果求例 4-13 中的 $f(n)$ 的 DFT,则

$$F(k) = \frac{1 - \mathrm{e}^{-5\left(1+\mathrm{j}\frac{2\pi}{5}k\right)}}{1 - \mathrm{e}^{-\left(1+\mathrm{j}\frac{2\pi}{5}k\right)}} \approx \frac{1}{1 - \mathrm{e}^{-1} \mathrm{e}^{-\mathrm{j}\frac{2\pi}{5}k}} \quad k = 0, 1, 2, \cdots, N-1$$

这正是 $f(n)$ 的 DTFT 在其一个周期 $0\sim2\pi$ 范围内 N 等分处的样值。

4.5.3　DFT 的性质

鉴于傅里叶变换的许多性质证明方法类似,有关 DFT 的性质仅列写如下,一般不再证明。为方便,仍设 a,b 为任意常数,并设

$$x_i(n) \leftrightarrow X_i(k)$$

4.5.3.1　线性性质

$$ax_1(n) + bx_2(N) \leftrightarrow aX_1(k) + bX_2(k) \tag{4-73}$$

4.5.3.2　循环(圆周)移位性质

有限长序列的循环移位性质的意义是:先将 $x(n)$ 延拓成周期序列 $\tilde{x}(n)$,然后再移位到 $\tilde{x}(n-m)$,最后再取 $\tilde{x}(n-m)$ 的主值序列。这一过程可用下式描述

$$\tilde{x}(n-m)G_N(n) = \tilde{x}((n-m))_N \tag{4-74}$$

式中求余符号 $((n))_N = n/N$ 的余数。图 4-5 中的 (a) 图与 (b) 图分别表示用指针形式和坐标形式进行循环移位的过程。

(1)循环时移性质

$$\tilde{x}(n-m)G_N(n) \leftrightarrow W_N^{mk} X(k) \tag{4-75}$$

(2)循环频移性质

$$x(n)W^{-mn} \leftrightarrow \tilde{X}(k-m)G_N(k) \tag{4-76}$$

4.5.3.3　循环(圆周)卷积性质

循环卷积建立在循环移位的基础上,它不同于线卷积,利用循环卷积的概念可以快速计算线卷积。

(1)时域循环卷积

$$\begin{aligned} x_1(n) \otimes x_2(n) &= \sum_{m=0}^{N-1} x_1(m)\tilde{x}_2(n-m)G_N(n) \\ &= \sum_{m=0}^{N-1} x_2(m)\tilde{x}_1(n-m)G_N(n) \end{aligned} \tag{4-77}$$

(2)频域循环卷积

$$\begin{aligned} X_1(k) \otimes X_2(k) &= \sum_{m=0}^{N-1} X_1(m)\tilde{X}_2(k-m)G_N(k) \\ &= \sum_{m=0}^{N-1} X_2(m)\tilde{X}_1(k-m)G_N(k) \end{aligned} \tag{4-78}$$

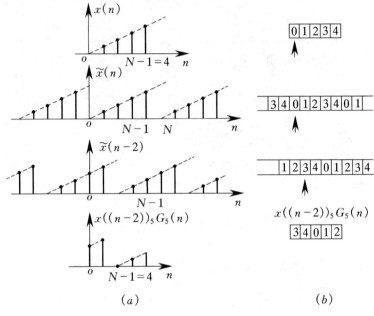

图 4-5   有限长序列的循环位移

符号 $\otimes$ 表示序列之间进行的运算是循环卷积。如果二序列的长度不相等,应将较短序列用零补齐。

例 4-14   若 $x_1(n) = (4-n)g_3(n)$;$x_2(n) = (n+1)g_4(n)$。

(1)试用表格法求其循环卷积

$$y(n) = x_1(n) \otimes x_2(n);$$

(2)试用循环卷积方法求二序列的线卷积

$$f(n) = x_1(n) * x_2(n)。$$

解   (1)将 $x_1(n)$ 与 $x_2(n)$ 补齐可得

$$x_1(n) = \{4, 3, 2, 0\}$$

$$x_2(n) = \{1, 2, 3, 4\}$$

将 $x_2(m)$ 延拓成周期序列后反摺,得到 $\tilde{x}_2(-m)$,再时移 n 而后取主值区间即得 $\tilde{x}_2(n-m)G_4(n)$,依照 n 的不同取值可得如图 4-6(a)

所示四种情况,故

$$y(0) = 4 \times 1 + 3 \times 4 + 2 \times 3 = 22$$
$$y(1) = 4 \times 2 + 3 \times 1 + 2 \times 4 = 19$$
$$y(2) = 4 \times 3 + 3 \times 2 + 2 \times 1 = 20$$
$$y(3) = 4 \times 4 + 3 \times 3 + 2 \times 2 = 29$$

即

$$y(n) = \{22, 19, 20, 29\}$$

(2)二序列线卷积后序列的长度为 6,将二序列都用 0 填充到 6 位,则

$$x_1(n) = \{4, 3, 2, 0, 0, 0\}$$
$$x_2(n) = \{1, 2, 3, 4, 0, 0\}$$

对以上二式实施循环卷积计算,可得如图 4-6(b)所示 6 种情况,故

$$y(n) = \{4, 11, 20, 29, 18, 8\}$$

从本例可以看出,用循环卷积计算线卷积的实质就是利用扩充序列长度的办法,使移位序列非零值只能一次通过。这样计算过程自然与线卷积完全一致。如果二序列的长度分别为 N_1 和 N_2,则扩充后的序列的长度应为 $N_1 + N_2 - 1$。

4	3	2	0	$\tilde{x}_1((m))_4$
1	4	3	2	$\tilde{x}_2((0-m))_4$
2	1	4	3	$\tilde{x}_2((1-m))_4$
3	2	1	4	$\tilde{x}_2((2-m))_4$
4	3	2	1	$\tilde{x}_2((3-m))_4$

(a)

4	3	2	0	0	0
1	0	0	4	3	2
2	1	0	0	4	3
3	2	1	0	0	4
4	3	2	1	0	0
0	4	3	2	1	0
0	0	4	3	2	1

(b)

图 4-6 循环卷积过程示例

4.5.3.4 对称性质

若 $x(n)$ 是长度为 N 实序列,则

$$\text{Re}[X(k)] = \text{Re}[X(N-k)] \qquad (4-79)$$
$$\text{Im}[X(k)] = -\text{Im}[X(N-k)] \qquad (4-80)$$

上述性质也可表示为

$$|X(k)| = |X(N-k)| \qquad (4-81)$$
$$\arg[X(k)] = -\arg[X(N-k)] \qquad (4-82)$$

当 $x(n)$ 是虚序列时, 则必有

$$X(k) = -X^*(N-k) \tag{4-83}$$

第 6 节　快速傅里叶变换(FFT)

离散傅里叶变换从理论上解决了数字计算机的应用与信号分析相结合的问题, 但由于用于实际时计算量太大而使应用受到限制。直到 1965 年由 Cooly 和 Tukey 建立了一种快速傅里叶变换—FFT(The Fast Fourier Transform)时, DFT 的应用才成为现实。除 FFT 算法外, 可以实现对 DFT 快速计算的还有其他方法, 例如戈泽尔算法、CTZ 算法、WFTA 算法及素数算法等。本节将主要介绍 FFT 算法。

由 DFT 的定义

$$X(k) = \sum_{n=0}^{N-1} x(n) W^{nk} \quad k = 0, 1, 2, \cdots, N-1$$

可知, 每计算一个 $X(k)$ 值需要进行 N 次复数乘法和 $N-1$ 次复数加法运算, 在 W^{nk} 已知的情况下, 计算全部 $X(k)$ 所需的计算次数将是 N^2 次复数乘和 $N(N-1)$ 次复数加运算。伴随 N 值的增加, 计算量急剧增大。由于 DFT 的系数矩阵具有周期性和对称性, 即

$$W_N^{nk+rN} = W_N^{nk} \tag{4-84}$$

$$W_N^{nk+\frac{N}{2}} = W_N^{N/2} W_N^{nk} = -W_N^{nk} \tag{4-85}$$

因而计算中存在大量的重复工作。

FFT 的基本思想是利用系数矩阵的特点, 将原有的 N 点序列分解成两个较短的序列, 这两个较短序列的 DFT 可以组合成原序列的 DFT。如果仅从复数乘分析, 原序列需要 N^2 次计算, 而两个相同长度的短序列的 DFT 只需要 $2 \times (N/2)^2$ 次计算, 这样仅复数乘的计算工作量就减少了一半。这种思想可以进一步运用, 直到分解为二点 DFT 为止, 最后必将大大地减少计算工作总量。

4.6.1　$N/2$ 点 DFT 的分解

设 M 为一整数, 而序列的长度为 N, 且 $N = 2^M$ 或 $M = \log_2 N$。将

DFT 求和按 n 为奇数和偶数分成两部分, 当 n 为偶数时, 设 $n=2r$, 当 n 为奇数时, 设 $n=2r+1$, r 的定义域从 0 到 $(N/2)-1$, 由此

$$X(k) = \sum_{n=0}^{N-1} x(n) W_N^{nk} = \sum_{r=0}^{\frac{N}{2}-1} x(2r) W_N^{2rk} + \sum_{r=0}^{\frac{N}{2}-1} x(2r+1) W_N^{(2r+1)k}$$

因为

$$W_N^2 = e^{-j\frac{2\pi}{N}\times 2} = e^{-j\frac{2\pi}{N/2}} = W_{N/2}$$

所以上式可写为

$$X(k) = \sum_{r=0}^{\frac{N}{2}-1} x(2r) W_{N/2}^{rk} + W_N^k \sum_{r=0}^{\frac{N}{2}-1} x(2r+1) W_{N/2}^{rk}$$

$$= X_1(k) + W_N^k X_2(k) \qquad (4\text{-}86)$$

式中

$$X_1(k) = \sum_{r=0}^{\frac{N}{2}-1} x(2r) W_{N/2}^{rk} \qquad (4\text{-}87)$$

$$X_2(k) = \sum_{r=0}^{\frac{N}{2}-1} x(2r+1) W_{N/2}^{rk} \qquad (4\text{-}88)$$

由于 $X(k)$ 的 k 值定义域是 $0 \leqslant k \leqslant N-1$, 而 $X_1(k)$ 和 $X_2(k)$ 的定义域应是 $0 \leqslant k \leqslant (N/2)-1$, 故应用式(4-86)计算全部 $X(k)$ 时, $X_1(k)$ 和 $X_2(k)$ 相当参与了两个周期运算。依据 DFT 的对称性, 完全可将其全部 $X(k)$ 值分为上半部和下半部两部分分别进行计算, 这就得到

$$X(k) = X_1(k) + W_N^k X_2(k) \qquad (4\text{-}89)$$

$$X\left(k+\frac{N}{2}\right) = X_1(k) - W_N^k X_2(k) \qquad (4\text{-}90)$$

上面二式中的 k 值皆为自 0 至 $(N/2)-1$。这样 N 点的 DFT 的计算就被分解为两个 $N/2$ 点的 DFT 的计算。

图 4-7 用流程图表示用两个 4 点 DFT 组合成 8 点 DFT 的过程, 最右边的交叉运算对应于式(4-89)和式(4-90)的运算。

在流程图中, 各交叉运算称为蝶形运算, 它是 FFT 的基本运算单

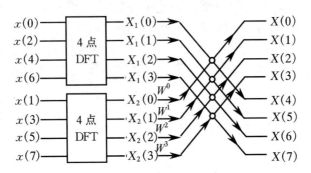

图 4-7　两个 4 点 DFT 组合 8 点 DFT 的结构

元。图 4-8 给出了蝶形运算的两种表示方法。(a)图中带箭头的线段代表乘法器,乘数标在箭头旁,但乘数为 1 时可省略,二线段汇合处表示相加。(b)图中空心小圆表示加法-减法器,向上运算表示相加,向下运算表示相减。

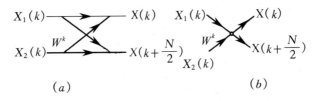

(a)　　　　　　　　　　　(b)

图 4-8　蝶形运算单元

4.6.2　DFT 的多重分解

图 4-9 表示由 8 点 DFT 如何分解为 4 点 DFT,再分解为 2 点 DFT 的过程。

如果 $N=2^M$,则要分解到二点 DFT 将需要分解 $M-1$ 次,加上二点 DFT,将形成 M 级蝶形运算。由图 4-9 不难看出,每一级的蝶数量都相等,但各级蝶的类型和分组情况并不同,这种差别通常可由权因子的方次来区分。其一般规律说明如下:

第一级为 $N/2$ 个组,一个类型权因子(W^0);

第二级为 $N/4$ 个组,二个类型权因子(W^0,$W^{N/4}$);

第三级为 $N/8$ 个组,四个类型权因子(W^0,$W^{N/8}$,$W^{2N/8}$,$W^{3N/8}$);

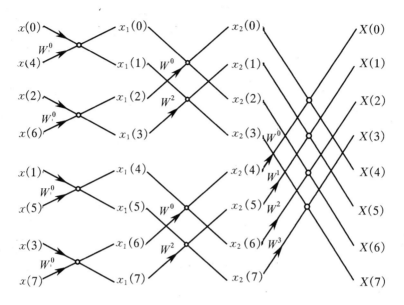

图 4-9　三级分解流程图

一般情况下,第 l 级为 $N/2^l$ 个组,2^{l-2} 个权因子类型(W^0,$W^{N/2l}$,$\cdots W^{(2^{l-1})N/(2l)}$)。

而最后一级则必然是一个组,且有 $N/2$ 个权因子类型,并顺次为 W^0,W^1,W^2,$\cdots$,$W^{\frac{N}{2}-1}$。

FFT 算法一个值得注意的地方是"码位倒置顺序",为使输出序列 $X(k)$ 按自然顺序排列,必须将输入序列 $x(n)$ 按"码位倒置"顺序存入计算机存贮单元,这是由于不断对序列按奇、偶序号分解成短序列引起的。例如图 4-9 中,最左边的输入序列 $X(n)$ 是按 0-4-2-6-1-5-3-7 顺序输入的,而最右边的输出 $X(k)$ 则按自然顺序 0-1-2-3-4-5-6-7 输出。这里的"码位倒置"是指对二进制数倒置,即要使输出按自然顺序排列,则输入应按输出顺序的二进制数倒置后对应的十进制数顺序依次输入。表 4-4 给出了 $N=8$ 时的情况。

表 4-4　码位倒置($N=8$)

自然顺序	二进制表示	码位倒置	码位倒置顺序
0	000	000	0
1	001	100	4
2	010	010	2
3	011	110	6
4	100	001	1
5	101	101	5
6	110	011	3
7	111	111	7

在实际应用中,输入序列仍按自然顺序输入,而码位倒置是通过一个简单程序完成的。上述算法是通过序列的奇偶顺序分组,称为按时间抽取算法(DIT)。还有其他一些 FFT 算法,可参考有关教材,这里不再讨论。

FFT 算法同样适用于逆计算,其差别仅在于取逆计算时,权因子应是 W^{-nk},并且计算的结果要除以 N。

应用 FFT 算法可以极大地提高运算速度,N 值越大,这一效果越显著。如果直接计算 $N=2048$ 时需要 6 个小时,而利用 FFT 仅需要 1 分钟。表 4-5 给出了二者在乘法计算上的比较。

表 4-5　直接 DFT 与 FFT 乘法运算比较

M	N	直接 DFT(N^2)	FFT($\frac{N}{2}\log_2 N$)	改善比值($\frac{2N}{\log_2 N}$)
1	2	4	1	4
2	4	16	4	4
3	8	64	12	5.3
4	16	256	32	8
5	32	1024	80	12.8
6	64	4096	192	21.3
7	128	16384	448	36.6

M	N	直接 DFT(N^2)	FFT($\frac{N}{2}\log_2 N$)	改善比值($\frac{2N}{\log_2 N}$)
8	256	65536	1024	64
9	512	262144	2304	113.8
10	1024	1048576	5120	204.8
11	2048	4194304	11264	372.4

第 7 节　离散傅里叶变换的应用

由于快速算法的出现和计算机的发展,离散傅里叶变换的应用已遍及各个学科领域。在涉及 DFT 的应用时,实际将与 FFT 密不可分,本节将视二者为同义语,且仅仅就其最基本的一些用途做一粗浅的介绍。

4.7.1　频谱分析

由 DFT 与 DTFT 的关系

$$H(k) = H(e^{j\theta}) \Big|_{\theta = \frac{2\pi}{N}k} \qquad (4\text{-}91)$$

当有限长序列 $x(n)$ 为已知时,则其连续频谱 $H(e^{j\theta})$ 在各离散点 $\theta = (2\pi/N)k$ 处的频谱值可通过 $H(k)$ 确定。

如果序列是周期的,由 DFT 的定义知 $H(k)$ 即表示其 DFS 的主值区间序列,其数值代表的意义是周期序列的离散傅里叶级数各谐波的系数。

DFT 用于分析连续信号的频谱时,首先需要对连续信号采样,对于不同的连续信号,存在不同的处理方法,下面分别对此进行讨论。

4.7.1.1　时间有限信号

如果信号是时限信号,其频谱带宽必是无限的,由采样定理可知其奈奎斯特时间间隔将趋于无穷小,因此不管如何减小采样时间间隔,都不可避免出现混叠现象。如果这种混叠引起的误差甚小,则利用 DFT 计算的结果可近似表示原信号的频谱。

设连续时间信号 $x(t)$ 的持续时间为 T，要求的频谱谱线间距为 f_1，所需考虑的最高频率为 f_m。首先必须说明，作为连续时限信号，其频谱本是连续的，不存在所谓基频，但其采样后的序列被延拓成周期序列，该周期序列的 DFS 存在基频。此基频应对应于谱线的间距。由此可知 $x(t)$ 延拓成周期函数的周期应满足

$$T_1 = \frac{1}{f_1} \qquad (4\text{-}92)$$

由采样定理可确定采样信号的频率 $f_s \geqslant 2f_m$，或记为采样时间间隔 T_s $\leqslant 1/(2f_m)$。于是样点的数目

$$N = \frac{T_1}{T_s} \qquad (4\text{-}93)$$

N 值应为整数，并且为使 FFT 算法实施方便，可取 2 的整数幂，这样实际取的 N 值可能大于上式计算值，据此可最后确定实际所取的 T_s 值。离散序列 $x(n)$ 应是 $x(t)$ 延拓成以 T_1 为周期的信号后，再以 T_s 为间隔的样值序列的主值区间序列。由此可计算

$$X(k) = \sum_{n=0}^{N-1} x(n) e^{-j\frac{2\pi}{N}nk} \qquad k = 0, 1, 2, \cdots, N-1 \qquad (4\text{-}94)$$

根据式(3-64)可知，$X(k)$ 还必须乘以 T 后才近似表示相对于基频的 k 次谐波频谱。

4.7.1.2 频率有限信号

如果信号的频谱被限制在某一频率范围，则其对应的时间信号将是无限的，为了应用 DFT 技术，必须将信号截断成时限信号，而时限信号的频谱不可能是频率受限的，这将产生所谓"泄漏现象"。

图 4-10 表示一信号的截断过程，时间趋于无限的信号 $x(t)$ 对应的频谱是一频率有限信号，如果与一矩形信号 $p(t)$ 相乘则得到一时限信号 $f(t)$，$p(t)$ 被称之为窗函数。由频域卷积定理可知，$f(t)$ 的频谱将不同于 $x(t)$ 的频谱，在 $x(t)$ 原频谱范围内，$F(j\omega)$ 可以近似表示 $X(j\omega)$，但在此频率之外，$F(j\omega)$ 的值并非为零，形成所谓泄漏。

泄漏造成频率有限信号频率扩展，将导致混叠，但泄漏现象也不可避免。通过适当选取窗函数，可以减少泄漏。除了矩形窗函数外，还有

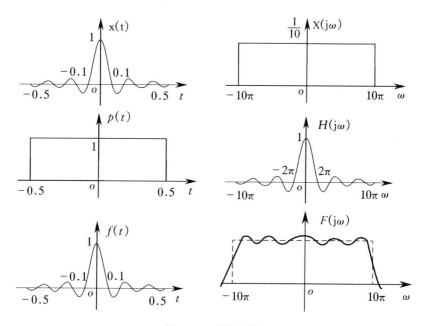

图 4-10　泄漏现象

三角窗函数(巴特利特窗函数),以及由余弦函数构成的汉宁窗函数、海明窗函数、布莱克曼窗函数等。布莱克曼窗函数具有较好的特性,是一个二阶的升余弦窗。

例 4-15　信号 $x(t) = 3t[u(t) - u(t - 0.002)]$,要求用离散后的频谱表示的谱线间距 $f_1 = 80$ Hz,最高频率范围限于 $f_h = 20$ kHz,试决定用 DFT 算法的数学模型。

解　抽样时间间隔 T_s 由 f_h 决定,即

$$T_s \leqslant \frac{1}{2f_h} = \frac{1}{2 \times 20 \times 10^3} = 25 \ \mu s$$

$x(t)$ 延拓的周期 T_1(表示序列的记录长度)由 f_1 决定,即

$$T_1 = \frac{1}{f_1} = \frac{1}{80} = 12.5 \ ms$$

由 $\tilde{x}(t)$ 的主值区间 T_1 和抽样时间间隔可决定样点数目 N,由于

$$\frac{T_1}{T_s} = \frac{12.5 \times 10^{-3}}{25 \times 10^{-6}} = 500$$

则可取 $N = 512$,故所求序列的模型为

$$x(n) = \begin{cases} 3nT_s & 0 \leqslant nT_s \leqslant 2 \times 10^{-3} \\ 0 & 2 \times 10^{-3} < nT_s \leqslant 12.5 \times 10^{-3} \end{cases}$$

相应式中的 T_s 应改为

$$T_s = \frac{T_1}{N} = \frac{12.5}{512} = 24.414 \ \mu s = 24.414 \times 10^{-6} s$$

4.7.2　快速卷积

利用 DFT 可以对线卷积实现快速计算,特别是当序列较长时,这一优点更加突出。设序列 $x_1(n)$ 和 $x_2(n)$ 的长度分别为 N_1 和 N_2,由线卷积定义

$$y(n) = x_1(n) * x_2(n) = \sum_{m=-\infty}^{\infty} x_1(m)x_2(n-m) \qquad (4-95)$$

不难得出,总的相乘次数为 $N_1 N_2$ 次,当 $N_1 = N_2 = N$ 时,相乘次数为 N^2。利用时域卷积性质可得

$$y(n) = \mathrm{IDFT}[X_1(k)X_2(k)] \qquad (4-96)$$

运用 FFT 求解 $X_1(k)$ 和 $X_2(k)$ 共需 $N\log_2 N$ 次复数乘,二者相乘需要 N 次,求逆还需要 $(N/2)\log_2 N$ 次运算,由此总计算量为 $N(1 + 1.5\log_2 N)$。显然,当 N 值较大时,利用式(4-96)计算线卷积更快捷。例如,当 $N = 1\,024$ 时,直接计算所需次数为 $1\,048\,576$,而利用 DFT 计算仅需 $16\,384$ 次。虽然二者相差 256 倍,但后者为复数运算,尽管如此,利用 DFT 计算仍可减少计算工作量。

DFT 的应用遍及众多学科,例如对相关函数实现快速运算(相关函数将在第 5 章介绍)。

习　　题

4-1　试求下面序列的 Z 变换及其收敛域:

$(1)\left(\dfrac{1}{2}\right)^{n}\mathrm{u}(n)$；　　　　　　　$(2)\left(\dfrac{1}{3}\right)^{-n}\mathrm{u}(n)$；

$(3)-\left(\dfrac{1}{4}\right)^{n}\mathrm{u}(-n-1)$；　　　　$(4)\left(\dfrac{1}{5}\right)^{n}\left[\mathrm{u}(n)-\mathrm{u}(n-7)\right]$；

$(5)\left(\dfrac{1}{2}\right)^{n}\mathrm{u}(n)+\left(\dfrac{1}{3}\right)^{n}\mathrm{u}(n)$；　　　$(6)\delta(n)-\dfrac{1}{4}\delta(n-3)$。

4-2　若 $x(n)\leftrightarrow X(Z)$，试证明：

$(1)\mathrm{e}^{-an}x(n)\leftrightarrow X(\mathrm{e}^{a}z)$；　　　　$(2)x(-n)\leftrightarrow X(z^{-1})$。

4-3　求下列各 $X(z)$ 的 Z 反变换：

$(1)\dfrac{4}{1+0.7z^{-1}}$　$|z|>0.7$；　　$(2)\dfrac{1-az^{-1}}{z^{-1}-a}$　$|z|>\left|\dfrac{1}{a}\right|$；

$(3)\dfrac{1-0.5z^{-1}}{1+\dfrac{3}{4}z^{-1}+\dfrac{1}{8}z^{-2}}$　$|z|>\dfrac{1}{2}$；　$(4)\dfrac{1-\dfrac{1}{2}z^{-1}}{1-\dfrac{1}{4}z^{-2}}$　$|z|>\dfrac{1}{2}$；

$(5)\dfrac{10z}{z^{2}-1}$　$|z|>1$；　　　　$(6)\dfrac{z^{-1}}{(1-6z^{-1})^{2}}$　$|z|>6$。

4-4　试用单边 Z 变换求解下列差分方程：

$(1)y(n)-0.9y(n-1)=0.05\mathrm{u}(n),y(-1)=0$；

$(2)y(n)+0.1y(n-1)-0.02y(n-2)=10\mathrm{u}(n)$,

　　$y(-1)=y(-2)=0$；

$(3)y(n)-0.9y(n-1)=0.05\mathrm{u}(n),y(-1)=1$；

$(4)y(n)+5y(n-1)=n\mathrm{u}(n),y(-1)=0$；

$(5)6y(n)-5y(n-1)+y(n-2)=10\mathrm{u}(n),y(-1)=31$,

　　$y(-2)=75$；

$(6)y(n)+5y(n-1)+6y(n-2)=\mathrm{u}(n-2),y(-1)=0$,

　　$y(-2)=1$。

4-5　离散因果系统的差分方程为 $y(n)+0.5y(n-1)=x(n)$，试求系统的幅频响应和相频响应；若系统的激励为 $x(n)=\cos(0.5\pi n)$，求系统的稳态响应。

4-6　试求下面序列的傅里叶变换，并画出其幅度频谱：

$(1) x_1(n) = \left(\dfrac{1}{2}\right)^n \mathrm{u}(n);$ $\qquad$ $(2) x_2(n) = \left(-\dfrac{1}{2}\right)^n \mathrm{u}(n)。$

4-7 试证明：当周期序列 $\tilde{x}(n)$ 是 n 的偶函数时，则 $\tilde{X}(k) = \mathrm{DFS}[x(n)]$ 是实序列，并为 k 的偶函数。

4-8 设周期序列的周期 $N = 4$，其主值序列为 $x(n) = \{2, 1, 0, 1\}$，试求其 $\tilde{X}(k) = \mathrm{DFS}[\tilde{x}(n)]。$

4-9 已知序列 $x(n) = \{1, 2, -1, 3\}$，试求 $X(k) = \mathrm{DFT}[x(n)]$，再由 $X(k)$ 求 $\mathrm{IDFT}[X(k)]$，验证其逆变换即为原序列 $x(n)。$

4-10 试求下列各序列的 DFT 的闭式表达式：

$(1) x(n) = \delta(n);$ $\qquad$ $(2) x(n) = a^n G_N(n);$

$(3) x(n) = \sin\omega_0 n \cdot G_N(n);$ $\qquad$ $(4) x(n) = \cos\omega_0 n \cdot G_N(n)。$

4-11 设二序列分别为：$x_1(n) = n[\mathrm{u}(n) - \mathrm{u}(n-5)]$；$x_2(n) = 3\delta(n-3)$。试求二序列的圆卷积。

4-12 已知序列 $x(n) = \left\{\dfrac{1}{2}, 1, 1, \dfrac{1}{2}\right\}$。试求：

$(1) x(n)$ 与 $x(n)$ 的线卷积；

$(2) x(n)$ 与 $x(n)$ 的圆卷积；

(3) 用圆卷积的方法求 $x(n)$ 与 $x(n)$ 的线卷积。

4-13 设有限长序列 $x_1(n) = \cos\left(\dfrac{2\pi n}{N}\right) G_N(n)$；$x_2(n) = \sin\left(\dfrac{2\pi n}{N}\right) G_N(n)$。试求下列圆卷积：

$(1) y(n) = x_1(n) \otimes x_2(n);$

$(2) y(n) = x_1(n) \otimes x_1(n);$

$(3) y(n) = x_2(n) \otimes x_2(n)。$

4-14 设序列 $x(n)$ 长为 N，且 $\mathrm{DFT}\{x(n)\} = X(k)$，试证明：
$$X(n) \leftrightarrow N \cdot x((-k))_N G_N(k)$$

4-15 某一通用计算机，计算一次复数乘法约需 $20\ \mu s$，计算一次复数加法约需 $5\ \mu s$，现在用它计算一长为 $N = 1\ 024$ 点的 DFT，试计算用直接方法和 FFT 方法计算各需多少时间。

4-16 试画出 $N = 16$ 时的 FFT 算法流程图。

第 5 章 随机信号

本章主要分析随机信号的数字特征及其统计特性。在分析随机信号的概率密度和相关函数的基础上,进一步分析几种典型随机信号,并对伪随机信号做了描述。最后简述了随机信号通过线性系统的性质和特征。

第 1 节 随机信号的时域描述

5.1.1 随机信号的基本概念

自然界中事物的变化过程可以分为两大类,第一类具有确定形式的变化过程,这类过程称为确定性过程。例如:电容器通过电阻放电时,电容两端的电压随时间的变化就是一个确定性函数。而另一类过程没有确定的变化形式,如每日的气温、风力等,每次对它的测量结果没有一个确定的变化规律,即这类变化过程不能用一个时间的确定性函数描述。如果对该事物的变化过程进行一次观察,可得到一个时间的函数。但是若对该事物的变化过程重复地独立地进行多次观察,则所得到的结果不相同,这类过程称为随机过程。例如汽车奔驰时所产生的振动,环境噪声等。随机过程描述的信号即随机信号。客观存在的信号大多为随机信号,像语言、数字、生物医学信号等都带有随机因素。这是由于信号在进行变换和传输过程中或多或少地受到各种类型噪声的干扰,故我们接触到的信号基本上是随机信号。按能量信号和功率信号的划分,随机信号属于功率信号。

实际上随机信号是与确定信号相对而言的。如果给定任一时刻,信号的幅值、相位变化是不确定的,在相同条件下重复试验也不能得到相同的结果,则称该信号为随机信号或非确定性信号。例如在电话问题中,用 $X(t)$ 表示 t 时刻前电话局接到的呼唤次数,固定时刻 t,$X(t)$ 显然是个随机变量,但时间 t 是个连续变量,故 $X(t)$ 又是一个随机过程。再比如在信号检测电路中,器件内部带电粒子无规则运动引起的噪声是一种随机过程,即在任何一瞬间的取值是不能预料的。图5-1 为电噪声的波形,通常噪声电压可能具有各种数值,因此是一种连续型随机变量。

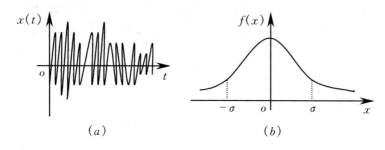

图 5-1　电噪声的波形(a)及其概率分布(b)

再如,如果用 n 台记录仪同时记录 n 台性能完全相同的接收机的输出电压波形(如图 5-2)。$x_1(t)$ 表示第一台的输出结果,$x_n(t)$ 表示第 n 台的输出结果。显然,他们并不因为具有相同类型、相同测试条件而得到相同的波形输出。即使观察次数 n 足够大,也不能找到两个完全相同的输出波形。根据数理统计的概念,全部可能观察到的波形记录称为样本空间或集合,用 $X(t)$ 表示,每一个波形记录称为样本函数,用 $x(t)$ 表示,$x(t)$ 是 $X(t)$ 的一个样本点,每一 $x(t)$ 都可依某种规则由确定函数表示。可见随机信号 $X(t)$ 的描述是由许多个确定信号的集合$[x_1(t), x_2(t)\cdots]=[x_i(t), i=1, 2, \cdots]$表征。如在某一时刻,对随机信号的诸样本进行采样,其结果为 $x_1(t_k)$, $x_2(t_k)$, $\cdots$, $x_n(t_k)$ 等。它们均有确切的数值但取值各有不同,因而随机信号在某一时刻的状态 $x(t_k)=\{x_i(t_k), i=1, 2\cdots\}$ 是一个数值的集合。集合中的各个数值是随机的取值,只能在样本足够多的情况下确定集合中各个数值出现的概率。这样,由各样本函数在 t_k 时的诸采样值就构成一个随机变量 $x_k(k=1, 2\cdots)$,故 $x(t_k)$ 表示在某特定时刻观察 $X(t)$

各样本函数的取值是通常所说的随机变量。而 $X(t)$ 在不同时刻 $t=t_i, i=1,2,\cdots$ 的状态 $X(t_i)=\{x_i(t_i)\}$ 是一族随时间变化的随机变量,可以用随机变量的概率分布函数和概率密度函数描述。即随机信号是随时间变化的随机变量,具有函数的特点,可以利用概率函数进行描述。它与一般随机变量的差别在于一般随机变量反映某一时刻实现的取值,而随机信号是无数个随机变量的总体,实现的是所有可能波形的集合。

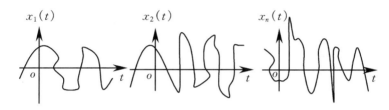

图 5-2　一个随机信号的样本集合

如果集合是一个可列集,如 $X(t)=\{0,1,2,\cdots\}$,则称为离散参数随机过程或随机序列。如果集合是个不可列集,如 $X(t)=\{t\,/t\geqslant 0\}$ 或 $X(t)=\{t\,/-\infty<t<\infty\}$ 则称为连续参数随机过程。另外,时间 t 的取值是连续的则称为连续时间随机信号,用 $X(t)$ 表示;时间 t 的取值是离散的则称为离散时间随机信号,用 $X(n)$ 表示。综上所述,随机过程可分为四大类:①离散参数离散型随机过程即离散随机序列。随机过程的状态与时间均为离散的(如掷硬币看正反面,则正反面的出现是随机的,设正面为 1,反面为 0,则取值是离散的 1 或 0,而投掷次数也是离散的)。②连续参数离散型随机过程即连续随机序列。随机过程的状态连续而时间是离散的(如脉冲数字发生器,每隔 T 发出一个脉冲,其幅度为一个随机变量)。③连续参数连续型随机过程即连续型随机过程。随机过程的状态与时间都为连续的(如正弦波发生器产生的正弦波其相位是一个随机变量、语音信号等)。④离散参数连续型随机过程即离散型随机过程。这类过程的状态为离散值,而时间是连续的(如随机脉冲信号,无论在任何时刻,其取值只能高电平或低电平两种状态)。这类过程具有离散参数集,如每隔单位时间对晶体管噪声进

行检测取样所得到的是在 $t = \cdots -2, -1, 0, 1, 2, \cdots$ 时的一个随机序列,而这个序列的状态是连续的。

实际应用中,随机过程还有其他形式的分类。不论随机过程属于哪一类,由于其自身的特点,不能用确定的时间函数描述,故需找出它的统计特性,进而研究它的性质。

5.1.2　随机信号的幅度分析

如上所述,给定一个随机信号 $X(t)$,仍然无法确定它的取值,只能研究它在某种概率范围内的统计特性。即不仅要确定它的可能性还必须找出与其相应概率之间的对应关系。概率函数就是从幅度域描述随机变量的有关统计规律性。由于随机过程在任一时刻的状态是随机变量,因此可以利用随机变量的统计描述方法描述随机过程的统计特性。设 $X(t)$ 是一随机过程,对于每一固定的 $t_1 \in T$,$X(t_1)$ 是一个随机变量,它的分布函数一般与 t_1 有关,记为

$$F_1(x_1, t_1) = P[X(t_1) \leqslant x_1],$$

其中 x_1 是随机变量 $X(t_1)$ 的某一取值,P 表示概率,$F_1(x_1, t_1)$ 称为随机变量 $X(t_1)$ 的一维分布函数。对于连续随机变量,由于一维分布函数处处连续,如果存在函数 $f_1(x_1, t_1)$,使

$$F_1(x_1, t_1) = \int_{-\infty}^{x_1} f_1(x, t_1)\mathrm{d}x$$

或

$$f_1(x_1, t_1) = \frac{\partial F_1(x_1, t_1)}{\partial x_1} \tag{5-1}$$

成立,则称 $f_1(x_1, t_1)$ 为随机变量 $X(t_1)$ 的一维概率密度函数。

一般地,设 $\Delta x = x_2 - x_1$,对于任意实数 x_1, x_2,设 $x_1 < x_2$ 有

$$P(x_1 < X(t_k) < x_2) = P(X(t_k) < x_2) - P(X(t_k) < x_1)$$
$$= F(x_2; t_k) - F(x_1; t_k) \tag{5-2}$$

因此,若已知随机变量 $X(t)$ 的分布函数,就能知道 $X(t)$ 落在任一区间 $[x_1, x_2]$ 上的概率,故随机变量 $X(t)$ 的一维概率密度函数可定义为

$$f_1(x_1, t_1) = \lim_{\Delta x \to 0} \frac{\Delta F(x)}{\Delta x} = \lim_{\Delta x \to 0} \frac{[F(x_2; t_1) - F(x_1; t_1)]}{\Delta x}$$

$$= \frac{\partial F(x_1; t_1)}{\partial x} \tag{5-3}$$

上式表示随机变量落入极小区间的平均概率或无限逼近某一取值的概率,简称概率密度。如将采样点推广到整个时间轴,按连续随机信号定义在整个区间存在无穷个随机变量,所以随机信号同时是状态和时间的函数,则可得到随机信号 $X(t)$ 在任意时刻的一维概率分布函数和相应的概率密度函数为

$$\begin{cases} F(x, t) = P[X(t) \leqslant x] = \displaystyle\int_{-\infty}^{x} f(\xi, t) \mathrm{d}\xi, \\ f(x, t) = \dfrac{\partial F(x, t)}{\partial x} \end{cases} \tag{5-4}$$

由上可知,所求得的 $f(x, t)$ 是信号 $X(t)$ 幅值的函数。如图 5-1(b)。故有时将信号的概率密度函数分析称之为幅值域分析。它具有如下性质:① $f(x) > 0$　② $\displaystyle\int_{-\infty}^{\infty} f(x) \mathrm{d}x = 1$。

由于一维概率密度函数和一维分布函数只能描述随机过程在某一固定时刻的统计特性,而随机过程不同时刻的随机变量之间并不是孤立的。为了描述随机过程在任意两个时刻或不同时刻的联系,还需要了解随机过程的二维和多维统计特性。

设在 t_1 和 t_2 两个时刻对随机过程进行采样,得到两个随机变量 X_1 和 X_2。定义 X_1 和 X_2 之间的联合分布函数为

$$F(x_1, x_2; t_1, t_2) = P[X(t_1) \leqslant x_1, X(t_2) \leqslant x_2]$$

如果存在函数 $f(x_1, x_2; t_1, t_2)$,使

$$F(x_1, x_2; t_1, t_2) = \int_{-\infty}^{x_2} \int_{-\infty}^{x_1} f(x_1, x_2; t_1, t_2) \mathrm{d}x_1 \mathrm{d}x_2$$

或　　$$f(x_1, x_2; t_1, t_2) = \frac{\partial^2 F(x_1, x_2; t_1, t_2)}{\partial x_1 \partial x_2} \tag{5-5}$$

成立,则称 $f(x_1, x_2; t_1, t_2)$ 为随机过程 $X(t)$ 的二维概率密度函数。

相应地,对于离散随机序列 $X(n)$,其一维及二维概率分布函数为

$$F(x_n, n) = P[X(n) \leqslant x_n] \tag{5-6}$$

以及　　$$F(x_n, n; x_m, m) = P[X(n) \leqslant x_n, X(m) \leqslant x_m] \tag{5-7}$$

一般,当 t 取任意 n 个值 $t_1, t_2, \cdots, t_n$ 时,n 维随机变量 $[X(t_1),$ $X(t_2)\cdots X(t_n)]$ 的联合概率分布函数及联合概率密度函数记为

$$F(x_1, x_2, \cdots, x_n; t_1, t_2, \cdots, t_n) = P[X(t_1) \leqslant x_1, X(t_2) \leqslant x_2, \cdots, X(t_n) \leqslant x_n]$$

$$f(x_1, x_2, \cdots, x_n; t_1, t_2, \cdots, t_n) = \frac{\partial^n F(x_1, x_2, \cdots, x_n; t_1, t_2, \cdots, t_n)}{\partial x_1 \partial x_2 \cdots \partial x_n}$$

$$(5-8)$$

由上可见,分布函数完整地描述了随机变量的统计规律性。而 n 越大,对随机信号的统计特性的描述越全面,但一般只考虑一维和二维概率密度函数和概率分布函数。

5.1.3　随机信号在时域的数字特征

前面讨论随机变量的分布函数,看到分布函数能够完整地描述随机变量的统计规律性,但在实际问题中求分布函数并不容易。另外,一些问题也不要求去全面地考察随机变量的变化情况,因而并不需要求出它的分布函数,只需知道随机变量的某些参数或者说用统计平均的方法描述随机变量的中心趋势或分布情况等的一些数字特征。例如,在评定某一地区粮食产量的水平时,在许多场合只要知道该地区的平均亩产量即可。再如,检查一批棉花的质量时,既需要注意纤维的平均长度,又需要注意纤维长度与平均长度的偏离程度。平均长度越大,偏离程度越小,质量就越好。可见与随机变量有关的某些数值虽然不能完整地描述随机变量,但能描述随机变量在某些方面的重要特征。这些数字特征在理论和实践上都具有重要的意义。常用的数字特征包括数学期望、方差和相关函数,它们均为时间的函数。随机信号分实随机信号和复随机信号,以后均以实随机信号为讨论对象。现分别介绍如下。

5.1.3.1　数学期望(一阶原点矩)

由于随机变量取值的随机性,有时需了解其各可能取值的平均值,通常用"随机变量能取的各个值,以取这些值的概率为加权数的加权平均"计量,并称这种平均值为数学期望。即数学期望定义为随机信号 $X(t)$ 的所有样本函数在同一时刻取值的统计平均值,简称均值,记为 μ_x。

设离散型随机变量 $X(n)$ 的分布律为 $P[X(n)=x_k]=f_k, k=1,$ $2,\cdots\cdots,$ 若级数 $\sum\limits_{k=1}^{\infty} x_k f_k$ 绝对收敛，则称该级数为随机序列 $X(n)$ 的数学期望，记为 $E[X(n)]$。即

$$E[X(n)] = \sum_{k=1}^{\infty} x_k f_k \qquad (5\text{-}9)$$

对于连续型随机变量 $X(t)$，设其概率密度为 $f(x,t)$，若积分 $\int_{-\infty}^{x} x f(x,t)\mathrm{d}x$ 存在，则称 $\int_{-\infty}^{x} x f(x,t)\mathrm{d}x$ 为 $X(t)$ 的数学期望，记为

$$E[X(t)] = \int_{-\infty}^{x} x f(x,t)\mathrm{d}x = \mu_x \qquad (5\text{-}10)$$

式中 x 表示 $X(t)$ 在任一时刻的取值。可见，数学期望是时间 t 的函数，是 $X(t)$ 所有样本函数的统计平均。由于不同时刻有不同的均值，所以 $E[X(t)]$ 是 $X(t)$ 在各个时刻的变动中心。要注意的是，均值的概念表示随机过程的样本集合在时间上的平均，这是一种统计平均的结果，故可称为集平均。数学期望具有以下主要性质，借助于这些性质可简化计算。

①设 k 为常数，则 $E[kX(t)] = kE[X(t)]$

②$E[X_1(t) \pm X_2(t)] = E[X_1(t)] \pm E[X_2(t)]$

③当 $X_1(t), X_2(t)$ 相互独立时

$$E[X_1(t)X_2(t)] = E[X_1(t)]E[X_2(t)]$$

例 5.1　风速 X 是一个随机变量，设其服从均匀分布，其概率密度为

$$f(x) = \begin{cases} 0, & \text{其他} \\ \dfrac{1}{\alpha}, & 0 < x < \alpha \end{cases}$$

又设飞机机翼受到的压力 w 是风速 x 的函数 $w = kx^2 (k>0，常数)$，求 w 的数学期望。

解　由数学期望公式可知

$$E[w] = \int_{-\infty}^{\infty} kx^2 f(x)\mathrm{d}x - \int_0^a kx^2 \frac{1}{\alpha}\mathrm{d}x = \frac{1}{3}ka^2$$

再如,设离散型随机变量 $X(n)$ 取值规律如下表,其中 f_k 表示 X 取 x_k 值时的概率:

x_k	0	1	2	3	4	5
f_k	0.32	0.38	0.16	0.07	0.05	0.02

则其数学期望

$$E[X] = \sum_{n=0}^{5} x_n f_n = 0 \times 0.32 + 1 \times 0.38 + 2 \times 0.16 + 3 \times 0.07 + 4 \times 0.05$$
$$+ 5 \times 0.02 = 1.21$$

由上可见,均值仅仅描述了随机过程诸样本函数在其上下起伏的趋势,并不能说明诸样本函数偏离均值的程度,为此引入方差。

5.1.3.2 方差(二阶中心矩)

方差是说明随机信号 $X(t)$ 各可能取值对其平均值的偏离程度,是对随机信号 $X(t)$ 在均值上下波动程度的一种度量,定义为取值偏离其平均值的平方的数学期望。

设 $X(t)$ 是一个随机变量,若 $E[[X(t)-E[X(t)]]^2]$ 存在,则称为 $X(t)$ 的方差,记为

$$D[X(t)] = E[[X(t)-E[X(t)]]^2] \qquad (5\text{-}11)$$

在应用上,引入 $\sigma_x(t)$ 为均方差,则

$$\sigma_x^2(t) = D[X(t)] \qquad (5\text{-}12)$$

对于离散型随机变量 $X(n)$,

$$D[X(n)] = \sum_{k=1}^{\infty} [x_k - E[X(n)]]^2 f_k = \sigma_x^2(n) = E[X^2(n)] - [E[X(n)]]^2$$
$$f_k = P(X = x_k), k = 1, 2, \cdots \qquad (5\text{-}13)$$

对于连续型随机变量 $X(t)$

$$D[X(t)] = \int_{-\infty}^{\infty} [x - E[X(t)]]^2 f(x,t)\mathrm{d}x = \sigma_x^2(t) \qquad (5\text{-}14)$$

$X(t)$ 在某一时刻 t_1 的方差就是随机变量 $X(t_1)$ 的方差,又称为二阶中心矩(相当于力学中离开中心的力矩)。故 $D[X(t)]$ 越大,表示

$X(t)$各样本取值偏离均值越大,分布比较分散。

由数学期望可知 $D[X(t)] = E[[X(t) - E[X(t)]]^2]$

$$= E[X^2(t) - 2X(t)E[X(t)] + \{E[X(t)]\}^2]$$

$$= E[X^2(t)] - \{E[X(t)]\}^2 \tag{5-15}$$

而

$$E[X^2(t)] = \int_{-\infty}^{\infty} x^2(t)f(x,t)\mathrm{d}x \tag{5-16}$$

是随机信号的均方函数,表示均方值。(5-15)表明方差等于信号平方的均值减去均值的平方。能够描述数学期望与方差物理意义的一个实例是噪声电压。噪声电压的直流分量即为均值,方差则是其消耗在单位电阻上的瞬时交流功率的集平均。

为了更全面地掌握随机信号的统计特性,可用高阶中心矩,从分布函数的对称性、分布曲线的变化快慢等描述随机信号的数字特征。工程实际中,可根据需要选择恰当的数字特征的阶次。本章主要讨论上述的一阶原点矩和二阶中心矩。

例 5.2 设随机变量 X 具有概率密度为

$$f(x) = \begin{cases} 1 + x & -1 \leqslant x \leqslant 0 \\ 1 - x & 0 < x \leqslant 1 \end{cases}$$

求方差 $D(X)$

解 根据前面公式得到

$$E[X] = \int_{-1}^{0} x(1+x)\mathrm{d}x + \int_{0}^{1} x(1-x)\mathrm{d}x = 0$$

$$E[X^2] = \int_{-1}^{0} x^2(1+x)\mathrm{d}x + \int_{0}^{1} x^2(1-x)\mathrm{d}x = \frac{1}{6}$$

$$D[X] = E[X^2] - [E[X]]^2 = \frac{1}{6}$$

$X(t)$的均值与方差虽然是常用的特征量,但它们描述的只是随机信号在各个时刻的统计特性,而不能反映出在不同时刻各数值之间的内在联系,或同一时刻不同随机变量数值之间的关联程度。为了描述在两个不同参数 t_1 与 t_2 时该随机信号状态之间的联系,要利用二维概率密度,为此引入相关函数和协方差函数的概念。

5.1.3.3　相关函数

随机信号虽然各时刻的取值是随机的,但两个不同时刻的取值仍存在一定关系。自相关函数就是用来表征一个随机过程本身,在任意两个不同时刻 t_1, t_2 状态之间的相关程度,因而是内在联系的一种度量。设 $X(t_1)$ 和 $X(t_2)$ 是随机信号 $X(t)$ 在参数 t_1, t_2 时的状态,$f(x_1, x_2; t_1, t_2)$ 是相应的二维概率密度函数,则自相关函数定义为

$$R_{xx}(t_1, t_2) = E[X(t_1)X(t_2)] = \int_{-\infty}^{\infty} \int_{-\infty}^{\infty} x_1 x_2 f(x_1, x_2; t_1, t_2) \mathrm{d}x_1 \mathrm{d}x_2$$

$$(5-17)$$

在随机过程中,也称 $R_{xx}(t_1, t_2)$ 为二阶混合原点矩。有时记做 $R_x(t_1, t_2)$。

当 $t_1 = t_2 = t$ 时,$X(t_1) = X(t_2) = X(t)$,则有

$$R_{xx}(t, t) = E[X(t_1)X(t_2)] = E[X^2(t)] = \int_{-\infty}^{\infty} x^2 f(x; t) \mathrm{d}x$$

$$(5-18)$$

表示 $X(t)$ 的均方值,或者说 $X(t)$ 的均方值是其自相关函数在 $t_1 = t_2$ 时的值。

类似地,离散随机序列 $X(n)$ 的自相关函数定义为

$$R_{xx}(n, m) = E[X(n)X(m)] \qquad (5-19)$$

由此可知,自相关函数描述了随机过程在两个不同时刻的值与值之间的依赖程度。若 $X(t)$ 是一实二阶随机过程,则 $R_{xx}(t_1, t_2) = R_{xx}(t_2, t_1)$,即实二阶矩随机过程的自相关函数 $R_{xx}(t_1, t_2)$ 对称。在实际中,用随机信号在两个不同时刻的取值 $X(t_1)$ 和 $X(t_2)$ 之间的二阶混合中心矩描述随机信号 $X(t)$ 在任意两个时刻取值起伏变化的相关程度,定义为自协方差函数(中心化自相关函数),即

$$\begin{aligned} C_{xx}(t_1, t_2) &= E[[X(t_1)] - E[X(t_1)]][X(t_2) - E[X(t_2)]] \\ &= E[X(t_1)X(t_2)] - E[X(t_1)]E[X(t_2)] \\ &= R_{xx}(t_1, t_2) - E[X(t_1)]E[X(t_2)] \qquad (5-20) \end{aligned}$$

当均值 $E[X(t_1)] = E[X(t_2)] = 0$ 时,则有

$$C_{xx}(t_1,t_2) = R_{xx}(t_1,t_2)$$

上式说明自协方差函数与自相关函数的定义相似,它们之间存在着密切的内在联系,对随机信号的特性的描述是一致的。当 $t_1 = t_2 = t$ 时,

$$\begin{aligned}
C_{xx}(t,t) &= E[[X(t) - E[X(t)]]^2]\\
&= D[X(t)] = \sigma_x^2 = E[X^2(t)] - [E[X(t)]]^2\\
&= R_{xx}(t,t) - E[X(t)]^2
\end{aligned} \tag{5-21}$$

由上式可见,若已知数学期望和自相关函数,则方差、自协方差和均方值等就可相应求出,因而数学期望和自相关函数是随机信号最基本和最重要的特征。从理论的角度看,仅仅研究数学期望和自相关函数不能代替对整个随机信号的研究,但由于它们确实刻画了随机信号主要的统计特征,而且比多维分布函数易于观察和便于计算,因此以研究自相关函数和均值为主要内容的相关理论已经成为随机过程理论中的一个重要分支。

例 5.3　一随机信号 $X(t)$ 为

$$X(t) = A\sin(3t) \quad -\infty < t < \infty$$

其中 A 为随机变量,已知 $E[A] = 3, D[A] = 4$,试求 $X(t)$ 的数学期望、方差、相关函数及自协方差函数。

解　由随机变量 A 的均值和方差可求得其均方值为

$$E[A^2] = D[A] + [E[A]]^2 = 4 + 9 = 13$$

根据随机过程数字特征的定义及相互关系,得

$$E[X(t)] = E[A\sin(3t)] = \sin(3t)E[A] = 3\sin(3t)$$

$$\begin{aligned}
D[X(t)] &= E[X^2(t)] - [E[X(t)]]^2\\
&= E[A^2\sin^2 3t] - (3\sin(3t))^2\\
&= \sin^2 3t\, E[A^2] - 9\sin^2 3t = 4\sin^2 3t
\end{aligned}$$

$$\begin{aligned}
R_{xx}(t_1,t_2) &= E[X(t_1)X(t_2)] = E[A\sin(3t_1)A\sin(3t_2)]\\
&= \sin 3t_1 \sin 3t_2 E[A^2] = 13\sin 3t_1 \sin 3t_2
\end{aligned}$$

$$\begin{aligned}
C_{xx}(t_1,t_2) &= R_{xx}(t_1,t_2) - E[X(t_1)X(t_2)]\\
&= 13\sin 3t_1 \sin 3t_2 - 9\sin 3t_1 \sin 3t_2 = 4\sin 3t_1 \sin 3t_2
\end{aligned}$$

为了进一步描述随机信号不同时刻取值之间的线性相关程度,引入自相关系数,或称为归一化自协方差函数

$$\rho_{xx}(t_1, t_2) = \frac{C_{xx}(t_1, t_2)}{\sigma_x(t_1)\sigma_x(t_2)} \qquad (5\text{-}22)$$

$$= \frac{R_{xx}(t_1, t_2) - E[X(t_1)]E[X(t_2)]}{\sigma_x(t_1)\sigma_x(t_2)}$$

$$= \frac{E[[X(t_1) - E[X(t_1)]][X(t_2) - E[X(t_2)]]]}{[E[[X(t_1) - E[X(t_1)]]^2]E[[X(t_2) - E[X(t_2)]]^2]]^{1/2}}$$

$\rho_{xx}(t_1, t_2)$是个无量纲的系数,可以证明$-1 \leqslant \rho_{xx}(t_1, t_2) \leqslant 1$。

下面通过图 5-3 对波形相关性进行分析。

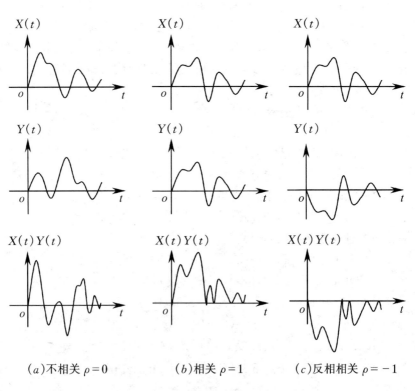

(a)不相关 $\rho = 0$ 　　　　(b)相关 $\rho = 1$ 　　　　(c)反相相关 $\rho = -1$

图 5-3　波形相关性分析

图 5-3 表示为 $X(t)$ 与 $Y(t)$ 的三组波形,其中(a)组的两个信号是随机的,表示的是两个完全不相似的波形,由于它们的幅值和取值时刻是相互独立、彼此无关的,其积亦为随机的,积分后为 0,即相关系数 $\rho = 0$。(b)组的两个信号相似且同相,乘积积分后有最大值 $\rho = 1$。(c)组的两个信号相似且反相,乘积积分后有最大值 $\rho = -1$。通常用误差能量 ε^2 度量两者的相似程度。当 $|\rho| = 1$ 时,其误差能量 $\varepsilon^2 = \int_{-\infty}^{\infty} [Y(t) - \partial X(t)]^2 \mathrm{d}t = 0$($\partial$ 为参数,调整它可使 $\partial X(t)$ 逼近 $Y(t)$,从而得到最好的近似)。说明 $X(t)$ 与 $Y(t)$ 完全线性相关。当 $\rho = 0$ 时其误差能量 ε^2 最大,说明 $X(t)$ 与 $Y(t)$ 完全无关,故可用两个信号的相关系数作为线性相关性的一种度量。即当 $|\rho_{xx}(t_1, t_2)| = 1$,表明两随机变量是理想的线性相关;当 $|\rho_{xx}(t_1, t_2)| = 0$,表明两随机变量是线性不相关,即在 t_1, t_2 时刻所有样本函数的取值之间不存在线性依赖关系,是完全无关的;当 $0 \leqslant |\rho_{xx}(t_1, t_2)| \leqslant 1$,表明两随机变量之间有部分相关。如下图 5-4 表示了变量 $X_1(t), X_2(t)$ 相关程度的不同情况。

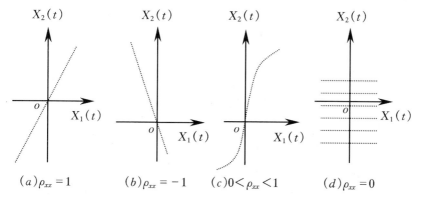

$(a)\rho_{xx} = 1$　　　$(b)\rho_{xx} = -1$　　　$(c)0 < \rho_{xx} < 1$　　　$(d)\rho_{xx} = 0$

图 5-4　变量之间的不同相关情况

自然界中事物变化总有互相关联的现象,不一定是线性相关,也不一定是完全无关。例如人的吸烟与寿命的关系,工程中构件的应力与应变间关系,切削过程中切削速度与刀具磨损的关系等等。

　　与自相关函数类似,两个不同的随机变量 $X(t),Y(t)$ 之间的相关性或统计依赖性,可以用互相关函数 $R_{xy}(t_1,t_2)$ 表示。即

$$R_{xy}(t_1,t_2)=E[X(t_1)Y(t_2)]=\int_{-\infty}^{\infty}\int_{-\infty}^{\infty}xyf(x,y;t_1,t_2)\mathrm{d}x\mathrm{d}y$$

$$(5\text{-}23)$$

式中 $f(x,y;t_1,t_2)$ 为两个随机信号 $X(t),Y(t)$ 之间的二维联合概率密度函数。

　　同理,可定义两个随机信号 $X(t),Y(t)$ 之间的互协方差函数为

$$\begin{aligned}C_{xy}(t_1,t_2)&=E[[X(t_1)-E[X(t_1)]][Y(t_2)-E[Y(t_2)]]]\\&=E[X(t_1)Y(t_2)]-E[X(t_1)]E[Y(t_2)]\\&=R_{xy}(t_1,t_2)-E[X(t_1)]E[Y(t_2)]\end{aligned}\quad(5\text{-}24)$$

当 $X(t),Y(t)$ 对不同时刻 t_1,t_2 有 $f(x,y;t_1,t_2)=f(x;t_1)f(y;t_2)$ 时,则称 $X(t),Y(t)$ 对 t_1,t_2 是统计独立的。即有

$$\begin{aligned}R_{xy}(t_1,t_2)&=\int_{-\infty}^{\infty}\int_{-\infty}^{\infty}xyf(x,y;t_1,t_2)\mathrm{d}x\mathrm{d}y\\&=\int_{-\infty}^{\infty}xf(x;t_1)\mathrm{d}x\int_{-\infty}^{\infty}yf(y;t_2)\mathrm{d}y\\&=E[X(t_1)]E[Y(t_2)]\end{aligned}\quad(5\text{-}25)$$

故由(5-24)知 $C_{xy}(t_1,t_2)=0$,即 $\rho_{xy}(t_1,t_2)=0$。说明随机信号 $X(t)$ 与 $Y(t)$ 之间互不相关。这就说明两个随机信号互为独立,则它们之间必定互不相关。但如果两个随机信号互不相关($C_{xy}(t_1,t_2)=0$),一般情况下并不一定是相互独立的。

　　当同时考虑两个以上随机信号时,可以类似地引入它们的联合分布函数以及两两之间的互相关函数。

　　例5.4　设有正弦波过程 $X(t)=A\cos(\omega t+\theta)$,其中振幅 A,ω 取常数,相位 θ 是一个均匀分布于 $(-\pi,\pi)$ 间的随机变量,求 $X(t)$ 的均值和相关函数。

　　解　由于 $X(t)$ 是一个具有周期的功率信号,故可计算一周内的平均值,即

$$E[X(t)] = \int_{-\pi}^{\pi} \frac{A}{2\pi} \cos(\omega t + \theta) d\theta$$

$$= \frac{A}{2\pi} \sin(\theta + \omega t) \Big|_{-\pi}^{\pi} = 0$$

$R_{xx}(t_1, t_2) = E[X(t_1) X(t_2)]$

$$= \int_{-\pi}^{\pi} \frac{A^2}{2\pi} \cos(\omega t_1 + \theta) \cos(\omega t_2 + \theta) d\theta$$

$$= \frac{A^2}{4\pi} \int_{-\pi}^{\pi} [\cos(\omega t_1 + \omega t_2 + 2\theta) + \cos(\omega t_1 - \omega t_2)] d\theta$$

$$= \frac{A^2}{2} \cos(\omega(t_1 - t_2)) = \frac{A^2}{2} \cos(\omega \tau)$$

式中 $\tau = t_1 - t_2$，代表 t_1, t_2 的时间差。由上述结果看出，它的均值为常数，相关函数仅与时间差有关。

例 5.5　设随机信号 $X(t) = A \sin(\omega t + \theta)$

和 　　　　　　　　　　$Y(t) = B \sin(\omega t + \theta + \varphi)$，

θ 是均匀分布的随机变量，求其互相关函数 $R_{xy}(\tau)$。

解　由于 $X(t)$ 是一个具有周期的功率信号，故可计算一周内的平均值，即

$$R_{xy}(\tau) = \frac{1}{T} \int_0^T A \sin(\omega t + \theta) B \sin(\omega(t + \tau) + \theta + \varphi)$$

令 　　　　$\omega t + \theta = \alpha, \omega \tau + \varphi = \beta, \omega dt = d\alpha, \omega T = 2\pi$

$$R_{xy}(\tau) = \frac{AB}{\omega T} \int_0^{2\pi} \sin\alpha \sin(\alpha + \beta) d\alpha$$

$$= \frac{AB}{4\pi} \int_0^{2\pi} (\cos\beta - \cos(2\alpha + \beta)) d\alpha$$

$$= \frac{AB}{2} \cos\beta = \frac{AB}{2} \cos(\omega \tau + \varphi)$$

据此可得相关函数的性质：

① 周期信号的自相关函数仍然是同频率的周期信号，但不具有原信号的相位信息，只保留了幅值和频率，如上例 5.4；

② 两同频周期信号的互相关函数仍然是同频率的周期信号，不仅保留了幅值和频率，而且保留了原信号的相位信息，如上例 5.5；

③ 两个非同频的周期信号互不相关,可根据余弦函数的正交特性予以证明。

以上这些是在时域范围内对随机信号统计特征的描述。在另一方面,也可将信号的时域描述通过数学处理变换为频域分析,即频谱分析。

第 2 节　随机信号的频域分析

我们知道线性电路分析中,一个很重要的方法是傅里叶分析,即利用傅里叶变换这一有效工具以确立时域和频域的关系,或者说,把信号展开成频谱分量来计算。而随机信号是时域非周期能量无限信号,因此不能直接进行傅里叶变换,当然也无法用频谱表示。又由于随机信号的频率、幅值、相位都是随机的,一般理论上不做幅值谱和相位谱分析,而是用具有统计特性的功率谱密度做谱分析。即在频域对随机信号的特性进行表征。

5.2.1　功率谱密度函数

由前几章可知,一个确定性能量信号可以通过傅里叶变换用能量谱密度描述信号能量在频域上的分布特性,或者对一个确定性功率信号利用功率谱密度描述信号功率在频率域的分布情况。即功率谱密度反映了单位频带信号功率的大小,是频率的函数,用 $S_x(\omega)$ 表示。由于随机信号是具有无限大能量的功率信号,且不满足傅里叶变换的条件,即任一样本函数不满足绝对可积和能量有限的条件;那么,能否或如何利用傅里叶分析在频域对随机信号进行表征呢? 由于随机信号在各时间点上的值是不能预先确定的,各样本往往互不相同,只能用各种统计平均量表征。其中相关函数最能较完整地表征随机信号的统计特性。而一个随机信号的功率谱密度,恰是自相关函数的傅里叶变换。对于随机信号,由于它本身的傅里叶变换是不存在的,只能用功率谱密度表征它的统计平均谱特性,故功率谱密度是表征随机信号的一种很重要的形式。

设 $X(t)$ 是一个功率信号,由平均功率定义可知

$$p = \lim_{T \to \infty} \frac{1}{T} \int_{-T}^{T} |X(t)|^2 \mathrm{d}t \qquad (5\text{-}26)$$

由于 $X(t)$ 是一个随机信号，不满足傅里叶变换所要求的总能量为有限的充要条件，为此采取求极限的办法，对 $X(t)$ 的一个样本函数构造一个截尾函数，用 $X_T(t)$ 表示为

$$X_T(t) = \begin{cases} X(t) & |t| \leqslant T/2 \\ 0 & |t| > T/2 \end{cases}$$

由于 T 是有限的，则 $X_T(t)$ 的能量也是有限的，故 $X_T(t)$ 的傅里叶变换为

$$F_x(\omega, T) = \int_{-\infty}^{\infty} X_T(t) \mathrm{e}^{-\mathrm{j}\omega t} \mathrm{d}t = \int_{-T/2}^{T/2} X_T(t) \mathrm{e}^{-\mathrm{j}\omega t} \mathrm{d}t \qquad (5\text{-}27)$$

利用帕斯瓦尔公式有

$$\int_{-\infty}^{\infty} [X_T(t)]^2 \mathrm{d}t = \frac{1}{2\pi} \int_{-\infty}^{\infty} |F_x(\omega, T)|^2 \mathrm{d}\omega \qquad (5\text{-}28)$$

及

$$\int_{-\infty}^{\infty} [X_T(t)]^2 \mathrm{d}t = \int_{-T/2}^{T/2} [X(t)]^2 \mathrm{d}t \qquad (5\text{-}29)$$

由此可得 $X(t)$ 的平均功率为

$$p = \lim_{T \to \infty} \frac{1}{T} \int_{-T/2}^{T/2} |X(t)|^2 \mathrm{d}t = \frac{1}{2\pi} \int_{-\infty}^{\infty} \lim_{T \to \infty} \frac{1}{T} |F_x(\omega, T)|^2 \mathrm{d}\omega$$

由于 $X(t)$ 是一个功率信号，等式左方极限存在。故当 $T \to \infty$ 时，$\dfrac{1}{T} |F_x(\omega, T)|^2$ 有极限。令

$$S_{xT}(\omega) = \lim_{T \to \infty} \frac{1}{T} |F_x(\omega, T)|^2$$

则

$$p = \frac{1}{2\pi} \int_{-\infty}^{\infty} S_{xT}(\omega) \mathrm{d}\omega \qquad (5\text{-}30)$$

可见平均功率是由被积函数 $S_{xT}(\omega)$ 在频率区间 $(-\infty, \infty)$ 的积分确定，故称 $S_{xT}(\omega)$ 为样本函数 $X(t)$ 的功率谱密度，它表示单位频带以内信号所具有的功率，或理解为信号功率在频率轴上的分布情况。功率谱曲线所覆盖的面积在数值上等于信号的总功率。如果考虑诸样本函数的共同作用，可对各样本函数的 $S_{xT}(\omega)$ 取集平均得

$$S_x(\omega) = E[S_{xT}(\omega)]$$

称为随机过程的平均功率谱密度,简称功率谱。利用功率谱就把功率信号在频域的分析与傅里叶变换联系起来,即通过傅里叶变换可表征随机信号在频域的特征。$S_x(\omega)$ 虽然描述了随机信号的功率在各个不同频率上的分布,但它只能反映幅度频谱而不含相位信息,即具有同样幅度谱而相位谱不同的信号都有相同的功率谱,故从已知功率谱还难以完整地恢复原来的功率信号。

5.2.2 随机信号功率谱密度与自相关函数的关系

设功率型随机信号 $X(t)$,其每一样本函数也是功率信号,由于随机信号取值的随机性,随机信号的功率谱密度应是所有样本功率谱 $S_{xT}(\omega)$ 的统计平均,即

$$S_x(\omega) = E[S_{xT}(\omega)] = E\left[\lim_{T\to\infty}\frac{1}{T}|F_x(\omega,T)|^2\right]$$

$$= E\left[\lim_{T\to\infty}\frac{1}{T}F_x(\omega,T)F_x^*(\omega,T)\right]$$

$$= \lim_{T\to\infty}\frac{1}{T}E\left[\int_{-T/2}^{T/2}X(t_1)e^{j\omega t_1}dt_1\int_{-T/2}^{T/2}X(t_2)e^{-j\omega t_2}dt_2\right]$$

$$= \lim_{T\to\infty}\frac{1}{T}\int_{-T}^{T}\int_{-T/2}^{T/2}E[X(t_1)X(t_2)]e^{j\omega t_1}e^{-j\omega t_2}dt_1dt_2$$

$$= \lim_{T\to\infty}\frac{1}{T}\int_{-T}^{T}\int_{-T/2}^{T/2}R_{xx}(t_1,t_2)e^{j\omega t_1}e^{-j\omega t_2}dt_1dt_2$$

设 $t_1 = t, t_2 = t+\tau, dt_1dt_2 = dtd\tau$,则得

$$S_x(\omega) = \lim_{T\to\infty}\frac{1}{T}\int_{-(T/2)-t}^{(T/2)-t}\left[\int_{-T/2}^{T/2}R_{xx}(t,t+\tau)dt\right]e^{-j\omega\tau}d\tau$$

$$= \int_{-\infty}^{\infty}\left[\lim_{T\to\infty}\frac{1}{T}\int_{-T/2}^{T/2}R_{xx}(t,t+\tau)dt\right]e^{-j\omega\tau}d\tau \tag{5-31}$$

对于平稳随机过程(定义见下节),由于自相关函数与 t 无关,则有

$$S_x(\omega) = \int_{-\infty}^{\infty}R_x(\tau)e^{-j\omega\tau}d\tau \tag{5-32}$$

或者 $$R_x(\tau) = \frac{1}{2\pi}\int_{-\infty}^{\infty}S_x(\omega)e^{j\omega\tau}d\omega \tag{5-33}$$

由上可知,任意随机信号 $X(t)$ 的自相关函数的时间均值

$$\lim_{T\to\infty}\frac{1}{T}\int_{-T/2}^{T/2}R_{xx}(t,t+\tau)\mathrm{d}\tau$$

与信号的功率谱密度构成
一对傅里叶变换。或者说
平稳随机过程的自相关函
数与功率谱密度构成傅里
叶变换对(见式(5-32),(5-
33)),该结论称为维纳－欣

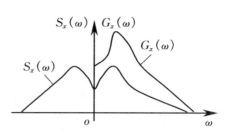

图 5-5　单边与双边功率谱密度函数曲线

钦(wiener-khinchine)定理。它在平稳随机过程研究中占有很重要的
位置,有着广泛的应用。它揭示了从时域和频域描述平稳随机信号
$X(t)$ 的统计规律之间的内在联系。值得注意的是维纳－欣钦定理仅
对平稳过程的相关函数才能成立。通过相关函数,可以求出在频域描
述随机信号的基本特征量功率谱密度。$S_x(\omega)$ 是从功率这个角度描述
随机信号 $X(t)$ 的统计规律的最主要的数字特征。由于自相关函数是
偶函数,故 $S_x(\omega)$ 具有非负性和偶对称性。维纳－欣钦公式中谱密度
函数定义在所有频率域上,一般称作双边谱。在实际中,用定义在非负
频率上的谱更为方便,即单边功率谱 $G_x(\omega)$,其关系为 $G_x(\omega)=$
$2S_x(\omega)(\omega>0)$,如图 5-5 所示。

图 5-6 给出几种典型信号自相关函数和功率谱密度函数的波形。
典型信号的自相关函数和功率谱密度函数的表达式如下:

正弦波为 $X(t)=A\cos(\omega_0 t+\theta)$,　$R_{xx}(\tau)=\dfrac{A^2}{2}\cos(\omega_0\tau)$,

$$S_x(\omega)=\frac{A^2}{4}\big[\delta(f+f_0)+\delta(f-f_0)\big],f_0=\frac{\omega_0}{2\pi};$$

白噪声为 $R_{xx}(\tau)=S_0\delta(\tau)$,$S_x(\omega)=S_0$;

指数函数为 $X(t)=\sqrt{2\alpha}\sigma\mathrm{e}^{-at}$,　$R_{xx}(\tau)=\sigma^2\mathrm{e}^{-a|\tau|}$,

$$S_x(\omega)=\frac{2\sigma^2\alpha}{\alpha^2+\omega^2}。$$

例5.6　设随机电报信号的相关函数为 $R_{xx}(\tau)=\dfrac{1}{4}\mathrm{e}^{-2\lambda|\tau|}$,

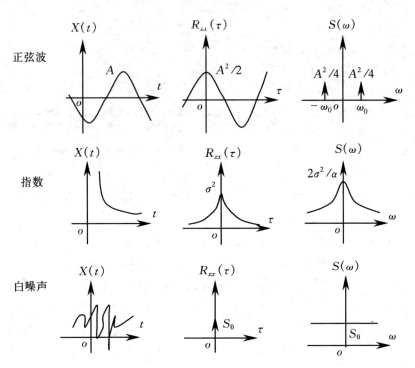

图 5-6　典型信号的自相关函数和功率谱密度函数波形

$-\infty<\tau<\infty,\lambda$ 为常数(此为去掉了直流分量的随机电报信号),求其功率谱密度。

解　$\displaystyle\int_{-\infty}^{\infty}|R_{xx}(\tau)|\mathrm{d}\tau=2\int_{0}^{\infty}\frac{1}{4}\mathrm{e}^{-2\lambda\tau}\mathrm{d}\tau=\frac{1}{4\lambda}<\infty$

功率谱密度为

$$S_x(\omega)=\int_{-\infty}^{\infty}R_{xx}(\tau)\mathrm{e}^{-\mathrm{j}\omega\tau}\mathrm{d}\tau=\int_{-\infty}^{\infty}\frac{1}{4}\mathrm{e}^{-2\lambda|\tau|}\mathrm{e}^{-\mathrm{j}\omega\tau}\mathrm{d}\tau$$

$$=\int_{-\infty}^{0}\frac{1}{4}\mathrm{e}^{2\lambda\tau}\mathrm{e}^{-\mathrm{j}2\pi f\tau}\mathrm{d}\tau+\int_{0}^{\infty}\frac{1}{4}\mathrm{e}^{-2\lambda\tau}\mathrm{e}^{-\mathrm{j}2\pi f\tau}\mathrm{d}\tau$$

$$=\frac{\lambda}{4(\lambda^2+\pi^2f^2)}=\frac{\lambda}{4\lambda^2+\omega^2}$$

对于含有直流分量的随机电报信号,其相关函数为

$$R_{xx}(\tau) = \frac{1}{4} + \frac{1}{4}e^{-2\lambda|\tau|}, \ -\infty < \tau < \infty$$

此时,功率谱密度为

$$S_x(\omega) = \int_{-\infty}^{\infty} R_{xx}(\tau)e^{-j\omega\tau}d\tau = \int_{-\infty}^{\infty} \frac{1}{4}(1 + e^{-2\lambda|\tau|})e^{-j\omega\tau}d\tau$$

$$= \frac{1}{4}\delta(\omega) + \frac{\lambda}{4\lambda^2 + \omega^2}$$

第 3 节 典型随机信号

5.3.1 平稳过程

在信息传输与处理系统中,经常遇到一类占有重要位置的特殊随机过程,它的 n 维分布函数或概率密度函数与时间的起始位置无关,即其统计特性不随时间的变化而变化。将这类过程称为平稳随机过程。

所谓平稳随机过程,是指它的统计特性不随时间的推移而变化,即若对信号的所有样本任取 n 个时刻,求其统计平均值,则在任何时刻均等。其严格定义如下:

设有随机过程 $\{X(t), t \in T\}$,若对于任意 n 和任意选定的 $t_1 < t_2 < t_3 < \cdots < t_n, t_i \in T, i = 1, 2, \cdots n$,以及 τ 为任意值,且 $x_1, x_2, \cdots, x_n \in R^{(1)}$,则有 n 维分布函数

$$F_n(x_1, x_2, \cdots, x_n; t_1, t_2, \cdots, t_n)$$
$$= F_n(x_1, x_2, \cdots, x_n; t_1 + \tau, t_2 + \tau, \cdots, t_n + \tau)$$

或 n 维概率密度函数

$$f_n(x_1, x_2, \cdots, x_n; t_1, t_2, \cdots, t_n)$$
$$= f_n(x_1, x_2, \cdots, x_n; t_1 + \tau, t_2 + \tau, \cdots, t_n + \tau) \tag{5-34}$$

则称该过程为严平稳随机过程,或称狭义平稳随机过程。该过程表征的信号 $X(t)$ 是严平稳随机信号。

由定义可知,严平稳随机过程的所有一维分布函数 $F_n(x, t) = F_n(x)$ 与 t 无关,即

$$F_1(x;t) = F_1(x;t+\tau) \quad f_1(x;t) = f_1(x;t+\tau)$$

令 $t = -\tau$ 则 $\qquad f_1(x;t) = f_1(x;t+\tau) = f_1(x;0)$ (5-35)

表明一维概率密度不依赖于时间可记成 $f_1(x)$。同理，严平稳随机过程的二维分布函数为

$$F_2(x_1,x_2;t_1,t_2) = F_2(x_1,x_2;t_1+\tau,t_2+\tau)$$

$$f_2(x_1,x_2;t_1,t_2) = f_2(x_1,x_2;t_1+\tau,t_2+\tau)$$

若设 $t_1 = -\tau$ 则 $F_2(x_1,x_2;t_1,t_2) = F_2(x_1,x_2;0,t_2-t_1)$

$$f_2(x_1,x_2;t_1,t_2) = f_2(x_1,x_2;0,t_2-t_1) \qquad (5-36)$$

即严平稳随机过程的二维分布函数仅是时间差 (t_2-t_1) 的函数，而不再是 t_2 和 t_1 本身的函数。这就说明平稳过程的观察起始点可以是任意的，过程的统计特性在相当长的时间内是一致的。

对于随机序列 $\{X_n, n = 1,2,\cdots\}$ 其平稳性的定义完全和平稳过程的定义相似，且与时间 t 的起始位置无关。

如果"n 个时刻的统计均值均等"不是对任意 n 都满足，而只是对 k 满足时，即对任意选择的 $t_1 < t_2 < t_3 \cdots < t_k, t_i \in T, i = 1,2,\cdots k$，以及 τ 为任意值，且 $x_1,x_2,\cdots\cdots x_k \in R^{(1)}$，则有 k 维分布函数

$$F_k(x_1,x_2,\cdots,x_k;t_1,t_2,\cdots,t_k)$$

$$= F_k(x_1,x_2,\cdots,x_k;t_1+\tau,t_2+\tau,\cdots,t_k+\tau) \qquad (5-37)$$

而对于 $n > k$ 时，其平稳条件不再满足，则称为 k 级平稳的随机过程。如果对任意 n 均不满足上述平稳条件，则称为非平稳随机过程，即不同时刻信号的平均值不等。如前述 n 台接收机在无信号的情况下，当接通电源后，由于接收机内部状态的变化，其温度及其他物理条件要进入稳定状态，这段时间输出的噪声电压即为非平稳随机过程。

一般地说，当产生随机现象的一切主要条件可看作不随时间的推移而改变时，常可以把这类过程看作是平稳的。许多领域如通信，自动控制等方面所遇到的过程有很多可认为是平稳随机过程。

平稳随机信号的数字特征如下。

5.3.1.1 数学期望和方差

设平稳随机信号 $X(t)$，由于 $f_1(x;t) = f_1(x)$，则数学期望

$$E[X(t)] = \int_{-\infty}^{\infty} x f_1(x) \mathrm{d}x = \mu_x \qquad (5\text{-}38)$$

是一个不随时间 t 变化的常数,它代表信号的直流分量。

平稳随机信号的均方值

$$E[X^2(t)] = \int_{-\infty}^{\infty} x^2 f_1(x) \mathrm{d}x \qquad (5\text{-}39)$$

也是一个常数,它代表信号消耗在单位电阻上的平均功率。而方差

$$D[X(t)] = \int_{-\infty}^{\infty} [x - E[X(t)]]^2 f_1(x) \mathrm{d}x = \sigma_x^2 \qquad (5\text{-}40)$$

也是一个常数,代表消耗在单位电阻上的交流功率。

5.3.1.2　自相关函数和自协方差函数

由于 $f_2(x_1, x_2; 0, t_2 - t_1) = f_2(x_1, x_2; \tau) \qquad (\tau = t_2 - t_1)$,
与所研究的时间起点无关,则有

$$R_{xx}(t_1, t_2) = \int_{-\infty}^{\infty} \int_{-\infty}^{\infty} x_1 x_2 f_2(x_1, x_2; \tau) \mathrm{d}x_1 \mathrm{d}x_2 = R_{xx}(\tau)$$

$$(5\text{-}41)$$

仅为单变量 τ 的函数。同理

$$C_{xx}(t_1, t_2) = R_{xx}(\tau) - E^2[X(t)] = R_{xx}(\tau) - \mu_x^2 = C_{xx}(\tau)$$

$$(5\text{-}42)$$

也是单变量 τ 的函数。

若令 $\tau = 0$,有 $\quad \sigma_x^2 = C_{xx}(0) = R_{xx}(0) - \mu_x^2 \qquad (5\text{-}43)$

上式说明消耗在单位电阻上的交流功率等于平均功率减去直流功率。

5.3.1.3　互相关函数和互协方差函数

由于平稳随机过程联合概率密度不随时间的起点变化,故有

$$R_{xy}(t_1, t_2) = \int_{-\infty}^{\infty} \int_{-\infty}^{\infty} xy f_2(x, y; 0, \tau) \mathrm{d}x \mathrm{d}y = R_{xy}(\tau) \quad (5\text{-}44)$$

$$C_{xy}(t_1, t_2) = R_{xy}(t_1, t_2) - E[X(t)]E[Y(t)]$$

$$= R_{xy}(\tau) - \mu_x \mu_y = C_{xy}(\tau) \qquad (5\text{-}45)$$

上式均为单变量 τ 的函数。

由上可见,平稳过程的数字特征的特点是:均值为常数,相关函数为单变量 τ 的函数。这就表明 $X(t_1)$ 与 $X(t_2)$ 之间的线性依从关系只

与时差有关,与时间无关。

　　一般情况下,要确定一个随机过程的概率密度族,并判定其是否满足平稳条件是很困难的,如果只需了解其一维和二维统计特性或一阶、二阶矩函数,则可考虑广义的平稳过程。

　　设随机过程 $\{X(t), t \in T\}$,它的均值 μ_x 为常数,相关函数 $R_{xx}(\tau)$ 仅是 τ 的函数,且它的均方值有界,则称它为宽平稳随机过程或广义平稳随机过程。

　　由于宽平稳随机过程的定义只涉及与一维和二维概率密度有关的数字特征,因而一个严平稳随机过程当它的二阶矩存在时,必定是一个宽平稳随机过程。而一个过程是宽平稳时,还不能说明它是严平稳的;只有同时满足平稳条件,一个宽平稳过程才是一个严平稳过程。对于正态分布的平稳过程,由于正态分布的相关函数已经充分说明了它的概率密度,另一方面,正态分布的二阶矩总是存在的,故严平稳过程就是宽平稳过程,宽平稳也即严平稳。以后提到平稳过程,除特别说明外,均指宽平稳随机过程。另外,当我们同时考虑两个平稳过程 $X(t)$ 和 $Y(t)$ 时,如果它们的相关函数 $R_{xy}(\tau)$ 仅是 τ 的函数,即

$$R_{xy}(\tau) = E[X(t)Y(t+\tau)]$$

那么称 $X(t)$ 和 $Y(t)$ 是平稳相关的,或这两个过程是联合平稳的

　　关于平稳过程 $X(t)$ 与 $Y(t)$ 之间的相互关系,存在以下三种特殊情况:

　　①如果平稳过程 $X(t)$ 和 $Y(t)$ 统计独立,则有

$$R_{xy}(\tau) = E[X(t)Y(t+\tau)] = E[X(t)]E[Y(t+\tau)]$$

相应的互协方差函数为

$$C_{xy}(\tau) = R_{xy}(\tau) - \mu_x \mu_y = 0 \tag{5-46}$$

也就是说,如果平稳过程 $X(t)$ 与 $Y(t)$ 统计独立,那么,它们的互相关函数一定为常数,互协方差函数为零。

　　②如果平稳过程 $X(t)$ 与 $Y(t)$ 的互相关函数和互协方差函数分别为

$$R_{xy}(\tau) = 常数$$

$$C_{xy}(\tau) = 0$$

则称平稳过程 $X(t)$ 与 $Y(t)$ 互为不相关。

以上结果表明，只要过程 $X(t)$ 与 $Y(t)$ 统计独立，则它们必互不相关。但是，反之则不一定成立。只有对于高斯过程，上面关系才互为成立。

③如果平稳过程 $X(t)$ 与 $Y(t)$ 在任意时刻 t_1 和 t_2 都满足

$$R_{xy}(\tau) = 0$$

或

$$C_{xy}(\tau) = -\mu_x \mu_y$$

则称过程 $X(t)$ 与 $Y(t)$ 互为正交。

综上所述，宽平稳随机过程具有如下性质。

设 $X(t)$ 是一个平稳随机信号，其自相关函数为 $R_{xx}(\tau)$，对于实平稳随机过程有：

①
$$R_{xx}(\tau) = R_{xx}(-\tau)$$
$$C_{xx}(\tau) = C_{xx}(-\tau) \tag{5-47}$$

即相关函数是 τ 的偶函数。

证明　由相关函数 $R_{xx}(\tau)$ 的定义知

$$R_{xx}(\tau) = E[X(t)X(t+\tau)] = E[X(t+\tau)X(t)] = R_{xx}(-\tau)$$

同理可得其他各等式。

②
$$R_{xx}(0) = E[X^2(t)], C_{xx}(0) = \sigma_x^2 \tag{5-48}$$

即 $\tau = 0$ 时的自相关函数等于均方值，自协方差函数等于方差，或者说平稳过程的均方值可由自相关函数在 $\tau = 0$ 时确定，且为非负。

③
$$R_{xx}(0) \geqslant |R_{xx}(\tau)|, C_{xx}(0) \geqslant |C_{xx}(\tau)| \tag{5-49}$$

证明　由于 $E\{[X(t) \pm X(t+\tau)]^2\} \geqslant 0$，而

$$E\{[X(t) \pm X(t+\tau)]^2\}$$
$$= E[[X(t)]^2 \pm 2[X(t)X(t+\tau)] + [X(t+\tau)]^2]$$
$$= E[[X(t)]^2] + E[[X(t+\tau)]^2] \pm 2E[X(t)X(t+\tau)]$$

即
$$2R_{xx}(0) \pm 2R_{xx}(\tau) \geqslant 0$$
$$|R_{xx}(\tau)| \leqslant R_{xx}(0)$$

同理可得

$$C_{xx}(0) \geqslant |C_{xx}(\tau)|$$

这表明自相关函数和自协方差函数的绝对值都在 $\tau = 0$ 处取最大值。当然在 $\tau \neq 0$ 处也可以取最大值。如随机相位的正弦波过程的相关函数为 $\dfrac{A^2}{2}\cos(\omega\tau)$，当 $\tau = \dfrac{k\pi}{\omega}, k = 0, \pm 1, \pm 2,$ 时相关函数的绝对值均取最大值。

④ $$R_{xx}(0) \geqslant |\mu_x|^2 \tag{5-50}$$

证明

$$R_{xx}(0) = E[X(t)X(t+0)] = E[(X(t)-\mu_x)(X(t)-\mu_x)] + \mu_x^2$$
$$= D[X(t)] + \mu_x^2 \geqslant |\mu_x|^2$$

⑤若平稳随机信号 $X(t)$ 和 $Y(t)$ 彼此统计独立，则其积 $Z(t) = X(t)Y(t)$ 的自相关函数为

$$R_{zz}(t_1, t_2) = E[Z(t_1)Z(t_2)] = E[X(t_1)Y(t_1)Y(t_2)X(t_2)]$$
$$= E[X(t_1)X(t_2)]E[Y(t_1)Y(t_2)] = R_x(\tau)R_y(\tau) \tag{5-51}$$

同理，其均值为

$$E[Z(t)] = E[X(t)Y(t)] = E[X(t)]E[Y(t)] = \mu_x\mu_y \tag{5-52}$$

由上可知，彼此统计独立的平稳随机过程，它们乘积的自相关函数（或均值）等于它们各自自相关函数（或均值）的乘积，故 $Z(t)$ 也是广义平稳随机信号。

⑥若 $X(t)$ 是一个周期为 T 的周期平稳随机信号，即有 $X(t) = X(t+T)$，则其相关函数也是以 T 为周期的周期函数，即

$$R_{xx}(\tau) = R_{xx}(\tau + T), C_{xx}(\tau) = C_{xx}(\tau + T) \tag{5-53}$$

说明平稳随机过程的相关函数也满足周期性。

⑦若平稳随机信号 $X(t)$ 不含有任何周期分量，在 $|\tau| \to \infty$ 时，$X(t)$ 与 $X(t+\tau)$ 相互统计独立，则

$$\lim_{\tau \to \infty} R_{xx}(\tau) = R_{xx}(\infty) = \mu_x^2, C_{xx}(\infty) = 0 \tag{5-54}$$

$$\lim_{\tau \to \infty} R_{xy}(\tau) = R_{xy}(\infty) = \mu_x \mu_y, \ C_{xy}(\infty) = 0 \qquad (5\text{-}55)$$

证明
$$\lim_{\tau \to \infty} R_{xx}(\tau) = \lim_{\tau \to \infty} E[X(t)X(t+\tau)]$$
$$= \lim_{\tau \to \infty} E[X(t)]E(X(t+\tau)) = \mu_x^2$$

同理可证其他各式。

若 $E[X(t)] = \mu_x = 0$，则 $R_{xx}(\infty) = 0$，该性质表明对具有零均值的噪声或干扰，当 τ 取值很大时，其相关函数趋于 0，可以认为 $X(t)$ 与 $X(t+\tau)$ 互不相关。

⑧相关函数 $R_{xx}(\tau)$ 具有非负定性。即对于任意自然数 n，任意 n 个复数 $\lambda_1, \lambda_2, \lambda_n$，以及任意 n 个实数 $t_1, t_2, \cdots t_n$，且 $t_i \in T$，有

$$\sum_{i=1}^{n} \sum_{k=1}^{n} R_{xx}(t_i - t_k)\lambda_i \lambda_k^* \geqslant 0 \qquad (5\text{-}56)$$

证明
$$\sum_{i=1}^{n} \sum_{k=1}^{n} R_{xx}(t_i - t_k)\lambda_i \lambda_k^* = \sum_{i=1}^{n} \sum_{k=1}^{n} E[X(t_i)X(t_k)]\lambda_i \lambda_k^*$$
$$= E\left[\sum_{i=1}^{n} X(t_i)\lambda_i \sum_{k=1}^{n} X(t_k)\lambda_k^*\right] = E\left\{\left[\sum_{i=1}^{n} X(t_i)\lambda_i\right]^2\right\} \geqslant 0$$

在一般情况下，互相关函数并不一定具备自相关函数的性质。特别要注意，与自相关函数不同，互相关函数一般不是 τ 的偶函数，而是 τ 的非奇非偶函数。可以证明，平稳过程 $X(t)$ 和 $Y(t)$ 之间的互相关函数具有以下性质：

① $$R_{xy}(\tau) = R_{yx}(-\tau) \qquad (5\text{-}57)$$

证明
$$R_{xy}(\tau) = E[X(t)Y(t+\tau)] = E[Y(t+\tau)X(t)] = R_{yx}(-\tau)$$
显然，在 $\tau = 0$ 处，两者相等，即
$$R_{xy}(0) = R_{yx}(0)$$

② $$|R_{xy}(\tau)| \leqslant \sqrt{R_x(0)R_y(0)} \qquad (5\text{-}58)$$

证明　由不等式
$$E\{[X(t) + \lambda Y(t+\tau)]^2\} \geqslant 0$$
式中 λ 为任意实数，得
$$E\{[X(t) + \lambda Y(t+\tau)]^2\} = E[X^2(t) + 2\lambda X(t)Y(t+\tau) + \lambda^2 Y^2(t+\tau)]$$

$$= E[X^2(t)] + \lambda^2 E[Y^2(t+\tau)] + 2\lambda E[X(t)Y(t+\tau)]$$
$$= R_y(0)\lambda^2 + 2R_{xy}(\tau)\lambda + R_x(0) \geqslant 0$$

于是,可得

$$|R_{xy}(\tau)|^2 \leqslant R_x(0)R_y(0)$$

即

$$|R_{xy}(\tau)| \leqslant \sqrt{R_x(0)R_y(0)}$$

同理,对于互协方差函数,有

$$|C_{xy}(\tau)| \leqslant \sqrt{\sigma_x^2 \sigma_y^2} \tag{5-59}$$

根据互相关系数定义

$$\rho_{xy}(\tau) = \frac{C_{xy}(\tau)}{\sqrt{\sigma_x^2 \sigma_y^2}}$$

显然,有

$$|\rho_{xy}(\tau)| \leqslant 1$$

③ 　　　　$$2|R_{xy}(\tau)| \leqslant R_x(0) + R_y(0) \tag{5-60}$$

证明 　根据性质(2),有

$$|R_{xy}(\tau)| \leqslant \sqrt{R_x(0)R_y(0)}$$

又因为任意正数的算术平均值总是大于或等于它的几何平均值,因此,有

$$\frac{1}{2}[R_x(0) + R_y(0)] \geqslant \sqrt{R_x(0)R_y(0)}$$

于是,可得

$$2|R_{xy}(\tau)| \leqslant R_x(0) + R_y(0)$$

相应地,我们可以得到平稳随机序列的数字特征。

若离散随机信号的均值为一常数,自相关函数只与时间差有关,而且均方值有界,则称为广义平稳离散时间随机信号。它具有如下的基本性质。

设两个平稳随机序列 $X(n)$ 和 $X(n+m)$,m 为时间差,μ_x,μ_y 分别表示其均值,则有(证略)

$$\mu_x(n) = E[X(n)] = \mu_x \tag{5-61}$$

$$R_{xx}(n,n+m) = R_{xx}(m) = E[X(n)X(n+m)] = R_{xx}(-m)$$
$$R_{xy}(n,n+m) = R_{xy}(m) = E[X(n)Y(n+m)] = R_{yx}(-m)$$
$$\tag{5-62}$$

$$R_{xx}(0) = E[X(n)X(n)] \geqslant |R_{xx}(m)| \tag{5-63}$$

$$R_{xx}(\infty) = \mu_x^2, R_{xy}(\infty) = \mu_x\mu_y \tag{5-64}$$

$$C_{xx}(m) = E[(X(n)-\mu_x)(X(n+m)-\mu_x)]$$
$$= R_{xx}(m) - \mu_x^2 = C_{xx}(-m)$$

$$C_{xy}(m) = E[(X(n)-\mu_x)(Y(n+m)-\mu_y)]$$
$$= R_{xy}(m) - \mu_x\mu_y = C_{yx}(-m) \tag{5-65}$$

$$C_{xx}(0) = R_{xx}(0) - \mu_x^2 = \sigma_x^2 \tag{5-66}$$

$$C_{xx}(\infty) = 0, C_{xy}(\infty) = 0 \tag{5-67}$$

对复随机序列有

$$R_{xx}(m) = E[X^*(n)X(n+m)] = R_{xx}^*(-m)$$
$$R_{xy}(m) = E[X^*(n)Y(n+m)] = R_{yx}^*(-m)$$
$$C_{xx}(m) = E[(X(n)-\mu_x)^*(X(n+m)-\mu_x)] = C_{xx}^*(-m)$$
$$\tag{5-68}$$

相应地,平稳随机序列 $X(n)$ 和 $Y(n)$ 在两个不同离散时刻之间的自相关系数与互相关系数分别为

$$\rho_{xx}(m) = \frac{C_{xx}(m)}{C_{xx}(0)} = \frac{R_{xx}(m) - \mu_x^2}{\sigma_x^2}$$

$$\rho_{xy}(m) = \frac{C_{xy}(m)}{\sqrt{C_{xx}(0)C_{yy}(0)}} = \frac{R_{xy}(m) - \mu_x\mu_y}{\sigma_x\sigma_y} \tag{5-69}$$

若 $\rho_{xy}(m) = 0$,则表示两个平稳随机序列 $X(n)$ 和 $Y(n)$ 互不相关。即统计独立的两个随机序列不相关,但不相关的两个随机序列不一定统计独立。若对所有 m 有 $R_{xy}(m) = 0$,则称 $X(n)$ 和 $Y(n)$ 互为正交序列。

例 5.7　热噪声的取样观察值 $\{\xi(n), n = 0, \pm 1, \pm 2, \cdots\}$,是一实随机序列,它具有下列性质:(1) $\{\xi(n)\}$ 相互独立;(2) $\xi(n)$ 是 $N(0, \sigma^2)$。求它的均值和相关函数。

解　　　　　　　　$E[\xi(n)] = 0$　　$D[\xi(n)] = \sigma^2$

$\qquad\qquad\qquad E[\xi(n+m)\xi(n)] = 0$　$(m \neq 0)$

$\qquad\qquad\qquad E[\xi(n+m)\xi(n)] = \sigma^2$　$(m=0)$

故

$$R_{\tilde{\xi}\tilde{\xi}}(m) = \begin{cases} \sigma^2 & (m=0) \\ 0 & (m \neq 0) \end{cases}$$

上例说明相关函数只和 m 有关而与 n 无关,且均值为常数,故它是一平稳随机序列,而且是严平稳序列。

现在分析平稳随机信号的功率谱密度。

由前述维纳—欣钦定理可知,平稳随机过程的功率谱密度与自相关函数构成一对傅里叶变换,重写如下:

$$S_x(\omega) = \int_{-\infty}^{\infty} R_x(\tau) \mathrm{e}^{-\mathrm{j}\omega\tau} \mathrm{d}\tau$$

$$R_x(\tau) = \frac{1}{2\pi} \int_{-\infty}^{\infty} S_x(\omega) \mathrm{e}^{\mathrm{j}\omega\tau} \mathrm{d}\omega$$

由此可得平稳随机信号的功率谱密度的主要性质如下。

① $S_x(\omega) = S_x(-\omega)$ 　　　　　　　　　　　　　(5-70)

证明　　$S_x(\omega) = \int_{-\infty}^{\infty} R_x(\tau)\mathrm{e}^{-\mathrm{j}\omega\tau}\mathrm{d}\tau = \int_{-\infty}^{\infty} R_x(-\tau)\mathrm{e}^{-\mathrm{j}\omega\tau}\mathrm{d}\tau = S_x(-\omega)$

说明平稳随机过程 $X(t)$ 的 $R_x(\tau)$ 与 $S_x(\omega)$ 均为实偶函数,因此下式成立。

$$S_x(\omega) = \int_{-\infty}^{\infty} R_x(\tau)\mathrm{e}^{-\mathrm{j}\omega\tau}\mathrm{d}\tau = 2\int_0^{\infty} R_x(\tau)\cos(\omega\tau)\mathrm{d}\tau$$

$$(5\text{-}71)$$

$$R_x(\tau) = \frac{1}{\pi}\int_0^{\infty} S_x(\omega)\cos(\omega\tau)\mathrm{d}\omega$$

对于复值信号由于 $R_x(\tau)$ 是共轭对称的,故 $S_x(\omega)$ 是实函数但不是偶函数。

② 无论 $X(t)$ 是实平稳还是复平稳过程,其 $S_x(\omega)$ 均为 ω 的非负实函数。

证明

$$S_x(\omega) = \lim_{T \to \infty} \frac{1}{T} E\left[F_x(\omega, T) F_x^*(\omega, T) \right]$$

$$= \lim_{T \to \infty} \frac{1}{T} E\left[\,|\, F_x(\omega, T)\,|^2 \,\right] \geqslant 0$$

③平稳过程具有有限功率谱,即

$$R_x(0) = \frac{1}{2\pi} \int_{-\infty}^{\infty} S_x(\omega) \mathrm{d}\omega = E\left[X^2(t) \right] < \infty$$

根据上述分析,可知平稳过程的功率谱密度是一个实偶、非负和可积的函数。下面通过事例分析随机过程的平稳性。

例 5.8 设有随机信号 $X(t) = A \sin(\omega_0 t + \theta)$,其中振幅 A,ω_0 为常数,相位 θ 是一个均匀分布于 $(0, 2\pi)$ 上的随机变量,试判断 $X(t)$ 的平稳性,并求其功率谱密度和平均功率。

解 由定义求得的均值与相关函数为

$$E[X(t)] = E[A\sin(\omega_0 t + \theta)]$$

$$= AE[\sin(\omega_0 t)\cos\theta] + AE[\cos(\omega_0 t)\sin\theta] = 0$$

$$R_{xx}(t_1, t_2) = E[X(t_1)X(t_2)]$$

$$= \int_{-\pi}^{\pi} \frac{1}{2\pi} A^2 \sin(\omega_0 t_1 + \theta) \sin(\omega_0 t_2 + \theta) \mathrm{d}\theta$$

$$= \frac{A^2}{4\pi} \int_{-\pi}^{\pi} \left[-\cos(\omega_0 t_1 + \omega_0 t_2 + 2\theta) + \cos(\omega_0 t_1 - \omega_0 t_2) \right] \mathrm{d}\theta$$

$$= \frac{A^2}{2} \cos(\omega_0(t_1 - t_2)) = \frac{A^2}{2} \cos(\omega_0 \tau)$$

由于均值为常数,相关函数仅与时间差有关,故 $X(t)$ 是宽平稳随机信号。由维纳—欣钦公式可得信号的功率谱密度为

$$S_x(\omega) = \int_{-\infty}^{\infty} R_{xx}(\tau) \mathrm{e}^{-\mathrm{j}\omega\tau} \mathrm{d}\tau = \int_{-\infty}^{\infty} \frac{A^2}{2} \cos(\omega_0 \tau) \mathrm{e}^{-\mathrm{j}\omega\tau} \mathrm{d}\tau$$

$$= \frac{A^2 \pi}{2} \delta(\omega - \omega_0) + \frac{A^2 \pi}{2} \delta(\omega + \omega_0)$$

$$= \frac{A^2 \pi}{2} [\delta(\omega - \omega_0) + \delta(\omega + \omega_0)]$$

$$E[X^2[t]] = \frac{1}{2\pi} \int_{-\infty}^{\infty} S_x(\omega) \mathrm{d}\omega$$

$$= \frac{1}{2\pi}\int_{-\infty}^{\infty} \frac{\pi A^2}{2}[\delta(\omega \quad \omega_0) + \delta(\omega + \omega_0)]\mathrm{d}\omega = \frac{A^2}{2}$$

平均功率为

$$p = E[X^2(t)] = R_{xx}(0) = \frac{A^2}{2}$$

由上可知,它的功率集中在 ω_0 处,功率谱密度为正负 ω_0 处的两个冲激函数,即功率谱密度函数具有冲激函数的形式,而且从时域和频域都可以求出该信号的平均功率。

与自功率谱相对应,由联合平稳随机过程的互相关函数的傅里叶变换可求得两个平稳随机信号之间的互功率谱为

$$S_{xy}(\omega) = \int_{-\infty}^{\infty} R_{xy}(\tau)\mathrm{e}^{-\mathrm{j}\omega\tau}\mathrm{d}\tau$$

$$R_{xy}(\tau) = \frac{1}{2\pi}\int_{-\infty}^{\infty} S_{xy}(\omega)\mathrm{e}^{\mathrm{j}\omega\tau}\mathrm{d}\omega \tag{5-72}$$

$$S_{yx}(\omega) = \int_{-\infty}^{\infty} R_{yx}(\tau)\mathrm{e}^{-j\omega\tau}\mathrm{d}\tau$$

$$R_{yx}(\tau) = \frac{1}{2\pi}\int_{-\infty}^{\infty} S_{yx}(\omega)\mathrm{e}^{\mathrm{j}\omega\tau}\mathrm{d}\omega \tag{5-73}$$

需要指出,互功率谱密度不像自功率谱密度那样具有功率的物理涵义,引入互功率谱密度是为了能在频率域描述两个随机过程的相关性。在实际中常利用测定线性系统的输出与输入的互功率谱密度来识别系统的动态特性。互功率谱通常是 ω 的复位函数。由于自相关函数与互相关函数的许多性质不同,故互功率谱密度函数与自功率谱密度函数的性质也有差异。互功率谱密度函数具有如下性质:

① $\qquad S_{xy}(\omega) = S_{yx}(-\omega) = S_{xy}^*(-\omega) \tag{5-74}$

②若实联合平稳过程 $X(t)$ 和 $Y(t)$ 正交,则有

$$S_{xy}(\omega) = S_{yx}(\omega) = 0$$

③可以证明,对每一个频率都有

$$|S_{xy}(\omega)|^2 \leqslant S_x(\omega)S_y(\omega) \tag{5-75}$$

④若实联合平稳过程 $X(t)$ 和 $Y(t)$ 互不相关,则有

$$S_{xy}(\omega) = S_{yx}(\omega) = 2\pi\mu_x\mu_y\delta(\omega) \tag{5-76}$$

即互谱密度出现冲激信号。

⑤对于实联合平稳过程 $X(t)$ 和 $Y(t)$,互谱密度函数为一复数,其中实部为 ω 的偶函数,虚部为 ω 的奇函数,即

$$R_e\{S_{xy}(\omega)\} = R_e\{S_{xy}(-\omega)\} \quad 称为共谱密度。$$

$$I_m\{S_{xy}(\omega)\} = -I_m\{S_{xy}(-\omega)\} \quad 称为交谱密度。$$

现在简要分析一下平稳随机序列的功率谱密度函数。

设平稳随机序列 $\{X(n), n = 0, \pm 1, \pm 2, \cdots\}$, $R_{xx}(m)$ 为其相关函数,m 取离散值。若 $\sum\limits_{m=-\infty}^{\infty}|R_{xx}(m)| < \infty$,则当 $\Omega \in [-\pi, \pi]$ 时,$\sum\limits_{m=-\infty}^{\infty} R_{xx}(m)\mathrm{e}^{-jm\Omega}$ 是绝对一致收敛的,并记为

$$S_{xx}(\Omega) = \sum_{m=-\infty}^{\infty} R_{xx}(m)\mathrm{e}^{-jm\Omega} \quad (-\pi \leqslant \Omega \leqslant \pi) \tag{5-77}$$

由于 $S_{xx}(\Omega)$ 在 $[-\pi, \pi]$ 上是周期性连续函数,而且

$$\int_{-\pi}^{\pi}|S_{xx}(\Omega)|\mathrm{d}\Omega \leqslant \sum_{m=-\infty}^{\infty}|R_{xx}(m)|\int_{-\pi}^{\pi}|\mathrm{e}^{-jm\Omega}|\mathrm{d}\Omega < \infty$$

故 $\int_{-\pi}^{\pi} S_{xx}(\Omega)\mathrm{e}^{jm\Omega}\mathrm{d}\Omega$ 存在。

由 (5-77) 知,$S_{xx}(\Omega)$ 的傅里叶级数的系数为 $R_{xx}(m)$,即

$$R_{xx}(m) = \frac{1}{2\pi}\int_{-\pi}^{\pi} S_{xx}(\Omega)\mathrm{e}^{jm\Omega}\mathrm{d}\Omega \qquad (m = 0, \pm 1, \pm 2, \cdots)$$

所以说,当平稳随机序列其相关函数满足 $\sum\limits_{m=-\infty}^{\infty}|R_{xx}(m)| < \infty$ 时,(5-77) 式即为该序列的功率谱密度函数。当 $m = 0$ 时,有

$$E[X^2(n)] = R_{xx}(0) = \frac{1}{2\pi}\int_{-\pi}^{\pi} S_{xx}(\Omega)\mathrm{d}\Omega \tag{5-78}$$

即功率谱在一个同期下的面积反映随机信号的均方。

为了避免谱的混叠,采样率应保证满足奈奎斯特要求。计算 (5-77) 时,可以先对 $R_{xx}(m)$ 做双边 Z 变换,即

$$S_{xx}(z) = \sum_{m=-\infty}^{\infty} R_{xx}(m)z^{-m} \tag{5-79}$$

再令 $z = e^{j\Omega}$，则得 $S_{xx}(\Omega)$。

这里 Ω 是以归一频率表示的，要得到实际频率，还要根据采样间隔 T_s 折算 $\Omega = \omega T_s$，也即归一频率 2π 等于实际频率 $\dfrac{1}{T_s}$。

5.3.2 各态历经性

前面讨论的有关随机过程的许多分析方法，都采用的是统计平均的方法。即在任何给定时刻，对随机过程各样本函数进行抽样，并对这些样本进行集平均运算。而研究随机过程的统计特性一般说需要知道过程的 n 维概率密度或 n 维分布函数；而这需要对一个过程进行大量重复的实验观察才能得到，往往比较困难。那么能否从一个时间范围内观察到的一个样本函数提取这个过程的数字特征呢？由于一般平稳随机过程的一个最大特点是它的统计特性与时间位置无关。假定存在一个持续时间足够长的平稳随机过程的样本函数，在其时间历程中经历了随机过程的各种可能状态，那么该样本函数已经包含了其他样本函数的可能信息，即通过研究这一样本函数可代替研究整个随机过程。或者设想将这一持续时间足够长的样本函数分成 n 段，构成 n 个时间经历为 0 到 t 的样本函数。不难看出，这 n 个样本函数的集平均统计特性与原足够长时间的样本函数的时间平均统计特性是一致的。理论证明，在满足一定条件下，对平稳随机信号的一个样本函数取时间平均，能够从概率意义上趋近于过程的集合平均，即从平稳随机信号的任何一个样本函数就能得到随机信号的全部统计信息。

所谓各态历经就是指可以从任意一个随机过程的样本函数中获得它的各种统计特性，这个样本函数好像历经了随机信号其他样本函数的各种可能的状态，故把具有这一特性的随机过程称为具有各态历经性的随机过程。具有这样遍历性的随机信号称为各态历经性随机信号。各态历经过程可以分为狭义遍历过程和广义遍历过程，或称窄遍历过程和宽遍历过程。前者要求随机过程的所有时间均值依概率 1 趋于其统计平均(集平均)。我们着重讨论广义各态历经过程。

利用随机信号的遍历性，可给工程应用带来很大的方便。例如对稳定状态下工作的接收机，在相当长一段时间内观察其输出的噪声电压。如果把观察时间划分为 N 等分,在每个观察点记录电压值,再计算 N 个电压值的平均值,即可视为噪声电压的时间均值。现在假定有 M 台与上述完全相同的接收机,工作在完全相同的稳定条件下,在任意给定的某一时刻同时测得 M 台接收机的噪声输出电压,并求其统计平均。如果 M 台接收机的统计平均与单台接收机的时间均值从概率上相等,则认为这 M 台接收机输出的噪声电压具有遍历性,也就是说,当观察时间足够长,任何一个样本函数的统计特性均能充分地代表样本集合的统计特性。如此可将求集合平均的复杂计算简化为求一个样本函数时间平均的计算。

由于遍历过程的集合平均等于时间平均,可以很方便地通过实验方法测量信号的直流分量、平均功率和交流功率等,进而确定各数字特征。由前可知,平稳随机过程的时间均值为一常数,自相关函数仅为单变量 τ 的函数,故各态历经过程必定是平稳随机过程,而平稳随机过程未必是各态历经过程。如果一个平稳随机过程具有各态历经性,则可用其中的一个样本函数的时间平均描述该随机过程,实际上也只有样本函数可供分析,这也是讨论各态历经性的目的所在。

例 5.9　有一平稳随机信号 $X(t) = A$,其中 A 是不为 0 的随机变量,试问该过程是否各态历经?

解　对于这一随机过程,每次试验得到的样本函数不同,第一次试验 A 可能取值为 A_1,那么这次样本函数的时间平均为 A_1,第二次试验 A 可能取值为 A_2,那么这次样本函数的时间平均为 A_2,依次类推,第 n 次试验 A 可能取值为 A_n,那么这次样本函数的时间平均为 A_n,$A_1, A_2, \cdots, A_n$ 不一定相同,但 $E[X(t)] = E[A] = $ 常数。故 $X(t)$ 的时间平均 A_i 不可能依概率 1 与 $E[A]$ 相等。因而 $X(t) = A$ 不是各态历经性随机过程。

由上例可知,平稳随机过程并不一定是各态历经的,那么应该满足什么样的条件才是各态历经?

对于一个各态历经性平稳随机过程,具有以下几个特点或者说应具备如下条件。

①设 $X(t)$ 是均方连续平稳随机信号,如果它在整个时间轴上的时间均值

$$\overline{X(t)} = \lim_{T \to \infty} \frac{1}{T} \int_{-T/2}^{T/2} X(t)\mathrm{d}t \qquad (5-80)$$

存在,而且依概率 1 等于其统计平均(集平均)$E[X(t)]$,则称该过程的均值具有各态历经性。所谓依概率 1 相等,是表示重复观察多次,相等的概率为 1,而且是在均方意义下成立的。即

$$\lim_{T \to \infty} E\left[\frac{1}{T}\int_0^T X(t)\mathrm{d}t - E[X(t)]\right]^2 = 0$$

上式可以写成

$$\lim_{T \to \infty} E\left[\frac{1}{T}\int_0^T [X(t) - \mu_x]\mathrm{d}t\right]^2$$

$$= \lim_{T \to \infty} \frac{1}{T^2}\int_0^T\int_0^T E[[X(t_1) - \mu_x][X(t_2) - \mu_x]]\mathrm{d}t_1\mathrm{d}t_2 = 0$$

令 $t_1 - t_2 = \tau$,则有

$$\lim_{T \to \infty} \frac{1}{T^2}\int_0^T \mathrm{d}t\int_0^T C_{xx}(\tau)\mathrm{d}\tau = 0$$

上式表明各态历经过程在 T 无限增大的过程中,集平均与时间平均之差在均方意义下为 0。实际上,如果平稳随机过程满足更宽的条件,则可认为该过程具有各态历经性。

平稳随机信号 $X(t)$ 的均值具有各态历经性的充要条件为

$$\lim_{T \to \infty} \left\{\frac{1}{T}\int_{-T/2}^{T/2}\left[1 - \frac{\tau}{T}\right][R_{xx}(\tau) - \mu_x^2]\mathrm{d}\tau\right\} = 0 \qquad (5-81)$$

这就表明在观察区间 $T \to \infty$ 时,具有各态历经性的平稳随机信号的自相关函数的极限值应等于均值的平方。

②设 $X(t)$ 是均方连续平稳随机信号,对于固定的 τ,$X(t+\tau)X(t)$ 也是连续平稳随机过程,若其时间均值

$$\overline{X(t)X(t+\tau)} = \lim_{T \to \infty} \frac{1}{T}\int_{-T/2}^{T/2} X(t+\tau)X(t)\mathrm{d}t \qquad (5-82)$$

存在,且依概率 1 等于其自相关函数的统计平均 $R_{xx}(\tau)$,则称为自相关函数具有各态历经性。当 τ 为 0 时,则称为均方值具有各态历经性。

如果用 $Y(t+\tau)$ 代替式中的 $X(t+\tau)$，且上式成立，则称互相关函数具有历经性。

平稳随机信号自相关函数具有各态历经性的充要条件为

$$\lim_{T\to\infty}\left\{\frac{1}{T}\int_{-T/2}^{T/2}\left[1-\frac{\tau_1}{T}\right][B(\tau_1)-R_{xx}^2(\tau)\mathrm{d}\tau_1\right\}=0 \qquad (5-83)$$

$$B(\tau_1)=E[X(t+\tau+\tau_1)X(t+\tau_1)X(t+\tau)X(t)]$$

若 $\tau=0$ 则得均方值具有各态历经性的充要条件。若用 $X(t)Y(t+\tau)$ 代替式中的 $X(t)X(t+\tau)$；用 $R_{xy}(\tau)$ 代替 $R_{xx}(\tau)$，则得互相关函数具有历经性的充要条件。

③如果平稳随机信号 $X(t)$，其均值和相关函数均具有历经性，则称 $X(t)$ 具有各态历经性，是宽遍历性随机信号。

对正态平稳随机信号 $X(t)$，若均值为 0，自相关函数连续，则 $X(t)$ 具有各态历经性的充分条件为

$$\int_{-\infty}^{\infty}|R_{xx}(\tau)|<\infty \qquad (5-84)$$

各态历经性的条件一般较宽，工程实际中遇到的许多过程均可满足其条件，但要验证充要条件则比较困难。通常先假定它具有各态历经性，对所得到的数据进行分析处理，看其结果是否与实际相符，并检验其合理性。下面通过事例说明。

例 5.10　试讨论随机过程 $X(t)=A\cos(t+\theta)$ 的各态历经性。式中振幅 A 和初相均为随机变量，两者统计独立，θ 是在 $(0,2\pi)$ 之间均匀分布的随机变量。

解　该过程的集平均和集自相关函数为

$$E[X(t)]=E[A\cos(t+\theta)]=0$$

$$R_{xx}(t,t-\tau)=R_{xx}(\tau)=E[X(t)X(t-\tau)]$$

$$=E[A^2\cos(t+\theta)\cos(t-\tau+\theta)]$$

$$=E[A^2]E[\cos(t+\theta)\cos(t-\tau+\theta)]=\frac{1}{2}E[A^2]\cos(\tau)$$

可见该过程为平稳随机过程。

该过程的时间平均和时间自相关函数为

$$\overline{X(t)} - \lim_{T\to\infty}\frac{1}{T}\int_{-T/2}^{T/2}X(t)\mathrm{d}t = \lim_{T\to\infty}\frac{1}{T}\int_{-T/2}^{T/2}A\cos(t+\theta)\mathrm{d}t = 0$$

$$\overline{X(t)X(t-\tau)} = \lim_{T\to\infty}\frac{1}{T}\int_{-T/2}^{T/2}X(t)X(t-\tau)\mathrm{d}t$$

$$= \lim_{T\to\infty}\frac{1}{T}\int_{-T/2}^{T/2}A^2\cos(t+\theta)\cos(t-\tau+\theta)\mathrm{d}t = \frac{1}{2}A^2\cos(\tau)$$

很明显,由于 A 是随机变量,该过程满足平稳性的条件,但并不具备各态历经性。

当 A 不是随机变量而是常数时,有

$$\overline{X(t)X(t-\tau)} = R_{xx}(\tau) = \frac{1}{2}A^2\cos(\tau)$$

因此,恒振幅随机相位信号既是平稳随机过程,也是各态历经过程。

下面简单介绍各态历经随机序列的数字特征。

一个平稳随机序列 $X(n)$,如果它的时间均值以概率 1 等于相应的集合均值,则称该序列为遍历序列。有

$$E[X(n)] = \overline{X(n)} = \mu_x = \lim_{N\to\infty}\frac{1}{2N+1}\sum_{-N}^{N}X(n)$$

$$E[X(n)X(n+m)] = R_{xx}(m) = \overline{X(n)X(n+m)}$$

$$= \lim_{N\to\infty}\frac{1}{2N+1}\sum_{-N}^{N}[X(n)X(n+m)]$$

$$E[X(n)Y(n+m)] = R_{xy}(m) = \overline{X(n)Y(n+m)}$$

$$= \lim_{N\to\infty}\frac{1}{2N+1}\sum_{-N}^{N}[X(n)Y(n+m)]$$

$$(5\text{-}85)$$

时间方差

$$D[X(n)] = \lim_{N\to\infty}\frac{1}{2N+1}\sum_{n=1}^{N}(X(n)-\mu_x)^2$$

可见遍历序列的数字特征可以通过任一样本序列的时间平均求出。但由于 N 不论多大终归有限,故时间均值只能作为遍历序列的相应值的估计值。这里需要注意的是,平稳随机序列的时间均值一般随样本的不同而不同,故也是个随机变量。为使随机序列具有遍历性,可

保证其数学期望与相关函数的时间均值依概率 1 收敛于统计平均。

各态历经在实际中的应用很广泛,它的具体应用技术主要如下。

①利用遍历转换技术测量具有各态历经性的随机过程的均值和相关函数等一些数字特征。其特点是对模拟量的测量对象不需要采用乘法器和积分器,只需要比较器和门电路就可以得到上述数字特征,在精度上可达到较高的程度,而且稳定可靠。

②利用相关法对混有噪声的弱周期信号进行检测。例如在雷达接收机的输出端既存在周期性的回波信号,又存在随机信号。雷达技术中的一个重要问题,就是在噪声背景中识别是否有周期信号的存在。而通讯工程中,在混有随机噪声的周期信号中提取周期信号是很主要的问题。如果已经知道被测信号的周期,那么可以利用相关法来检测信号。

5.3.3　高斯信号

在实际问题中经常遇到随机变量和的问题。根据中心极限定理可知,在满足一定条件下许多随机变量和的极限是正态分布。由前可知,一个随机信号可以用 n 维随机变量的分布描述,n 越大,描述越精确。如果一个随机信号的 n 维随机变量的联合分布是正态分布,则称该信号为高斯信号或正态信号。即如果随机信号的有限维分布都是正态分布,对于高斯随机信号,它的任意 n 个取样的联合概率密度均为正态分布的概率密度。高斯随机信号是工作中最常遇到的随机变量类型。一方面是科研和工程中经常遇到高斯信号,而且在许多场合这种分布还是其他分布的极限;另一方面是对正态分布有一套成熟的、简便的计算方法,使之具有很大的实用性。

下面分析正态分布的统计特征。

5.3.3.1　一维正态分布的概率密度

如果随机变量 $X(t)$ 是正态分布,其均值为 0,方差为 1,则其概率密度表示为

$$f(x,t) = \frac{1}{\sqrt{2\pi}} e^{-\frac{x^2}{2}} \tag{5-86}$$

称为标准化的正态分布,可用 $N(0,1)$ 表示。

　　如果随机变量 $X(t)$ 是正态分布,其均值为 μ,方差为 σ^2,则其概率密度表示为

$$f(x,t) = \frac{1}{\sigma\sqrt{2\pi}} e^{-\frac{(x-\mu)^2}{2\sigma^2}} \tag{5-87}$$

可用 $N(\mu,\sigma^2)$ 表示。

　　正态分布曲线具有如图 5-7 对称形状的曲线,其峰值为 $\dfrac{1}{\sigma\sqrt{2\pi}}$,对应的横坐标为 $x = \mu$.

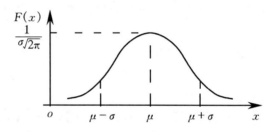

图 5-7　正态分布曲线

　　现在计算正态分布的数学期望

$$E[X(t)] = \int_{-\infty}^{\infty} x f(x,t) \mathrm{d}x = \frac{1}{\sigma\sqrt{2\pi}} \int_{-\infty}^{\infty} x e^{-\frac{(x-\mu)^2}{2\sigma^2}} \mathrm{d}x$$

令 $t = \dfrac{x-\mu}{\sqrt{2}\sigma}$,$\mathrm{d}t = \dfrac{1}{\sqrt{2}\sigma}\mathrm{d}x$ 则有

$$E[X(t)] = \frac{1}{\sqrt{\pi}} \int_{-\infty}^{\infty} (\sigma\sqrt{2}t + \mu) e^{-t^2} \mathrm{d}t$$

由于 $\displaystyle\int_{-\infty}^{\infty} t e^{-t^2} \mathrm{d}t = 0$,$\displaystyle\int_{-\infty}^{\infty} e^{-t^2} \mathrm{d}t = \frac{1}{\sqrt{\pi}}$,故 $E[x(t)] = \mu$,即 μ 就是数学期望。它在曲线上代表了概率密度最大时的横坐标。

　　而正态分布的方差

$$D[X(t)] = \frac{1}{\sigma\sqrt{2\pi}} \int_{-\infty}^{\infty} (x-\mu)^2 e^{-\frac{(x-\mu)^2}{2\sigma^2}} \mathrm{d}x$$

令 $t = \dfrac{x-\mu}{\sqrt{2}\sigma}$,则有

$$D[X(t)] = \frac{2\sigma^2}{\sqrt{\pi}} \int_{-\infty}^{\infty} t^2 \mathrm{e}^{-t^2} \mathrm{d}t = \sigma^2$$

可见正态分布率表达式中的 σ 即为方差的均方根。从几何意义上看，在 $x = \mu \pm \sigma$ 处，概率密度曲线出现拐点(如图 5-7)。

5.3.3.2　二维正态分布的概率密度

设有标准化二维正态分布的随机变量 $X_1(t), X_2(t)$，均值均为 0，协方差矩阵 $\boldsymbol{C} = \begin{bmatrix} 1 & r \\ r & 1 \end{bmatrix}$，其中 r 代表 $X_1(t), X_2(t)$ 的相关系数，且 $|r| < 1$，则其二维概率密度表示为

$$f_2(x_1, x_2; t_1, t_2) = \frac{1}{2\pi\sqrt{1-r^2}} \mathrm{e}^{-\frac{x_1^2 - 2rx_1x_2 + x_2^2}{2(1-r^2)}} \tag{5-88}$$

若二元正态分布的随机变量 $X_1(t)$、$X_2(t)$，均值为 $E\begin{bmatrix} X(t_1) \\ X(t_2) \end{bmatrix} = \begin{bmatrix} \mu_1 \\ \mu_2 \end{bmatrix} = \mu$，协方差矩阵 $\boldsymbol{C} = \begin{bmatrix} \sigma_1^2 & r\sigma_1\sigma_2 \\ r\sigma_1\sigma_2 & \sigma_2^2 \end{bmatrix}$，其中 r 代表 $X_1(t), X_2(t)$ 的相关系数，且 $|r| < 1$，则其二维概率密度表示为

$$f_2(x_1, x_2; t_1, t_2) = \frac{1}{2\pi\sigma_1\sigma_2\sqrt{1-r^2}} \mathrm{e}^{-\frac{\xi_1^2 - 2r\xi_1\xi_2 + \xi_2^2}{2(1-r^2)}}$$

其中
$$\xi_1 = \frac{x_1 - \mu_1}{\sigma_1}, \xi_2 = \frac{x - \mu_2}{\sigma_2} \tag{5-89}$$

相应地，如果正态随机过程的 n 维概率密度服从正态分布为

$$f_n(x_1, x_2, \cdots, x_n; t_1, t_2, \cdots, t_n) = \frac{1}{(2\pi)^{\frac{n}{2}}\sqrt{|\boldsymbol{C}|}} \exp\left(-\frac{1}{2}(x-\mu)^{\mathrm{T}} C^{-1}(x-\mu)\right) \tag{5-90}$$

其中 $\mu_x(t_k) = E[X(t_k)], 1 \leqslant k \leqslant n$，$\mu$ 是 x 的均值向量；$(x - \mu)$ 为列矩阵，而 $(x - \mu)^{\mathrm{T}}$ 是 $(x - \mu)$ 的转置矩阵。$\boldsymbol{C}$ 是 x 的协方差矩阵，矩阵元素为

$$\begin{aligned} C_x(t_i, t_j) &= E[[X(t_i) - \mu_x(t_i)][X(t_j) - \mu_x(t_j)]] \\ &= R_{xx}(t_i, t_j) - \mu_x(t_i)\mu_x(t_j) = R_{xx}(t_i, t_j) - \mu^2 = C_x(t_j, t_i) \end{aligned} \tag{5-91}$$

$i,j=1,2,\cdots n$ 是对称矩阵,代表随机变量之间的协方差。

由上述可知,正态分布的随机变量的均值和协方差函数完全确定了它的概率密度族。特别是独立正态分布的随机变量(所谓独立是指过程在任一时刻的状态和任何其他时刻的状态之间是互不影响的),由独立性可知,$C_x(t_i,t_j)=0,i\neq j$, $C_x(t_i,t_i)=\sigma_x^2(t_i)$,那么独立正态随机变量的概率密度完全由它的均值和方差来定。即对正态随机变量,由均值和相关函数便可确定它的全部统计特性。例如,如果取 n 个取样时刻 $t_1,t_2,\cdots,t_n$,这 n 个时刻对应的协方差矩阵为 C,其元素为 $C_{ki}=R_{xx}(t_k-t_i)-\mu^2=C(t_k-t_i)$ 即与时差 (t_k-t_i) 有关。如把 n 个取样点同时平移 $\mathrm{d}t$,即取样时刻为 $t_1+\mathrm{d}t$, $t_2+\mathrm{d}t,\cdots,t_n+\mathrm{d}t$,则平移后这 n 个时刻对应的协方差矩阵为 C,其元素为 $C_{ki}=R_{xx}(t_k-t_i)-\mu^2=C(t_k-t_i)$,即与时差 (t_k-t_i) 有关。这就表明随机变量 $X(t)$ 的一切有限维分布都不随时间推移而改变,或者说 $X(t)$ 是严平稳随机信号。即宽平稳实高斯随机信号也是严平稳随机信号。如果所给定的随机信号是一复高斯随机信号,这 n 个高斯随机信号为 $Z(t_k)=X(t_k)+\mathrm{j}Y(t_k)$,其中 $X(t_k)$ 和 $Y(t_k)$ 均为实高斯随机信号。这样 n 个复高斯随机变量组成了 $2n$ 个实高斯分布随机变量。以上所得结论仍然适用。

综上所述,可知高斯随机信号具有如下特点。

①随机信号在任一时刻均可能取得很大的数值,但取值越大,其概率越小,概率分布呈现两头小,中间大。任何瞬间取值基本是在 $\pm3\sigma$ 之间。超过 $\pm4\sigma$ 值的可能性已经很小。这在噪声测量中有一定实用价值。

②令概率密度函数 $f(x)$ 对 x 的二阶导数为 0,得出 $x=\pm\sigma$,表明此为概率曲线的拐点。说明随机变量取过有效值(方差)σ 后出现的概率很快减小,大部分集中在 $-\sigma<x<\sigma$。这为有效值的测量提供了一种可能。比如用示波器测量噪声电压,其显示图形中亮度的明暗分界面的位置即为有效值。

③对称性:绝对值相等的值出现的概率相等。

下面是正态随机变量的一些性质,借助于这些性质可使问题得到简化。

性质① 若正态随机变量 $\{X(t), t \in T\}$ 在 T 上是均方可导的,则其导数也是正态随机变量。

性质② 若正态随机变量 $\{X(t), t \in T\}$ 在 T 上是均方可积的,则其积分及其与时间的卷积也是正态随机变量。

性质③ 一个多元高斯向量的线性变换产生另一个高斯向量。由此可以推论:彼此相关的高斯变量之和也为高斯型变量。

性质④ 如果高斯随机变量不相关,则必定统计独立。

另外,平稳高斯过程的相关函数如果是指数型,$R_x(\tau) = \sigma^2 e^{-\alpha|\tau|}$,称为高斯 – 马尔可夫过程,此时

$$S_x(\omega) = \frac{2\sigma^2 \alpha}{\omega^2 + \alpha^2}$$

相关函数是指数衰减,说明在时间上距离愈远的两个取值其相关程度愈小。当 $\tau \to \infty$ 时,$R_x(\tau) \to 0$,故这一随机过程的均值为 0。高斯 – 马尔可夫过程也是一种常见的随机信号。

例 5.11 设有平稳随机过程 $X(t)$,其功率谱密度为

$$S_x(\omega) = \frac{\omega^2 + 4}{\omega^4 + 10\omega^2 + 9}$$

求该过程的相关函数和均方值。

解 若相关函数具有 $\sigma^2 e^{-\alpha|\tau|}$ 的形式,则功率谱密度为

$$S_x(\omega) = \frac{2\sigma^2 \alpha}{\alpha^2 + \omega^2}$$

现已知 $S_x(\omega) = \dfrac{\omega^2 + 4}{\omega^4 + 10\omega^2 + 9}$,由已知可得

$$S_x(\omega) = \frac{\omega^2 + 4}{(\omega^2 + 9)(\omega^2 + 1)}$$

$$= \frac{5/8}{\omega^2 + 9} + \frac{3/8}{\omega^2 + 1}$$

$$= \frac{2 \times 3 \times 5}{48(\omega^2 + 9)} + \frac{2 \times 1 \times 3}{16(\omega^2 + 1)}$$

故
$$R_{xx}(\tau) = \frac{5}{48}e^{-3|\tau|} + \frac{3}{16}e^{-|\tau|}$$

$$E[X^2(t)] = R_{xx}(0) = \frac{5}{48} + \frac{3}{16} = \frac{7}{24}$$

5.3.4 白噪声

白噪声是一种理想化的数学模型。一般把具有均值为 0 而功率谱密度为非 0 常数,即 $S_x(\omega) = S_0$,$-\infty < \omega < \infty$ 这样统计特性的平稳随机过程称为白噪声。这是随机性最强的平稳过程。由于它的功率谱恒为常数,故而含有一切频率成分,且强度相等。这类似于白光具有很宽的光谱,故称之为白噪声。白噪声意味着有无限大的功率,因而实际上严格的白噪声是没有的。实用上,如果某种噪声(或干扰)比实际考虑的有用频带宽得多的范围内具有比较"平坦"的功率谱密度,就可把它近似当作白噪声处理,如电阻热噪声。

在电路中常会遇到功率谱密度不为常数的噪声,叫有色噪声。如经常遇到的电子器件的 $1/f$ 噪声,其谱密度 $S(f) \propto 1/f$,即这种噪声有很强烈的低频成分,有时称红噪声。而晶体管在频率很大时,其谱密度 $S(f) \propto f^2$,称为高频噪声或蓝噪声。另外,如果信号的带宽远大于系统带宽,其功率谱只在某一有限频率范围内均匀分布,而在此频带外为 0,则称为限带白噪声。此时其相关函数和功率谱为

$$S_x(\omega) = A, \quad (|\omega| \leqslant \omega_1), \tag{5-92}$$

$$R_x(\tau) = A\,\frac{\sin(\omega_1\tau)}{\pi\tau} \tag{5-93}$$

当 $\tau = \dfrac{\pi}{\omega_1}$ 的整倍数时 $R_x(\tau) = 0$。如果限定白噪是带通,其中心频率在 $\pm\omega_0$,带宽是 B,则根据傅里叶变换的频移定理,知其相关函数是

$$R_x(\tau) = \frac{2A\sin\left(\dfrac{B\tau}{2}\right)}{\pi\tau}\cos(\omega_0\tau)$$

相应地把概率密度分布规律为高斯(正态)分布的、功率谱密度是均匀分布的称为高斯白噪声。这里需要注意的是,"高斯"和"白色"并不矛盾。"高斯"是指信号每一时刻取值的分布规律,而"白色"是指信

号不同时刻取值的关联程度。

应该指出,线性电路中噪声一般是高斯白噪声,仅在很高频率或很低频率时,才可能出现有色噪声。

现依白噪声定义,求 $X(t)$ 的自相关函数。根据冲激函数的基本性质可知,对任一连续函数 $f(\tau)$,有

$$\int_{-\infty}^{\infty} \delta(\tau) f(\tau) \mathrm{d}\tau = f(0) \tag{5-94}$$

故可写出傅里叶级数变换对

$$\int_{-\infty}^{\infty} \frac{1}{2\pi} \mathrm{e}^{-\mathrm{j}\omega\tau} \mathrm{d}\tau = \delta(\omega) \leftrightarrow \frac{1}{2\pi} = \frac{1}{2\pi} \int_{-\infty}^{\infty} \delta(\omega) \mathrm{e}^{\mathrm{j}\omega\tau} \mathrm{d}\omega$$

$$\int_{-\infty}^{\infty} \delta(\tau) \mathrm{e}^{-\mathrm{j}\omega\tau} \mathrm{d}\tau = 1 \leftrightarrow \delta(\tau) = \frac{1}{2\pi} \int_{-\infty}^{\infty} 1 \cdot \mathrm{e}^{\mathrm{j}\omega\tau} \mathrm{d}\omega \tag{5-95}$$

上式说明自相关函数 $R_{xx}(\tau) = 1$ 时,谱密度 $S_x(\omega) = 2\pi\delta(\omega)$。

对于 $S_x(\omega) = S_0$ 的白噪声有

$$R_x(\tau) = \frac{1}{2\pi} \int_{-\infty}^{\infty} S_x(\omega) \mathrm{e}^{\mathrm{j}\omega\tau} \mathrm{d}\omega = S_0 \cdot \frac{1}{2\pi} \int_{-\infty}^{\infty} \mathrm{e}^{\mathrm{j}\omega\tau} \mathrm{d}\omega = S_0 \cdot \delta(\tau)$$

$$\tag{5-96}$$

当 $\tau = 0$ 时,它的平均功率 $R_x(0)$ 是无限的。当 $\tau \neq 0$ 时,$R_x(\tau) = 0$。

上式说明白噪声在时间上不具有相关性。即不同时刻的取值互不相关,不论这两个时刻距离有多近,只当 $\tau = 0$ 时相关函数才不等于 0,即它的均方 $R_x(0)$ 是无穷大,频率成分延伸到无穷大,这意味着它的变化速率极快,因而这种白噪声实际上是理想化模型。理想白噪声可以看成是无限个持续时间极短的脉冲相迭加。这些脉冲具有平坦的谱密度,即构成了白噪声的谱密度为平的,如图 5-6,故白噪声也可以定义为均值为零,自相关函数为冲激函数的随机信号。

若对上述限带白噪声以 τ 作为采样周期取样,可以证明,当取样频率等于两倍带宽 ω_m 或取样周期 $T_s = \frac{\pi}{\omega_m}$ 时,由于自相关函数在 $\tau = nT_s$ 时,$R_x(\tau) = 0$,各取样值将互不相关。如果这些采样值相互独立,则可得到离散时间白噪声,故限带白噪声可用噪声序列惟一表示。

这时自相关函数按零均平稳随机过程的性质有

$$C_{xx}(m) = R_{xx}(m) - \mu_x^2 = R_{xx}(m)$$

$$C_{xx}(0) = R_{xx}(0) = E[X^2(n)] = \sigma_x^2 \tag{5-97}$$

由上可见,离散时间白噪声的自相关函数与功率谱分别为

$$S_x(\Omega) = \sigma_x^2, \quad R_{xx}(m) = \sigma_x^2 \delta(m) \tag{5-98}$$

显然,$\sigma_x^2 = 1$ 时,该平稳随机信号就相当于确定性信号序列中的单位脉冲序列。

离散时间白噪的均方 $D_x = R_x(0) = \sigma_x^2$。

方差为 1 的零均白噪 $X(t)$ 经积分后的输出 $Y(t)$ 称为维纳过程,即

$$Y(t) = \int_0^t X(\xi)\mathrm{d}\xi$$

输出的均值　　$E[Y(t)] = \int_0^t E[X(\xi)]\mathrm{d}\xi = 0$

输出的均方　$E[Y^2(t)] = \int_0^t \int_0^t E[X(\xi)X(\eta)]\mathrm{d}\xi\mathrm{d}\eta$

$$= \int_0^t \left[\int_0^t \delta(\xi - \eta)\mathrm{d}\xi\right]\mathrm{d}\eta$$

$$= \int_0^t \mathrm{d}\eta = t$$

输出的自相关函数

$$R_Y(t_1, t_2) = E[Y(t_1)Y(t_2)]$$

$$= \int_0^{t_2} \int_0^{t_1} \delta(\xi - \eta)\mathrm{d}\xi\mathrm{d}\eta$$

$$= \begin{cases} t_2 & t_1 \geqslant t_2 \\ t_1 & t_1 < t_2 \end{cases}$$

由上可见,维纳过程的均值虽然为零,但均方值随时间正比增加,自相关函数不再取决于 $t_2 - t_1$,故维纳过程是非平稳过程。

5.3.5　伪随机信号

在现代信号处理和系统分析中,各种随机因素的影响是必须面临和考虑的问题。实际应用中,为了提高信号检测的能力以及对信号处

理系统的有关参数进行估计,需要提供各种既有指定功率谱特性又有指定概率密度函数的随机序列。而在计算机仿真时,常常需采用白噪声。但是,如前所述,理想白噪声较难取得。如果希望它在有限的测试时间内,效果接近白噪声,就需要较长的测试时间。为此,在实际应用中,多采用伪随机信号代替。顾名思义,伪随机信号是假的随机信号,它是由伪随机数发生器按一定方式方法产生的一系列随机数。实际上,它是周期且二值性的确定性信号,只是由于它的功率谱很宽,自相关函数又很接近冲激函数,故当其带宽远大于系统带宽时,可用以代替白噪声。

从另一个角度来说,伪随机信号发生器是产生伪随机数用以模仿随机信号进行分析处理的信号源,由于实际信号的随机性,样本取值很大,利用特定随机信号的数字特征,由伪随机信号发生器提供指定功率谱特性又有指定概率密度函数的伪随机信号进行模拟分析和综和。因此任何离散仿真过程都必须具备比较完善的、能产生多种分布随机数的发生器。

产生伪随机信号的方式有硬件和软件的方式。常用的软件产生伪随机数的有以下几种。

①用以产生 $U(0,1)$ 均匀分布的随机数。有中值平方法,中值乘积法和线性同余法。所谓均匀分布的随机数是指在 $(0,1)$ 区间内任一数值出现的概率都相同。

中值平方法:首先选择一个 n 位整数作为初值,将其平方后,取其中间 n 位整数作为下一个数,并进行规格化处理,使之成为 n 位有效数字的小于 1 的实数值,作为产生出来的第一个伪随机数。依此类推,可以得到一系列随机数。例如,取 $n=2$,$x_0=56$(初值),则 $x_0^2=3136$,取 $x_1=13$,得 $U_1=0.13$。继续运算即

$x_1^2=0169,x_2=16,U_2=0.16$;$x_2^2=0256,x_3=25,U_3=0.25$。

$x_3^2=0625,x_4=62,U_4=0.62$;$x_4^2=3844,x_5=84,U_5=0.84$。

……

如此得到 $0.13,0.16,0.25,0.62,0.84$……的随机数。n 值的大小会

影响到随机数的取值趋势。

中值乘积法:先取任意两个 n 位整奇数,其中一个作为种子数,另一个作为乘数。将这两个数相乘,得到 $2n$ 位整奇数,取其中间 n 位数进行规格化后作为所产生的伪随机数,而取其最右端 n 位数作为下一个乘数,种子数与乘数相乘以后,得到第二个 $2n$ 位整奇数。依此类推,可以得到一系列随机数。例如取 $n=4$,种子数取 5367,第一个乘数取 $x_0 = 1239$ 则其产生随机数的过程如下。

乘数值	种子数与乘数的积	随机数
1239	06649713	0.6497
9713	52129671	0.1296
9671	51904257	0.9042
……		

如此得到 $0.6497,0.1296,0.9042$……的随机数。

线性同余法:是应用较为广泛的一种方法。它的取值规则如下。

令 Z_0 表示第一个种子数,Z_i 表示第 i 个中间值,c 表示常数,d 表示增量,m 表示充分大的整数值,则有

$$Z_i = (cZ_{i-1} + d) - \left[\frac{cZ_{i-1}+d}{m}\right]m \qquad (5\text{-}99)$$

其中[ ]表示取较小的整数。

很显然,$0 < Z_i < m-1$,令 $U_i = \dfrac{Z_i}{m}$,则 $0 < U_i < \dfrac{m-1}{m}$。

当 m 充分大时,$0 < U_i < 1$。例如取 $m = 16, c = 5, d = 3, Z_0 = 7$,则

$$Z_i = (5Z_{i-1} + 3) - 16\left[\frac{5Z_{i-1}+3}{16}\right]$$

取值如表 5-1。

表 5-1　线性同余法取值

i	Z_i	U_i	i	Z_i	U_i
0	7	0	8	15	0.938
1	6	0.375	9	14	0.875

i	Z_i	U_i	i	Z_i	U_i
2	1	0.063	10	9	0.563
3	8	0.500	11	0	0
4	11	0.688	12	3	0.188
5	10	0.625	13	2	0.125
6	5	0.313	14	13	0.813
7	12	0.750	15	4	0.250

如此得到 $0.375, 0.063, 0.500, 0.688 \cdots \cdots$ 的随机数。

将随机数循环的长度定义为发生器的周期。由于 $0 \leqslant Z_i \leqslant m-1$，当 Z_i 取其中各整数且不重复时，最多为 m 个，故周期也为 m，则称该发生器为满周期。所谓满周期即指在 $(0, m-1)$ 中每个整数在一个周期内只出现一次，这在理论上保证了 U_i 的均匀分布特性。如果随机数发生器为非满周期的,则在 $(0, m-1)$ 中将会出现间隙或取数集中现象,从而产生不均匀性。当然我们希望得到的是满周期的随机数。

适当选择 m, c, d 和 Z_0 的数值可以取得满周期的随机数。而且 m 越大周期越长,在 $(0, 1)$ 中会产生间隔均匀、密度很大的随机数流。如取 $m = 2^{31}$，则满周期时,可在 $(0, 1)$ 范围内产生 21 亿多个互不重复的随机数,故可认为 U_i 是在 $U(0, 1)$ 中取值的随机数。

但是,从理论上说,利用算法过程产生的随机数并不是真正的随机数,这是由于在随机数流中第 $i+1$ 个随机数是利用第 i 个随机数按一定数学表达式得出的,即第 i 个随机数一旦确定,则第 $i+1$ 个随机数也就定了,并不是真正地随机产生的,故将由算法产生的随机数称为伪随机数。伪随机数应尽可能符合或接近 $U(0, 1)$ 分布,并且具有较长的循环周期,以免进入循环和重复产生相同的随机数。另外,伪随机数应有再现性,能重复产生相同的随机序列,以便对仿真程序进行鉴别。算法过程应不会产生退化现象,随机数不至退化为 0。

②用以产生规定分布的随机变量,有逆变法,褶积法和取舍法等。仿真过程中需要用到各种不同类型的概率分布,故需要有各种概率分

布的随机数发生器。而用来产生这些规定分布的随机变量是以独立同分布的 $U(0,1)$ 为基础的。这些方法都可由计算编程实现。在此主要介绍逆变法。

对于任意分布的随机变量 X，设 $F(x)$ 为其一维分布函数，令 $Y = F(X)$，则 Y 也是一个随机变量。设 $G(y)$ 为 Y 的一维分布函数，且 Y 在 $(0,1)$ 区间内取值，则

$$G(y) = P\{Y \leqslant y\} = P\{F(X) \leqslant y\}$$
$$= P\{X \leqslant F^{-1}(y)\} = F\{F^{-1}(y)\} = y$$

因此，随机变量 Y 的概率密度函数 $g(y)$ 可推导为

$$g(y) = \frac{\mathrm{d}G(y)}{\mathrm{d}y} = \frac{\mathrm{d}y}{\mathrm{d}y} = 1$$

按定义知 $0 \leqslant y = F(x) \leqslant 1$。即 Y 是 $(0,1)$ 区间内的均匀分布的随机变量。

上述分析表明：若 $F(x)$ 是任意分布的随机变量 X 的一维分布函数，则 $y = F(x)$ 所对应的随机变量 Y 是 $(0,1)$ 区间内的均匀分布的随机变量，并与 X 的分布无关。

上述结论对产生规定分布的随机变量十分重要，实际上也是逆变法发生器的依据。

逆变法是利用任意分布的随机变量的一维分布函数服从均匀分布这一性质，先由伪随机数发生器产生一组独立的 $U(0,1)$ 随机数 U_i，$i = 1,2,3 \cdots$。令 $F(x_i) = U_i$，则每一个 U_i 对应于一个 x_i，即 $x_i = F^{-1}(U_i)$，故 x_i 就是对应于 $f(x)$ 的随机数。

现在分析产生负指数分布的随机变量发生器。

设 $f(x) = \lambda \mathrm{e}^{-\lambda x} (x \geqslant 0)$，则

$$F(x) = \int_0^x \lambda \mathrm{e}^{-\lambda x} \mathrm{d}x = 1 - \mathrm{e}^{-\lambda x}$$

设 U_i 为 $U(0,1)$ 分布的随机数，使 $U_i = F(x_i) = 1 - \mathrm{e}^{-\lambda x_i}$，由于 U_i 和 $(1 - U_i)$ 具有相同的 $U(0,1)$ 分布特性，可以令 $U_i = \mathrm{e}^{-\lambda x_i}$，或 $\ln U_i = -\lambda x_i$ 故有 $x_i = -\frac{1}{\lambda} \ln U_i$，即 x_i 就是所求负指数分布的随机数。

③利用硬件产生伪随机信号的方法是用若干移位寄存器级联并加反馈产生所谓最长序列(也叫 M 序列)的二进制信号,它具有以下一些主要特性。

n 个移位寄存器级联并适当反馈后,可以产生重复周期为 $N = 2^n - 1$ 拍的伪随机序列(例如,用 10 个移位寄存器,则周期为 $N = 2^{10} - 1 = 1023$ 拍)。假如驱动移位寄存器的时钟周期是 t_p,则所产生的 M 序列的实际周期是 Nt_p。

M 序列二进制信号的自相关函数和功率谱如图 5-8,在 $\tau = 0$ 处有一个底部宽度为 $2t_p$ 的三角形尖峰。$R_x(0) = 1$,$|\tau| > 1$ 时,有 $R_x(\tau)$ 恒等于 $\dfrac{1}{N}$。因此在一个周期内 $R_x(\tau)$ 的形状很接近 δ 函数。且呈现周期性。

由于 $R_x(\tau)$ 是周期函数,故功率谱是离散的谱线。谱线间距是 $\dfrac{1}{Nt_p}$ Hz。谱宽大致是 $1/t_p$。

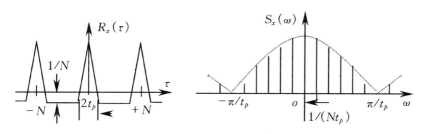

图 5-8　M 序列二进制信号的自相关函数和功率谱

第 4 节　随机信号通过线性系统的分析

当一个线性稳定系统在连续时间随机信号作用下,其输出也为随机信号。由于随机信号的随机性,因而只能根据输入随机信号的统计特性和系统的特性确定该系统输出的统计特征。下面主要分析随机信号通过线性连续系统,当输入随机信号是广义平稳时,输出随机信号也进入平稳状态后的均值、相关函数、自功率谱密度以及输出与输入之间的互相关函数、互功率谱密度等统计特征。

5.4.1　时域分析

任何线性、集总参数的动态系统均可以用卷积函数描述它的输出输入关系,即

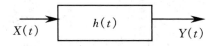

图 5-9　随机信号通过线性系统

$$Y(t) = \int_{-\infty}^{\infty} h(t,\tau)X(\tau)\mathrm{d}\tau \tag{5-100}$$

式中 $h(t,\tau)$ 代表在 τ 时输入端加以冲激信号而在 t 时输出端的响应。

设线性非时变系统其单位冲激响应为 $h(t)$。输入信号 $X(t)$ 是双边平稳随机信号,且有界(如图 5-9),则其输出零状态响应 $Y(t)$ 表示为

$$Y(t) = X(t) * h(t) = \int_{-\infty}^{\infty} h(t-\tau)X(\tau)\mathrm{d}\tau$$

$$= \int_{-\infty}^{\infty} h(u)X(t-u)\mathrm{d}u \tag{5-101}$$

即输出为输入函数和系统冲激响应的卷积。在 $t = 0$ 时,系统的输出响应已达到稳态,故 $Y(t)$ 也是平稳随机信号。

现求 $Y(t)$ 的均值:由于 $X(t)$ 为平稳随机信号,

$$\mu_x(t) = \mu_x(t-\tau) = \mu_x$$

为常数,故 $\quad \mu_y = E[Y(t)] = E\Big[\int_{-\infty}^{\infty} h(u)X(t-u)\mathrm{d}u\Big]$

$$= \int_{-\infty}^{\infty} h(u)\mu_x(t-u)\mathrm{d}u = \mu_x \int_{-\infty}^{\infty} h(u)\mathrm{d}u \tag{5-102}$$

为一常数,当 $\mu_x = 0$ 时 $\mu_y = 0$。输出信号的自相关函数为

$$R_{yy} = (t, t+\tau) = E[Y(t)Y(t+\tau)]$$

$$= E\Big[\int_{-\infty}^{\infty} h(u)X(t-u)\mathrm{d}u \int_{-\infty}^{\infty} h(v)X(t+\tau-v)\mathrm{d}v\Big]$$

$$= \int_{-\infty}^{\infty} \int_{-\infty}^{\infty} h(u)h(v)E[X(t-u)X(t+\tau-v)]\mathrm{d}u\mathrm{d}v$$

$$= \int_{-\infty}^{\infty} \int_{-\infty}^{\infty} h(u)h(v)R_{xx}(t-u, t+\tau-v)\mathrm{d}u\mathrm{d}v$$

$$= h(t) * h(t + \tau) * R_{xx}(t, t + \tau)$$

由于输入为平稳随机过程 $R_{xx}(t - u, t + \tau - v) = R_{xx}(\tau + u - v)$，故有

$$R_{yy}(\tau) = \int_{-\infty}^{\infty} \int_{-\infty}^{\infty} h(u) h(v) R_{xx}(\tau + u - v) \mathrm{d}u \mathrm{d}v$$

$$= h(\tau) * h(-\tau) * R_{xx}(\tau) \tag{5-103}$$

即输出的自相关函数与 t 无关。

$$R_{yy}(0) = E[Y^2(t)] = \int_{-\infty}^{\infty} \int_{-\infty}^{\infty} h(u) h(v) R_{xx}(u - v) \mathrm{d}u \mathrm{d}v \tag{5-104}$$

$$\sigma_y^2 = R_{yy}(0) - \mu_y^2 \tag{5-105}$$

由上可见,输出的均值是与 t 无关的常数,相关函数与时间起点无关。这说明线性非时变系统输入是广义平稳随机信号时,其输出也是广义平稳随机信号。

同理可得输入与输出之间的互相关函数为

$$R_{xy}(t, t + \tau) = E[X(t) Y(t + \tau)] = E\left[X(t) \int_{-\infty}^{\infty} h(v) X(t + \tau - v) \mathrm{d}v\right]$$

$$= \int_{-\infty}^{\infty} h(v) E[X(t) X(t + \tau - v)] \mathrm{d}v$$

$$= \int_{-\infty}^{\infty} h(v) R_{xx}(t, t + \tau - v) \mathrm{d}v$$

$$= h(\tau) * R_{xx}(t, t + \tau)$$

即

$$R_{xy}(\tau) = \int_{-\infty}^{\infty} h(v) R_{xx}(\tau - v) \mathrm{d}v = h(\tau) * R_{xx}(\tau) \tag{5-106}$$

$$R_{yx}(\tau) = \int_{-\infty}^{\infty} h(v) R_{xx}(\tau + v) \mathrm{d}v = h(-\tau) * R_{xx}(\tau)$$

$$\tag{5-107}$$

由上可见,互相关函数与时间起点无关,是时差的函数。说明经过动态系统后的输出 $Y(t)$ 与输入 $X(t)$ 之间是联合平稳的。

5.4.2　频域分析

在输入输出均为平稳随机信号时,由于不能直接利用傅里叶分析的方法分析系统,故可以通过维纳-欣钦公式实现傅里叶分析系统的

目的。

由稳定系统频域的系统函数知

$$H(\omega) = \int_{-\infty}^{\infty} h(u)\mathrm{e}^{-\mathrm{j}\omega u}\mathrm{d}u, H(0) = \int_{-\infty}^{\infty} h(u)\mathrm{d}u \quad (5\text{-}108)$$

由(5-102)知系统输出的均值为 $\mu_y = \mu_x H(0)$,由于

$$S_x(\omega) = \int_{-\infty}^{\infty} R_{xx}(\tau)\mathrm{e}^{-\mathrm{j}\omega\tau}\mathrm{d}\tau$$

故有

$$S_y(\omega) = \int_{-\infty}^{\infty} R_{yy}(\tau)\mathrm{e}^{-\mathrm{j}\omega\tau}\mathrm{d}\tau$$

$$= \int_{-\infty}^{\infty} \left[\int_{-\infty}^{\infty} \int_{-\infty}^{\infty} h(u)h(v)R_{xx}(\tau + u - v)\mathrm{d}u\mathrm{d}v \right]\mathrm{e}^{-\mathrm{j}\omega\tau}\mathrm{d}\tau$$

$$= \int_{-\infty}^{\infty} h(u)\int_{-\infty}^{\infty} h(v)\int_{-\infty}^{\infty} R_{xx}(\tau + u - v)\mathrm{e}^{-\mathrm{j}\omega\tau}\mathrm{d}\tau\mathrm{d}v\mathrm{d}u$$

令 $k = \tau + u - v, \tau = -u + v + k$ 则

$$S_y(\omega) = \int_{-\infty}^{\infty} h(u)\mathrm{e}^{\mathrm{j}\omega u}\mathrm{d}u\int_{-\infty}^{\infty} h(v)\mathrm{e}^{-\mathrm{j}\omega v}\mathrm{d}v\int_{-\infty}^{\infty} R_{xx}(k)\mathrm{e}^{-\mathrm{j}\omega k}\mathrm{d}k$$

$$= H^*(\omega)H(\omega)S_x(\omega) = |H(\omega)|^2 S_x(\omega) \quad (5\text{-}109)$$

$$|H(\omega)| = \sqrt{S_y(\omega)}/\sqrt{S_x(\omega)} \quad (5\text{-}110)$$

上式说明,系统输出的功率谱 $S_y(\omega)$ 可以由系统的幅频特性 $|H(\omega)|$ 与输入功率谱 $S_x(\omega)$ 确定。或者说,系统的幅频特性可由输入输出的自功率谱确定,即根据动态系统的特性可以写出它的转移函数,利用(5-109)可以得到输出过程的 $S_y(\omega)$,再利用傅里叶反变换即可求出输出过程的相关函数为

$$R_{yy}(\tau) = \frac{1}{2\pi}\int_{-\infty}^{\infty} S_y(\omega)\mathrm{e}^{\mathrm{j}\omega\tau}\mathrm{d}\omega = \frac{1}{2\pi}\int_{-\infty}^{\infty} |H(\omega)|^2 S_x(\omega)\mathrm{e}^{\mathrm{j}\omega\tau}\mathrm{d}\omega$$

$$(5\text{-}111)$$

输出的均方值为

$$R_{yy}(0) = E[Y^2(t)] = \frac{1}{2\pi}\int_{-\infty}^{\infty} |H(\omega)|^2 S_x(\omega)\mathrm{d}\omega \quad (5\text{-}112)$$

不难看出,采用功率谱密度方法是研究输出过程统计特性的一种比较

简便的方法。

同理可求得输入输出之间的互功率谱。对(5-106)取傅里叶变换得

$$S_{xy}(\omega) = \int_{-\infty}^{\infty} \int_{-\infty}^{\infty} h(v) R_{xx}(\tau - v) \mathrm{e}^{-\mathrm{j}\omega\tau} \mathrm{d}\tau$$

$$= \int_{-\infty}^{\infty} \int_{-\infty}^{\infty} h(v) R_{xx}(u) \mathrm{e}^{-\mathrm{j}\omega(u+v)} \mathrm{d}v \mathrm{d}u$$

$$= \int_{-\infty}^{\infty} R_{xx}(u) \mathrm{e}^{-\mathrm{j}\omega u} \mathrm{d}u \int_{-\infty}^{\infty} h(v) \mathrm{e}^{-\mathrm{j}\omega v} \mathrm{d}v$$

即
$$S_{xy}(\omega) = S_x(\omega) H(\omega) \tag{5-113}$$

相应的
$$S_{yx}(\omega) = S_x(\omega) H(-\omega) \tag{5-114}$$

$$H(\omega) = S_{xy}(\omega) / S_x(\omega) \tag{5-115}$$

可见互功率谱不仅包含有系统函数的幅度信息,而且还包含有相位信息,即通过测量互功率谱与自功率谱求得系统的频率特性。

例 5.12 设具有延时单元的线性系统,输入信号 $X(t)$ 满足平稳性和遍历性,自相关函数 $R_x(\tau) = \mathrm{e}^{-0.5|\tau|}$,求系统输出 $Y(t)$ 的功率谱 $S_y(\omega)$。

解 设系统的输入输出关系为 $Y(t) = X(t) + \alpha X(t - t_0)$,$\alpha$ 为实常数。输出的自相关函数为

$$\begin{aligned}
R_y(\tau) &= E[Y(t) Y(t-\tau)] \\
&= E[[X(t) + \alpha X(t-t_0)][X(t-\tau) + \alpha X(t-t_0-\tau)]] \\
&= E[X(t) X(t-\tau)] + \alpha^2 E[X(t-t_0) X(t-t_0-\tau)] \\
&\quad + \alpha E[X(t-t_0) X(t-\tau) + X(t) X(t-t_0-\tau)] \\
&= R_x(\tau) + \alpha R_x(\tau+t_0) + \alpha R_x(\tau-t_0) + \alpha^2 R_x(\tau) \\
&= (1+\alpha^2) R_x(\tau) + \alpha R_x(\tau+t_0) + \alpha R_x(\tau-t_0)
\end{aligned}$$

输出的功率谱密度函数为

$$\begin{aligned}
S_y(\omega) &= \int_{-\infty}^{\infty} R_y(\tau) \mathrm{e}^{-\mathrm{j}\omega\tau} \mathrm{d}\tau \\
&= \int_{-\infty}^{\infty} [(1+\alpha^2) R_x(\tau) + \alpha R_x(t_0+\tau) + \alpha R_x(\tau-t_0)] \mathrm{e}^{-\mathrm{j}\omega\tau} \mathrm{d}\tau
\end{aligned}$$

$$= (1 + \alpha^2) S_x(\omega) + \alpha S_x(\omega) e^{j\omega t_0} + \alpha S_x(\omega) e^{-j\omega t_0}$$

$$= [1 + \alpha^2 + 2\alpha \cos(\omega t_0)] S_x(\omega)$$

例 5.13　试求功率谱密度 $S_x(\omega) = \dfrac{N_0}{2}$ 为常数的理想白噪声,通过理想低通滤波器后的输出功率谱密度,自相关函数及输出的噪声功率。

解　设理想低通滤波器的截止频率为 ω_c,频域的系统函数表示为

$$H(\omega) = \begin{cases} A e^{-j\omega t} & |\omega| \leqslant \omega_c \\ 0 & \text{其他} \end{cases}$$

其中 A 为常数,故 $|H(\omega)|^2 = A^2$,$|\omega| \leqslant \omega_c$,根据上述公式可得出功率谱密度

$$S_y(\omega) = |H(\omega)|^2 S_x(\omega) = \frac{N_0}{2} A^2$$

输出自相关函数

$$R_{yy}(\tau) = \frac{1}{2\pi} \int_{-\infty}^{\infty} S_y(\omega) e^{j\omega\tau} d\omega$$

$$= \frac{A^2 N_0}{4\pi} \int_{-\omega_c}^{\omega_c} e^{j\omega\tau} d\omega = A^2 N_0 f_c \frac{\sin(\omega_c \tau)}{\omega_c \tau}$$

$$R_{yy}(0) = \lim_{\tau \to 0} \left[A^2 N_0 f_c \frac{\sin(\omega_c \tau)}{\omega_c \tau} \right] = A^2 N_0 f_c$$

$$R_{yy}(\tau) = R_{yy}(0) \frac{\sin(\omega_c \tau)}{\omega_c \tau}$$

由上述可知,$R_{yy}\left(\dfrac{n\pi}{\omega_c}\right) = 0 (n = 1, 2, 3, \cdots)$,这说明 $Y(t)$ 和 $Y\left(t + \dfrac{n\pi}{\omega_c}\right)$ 当 $n \neq 0$ 时正交。因输入过程的均值为 0,故相隔时间为 $\dfrac{n\pi}{\omega_c}(n \neq 0)$ 的两个 $Y(t)$ 值不相关。

输出噪声功率为

$$p = R_{yy}(0) = A^2 N_0 f_c$$

本章主要阐述了随机信号的统计特征。所谓随机信号是随机过程

所描述的信号,而随机过程是随时间变化的随机变量,不能用数学式子确切的表达,只能通过样本观测找出其统计规律。虽然可以利用概率密度函数描述,但计算复杂,故通常计算其数字特征表征随机信号某些重要的统计特性。时域数字特征主要有均值、方差、相关函数、协方差函数等;频域数字特征主要为功率谱密度。时域分析和频域分析相联系的是维纳-欣钦定理。它表明相关函数与功率谱密度构成一对傅里叶变换,由此达到了对平稳随机信号的功率谱分析。典型随机信号主要有平稳随机信号和各态历经,它们具有一些重要的性质,应用这些性质有利于简化对统计特征的计算。各态历经是平稳随机信号,但平稳随机信号不一定是各态历经。在电子系统中经常遇到的随机信号是高斯随机信号,由于它的特性便于数学分析,因而常将高斯随机信号用作噪声的理论模型。白噪声是均值为零、功率谱密度为常数的平稳随机信号,在理论分析和实际应用中都具有重要的意义。而伪随机信号是由计算机模拟产生的随机信号,它的统计特征接近白噪声,故当其带宽远大于系统带宽时,往往看作白噪声。

习　　题

5-1　一个理想限带平稳随机信号,若以取样频率 $f_s = 2f_m$ 进行取样,试分析时间间隔 $T_k = k\pi/\omega_m$, $k = \pm 1, \pm 2, \cdots$ 的样本点之间的相关性。

5-2　一随机信号 $X(t) = A_0\sin(\omega t + \theta)$, A_0 与 ω_0 为常数,θ 在 $[0, 2\pi]$ 区间均匀分布,试求该随机信号的数学期望、均方值、方差及自协方差函数。并判断该信号是否平稳过程? 是否各态历经? 若 θ 在 $[0, \frac{\pi}{2}]$ 区间均匀分布,重做上述分析。

5-3　已知平稳随机信号的自相关函数如下所示,试求出其相应的功率谱密度函数。

(1) $R_{xx}(\tau) = 1$;

(2) $R_{xx}(\tau) = \delta(\tau)$;

$(3) R_{xx}(\tau) = \cos(\omega_0\tau)$;

$(4) R_{xx}(\tau) = \mathrm{e}^{-\alpha|\tau|}$;

$(5) R_{xx}(\tau) = 4\mathrm{e}^{-|\tau|}\cos(\omega_0\tau)$;

$(6) R_{xx}(\tau) = \sigma^2 \mathrm{e}^{-\alpha\tau^2}$, $\alpha > 0$, σ^2, α 为常数。

5-4 已知两个平稳随机信号的功率谱密度分别为

$$S_x(\omega) = \frac{7}{\omega^4 + 25\omega^2 + 144}, \qquad S_y(\omega) = \frac{16}{\omega^4 + 13\omega^2 + 36}$$

求它们的自相关函数和均方值。

5-5 一阶 RC 电路如图示,若输入 $X(t)$ 是平稳双边随机信号,其均值为常数 μ。

(1)求其输出均值;

(2) $R = 1\Omega$, $C = 1\mathrm{F}$, $X(t)$ 的自相关函数为 $R_{xx}(\tau) = \dfrac{\alpha N_0}{4\mathrm{e}^{-\alpha|\tau|}}$,用频域方法求输出的自相关函数 $R_{yy}(\tau)$

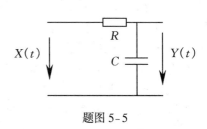

题图 5-5

5-6 设平稳随机过程 $X(t)$ 的相关函数为 $R_x(\tau)$,且 $R_x(T) = R_x(0)$,T 为一常数且大于 0,试证明:

(1) 有 $X(t+T) = X(t)$ 依概率 1 相等;

(2) $R_x(t+T) = R_x(t)$,即相关函数具有周期性,其周期为 T。

5-7 如果短时间平均器的输入信号为 $X(t) = \sin(\omega t + \theta)$ $(-\infty < t < \infty)$,其中 ω 为常数且大于 0,θ 为随机相角是在 $(0, 2\pi)$ 内均匀分布的随机变量,试证明:

$(1) R_{xx}(t_1, t_2) = C_{xx}(t_1, t_2) = \dfrac{1}{2}\cos\omega(t_2 - t_1)$;

(2)设它的输出信号表示为

$$\eta(t) = \frac{\sin\alpha}{\alpha}\sin(\omega t - \alpha + \theta), \quad \alpha = \frac{\omega T}{2},$$

则输出信号的相关函数为

$$R_{\eta\eta}(t_1,t_2)=\frac{1}{2}(\frac{\sin\alpha}{\alpha})^2\cos\omega(t_2-t_1)$$

并判断输出信号是否平稳?

5-8　已知一平稳随机信号 $X(t)$ 的自相关函数为

$$R_{xx}(\tau)=10\mathrm{e}^{-10|\tau|}+25+10\cos10\tau$$

求 $X(t)$ 的均值、均方值及方差。

第 6 章　模拟滤波器

在许多实际应用中,对信号做分析和处理时,常常遇到有用信号叠加上无用噪声的问题。这些噪声有的是与信号同时产生的,有的是传输过程中混入的。噪声有时会大于有用的信号,从而淹没掉有用的信号。因此,从接收到的信号中,消除或减弱干扰噪声,就成为信号分析和处理中十分重要的问题。

所谓滤波,就是根据有用信号与噪声的不同特性,消除或减弱噪声,提取有用信号的过程。而实现滤波功能的系统就称为滤波器。

第 1 节　滤波器的基本知识

滤波器实际上是一种能使信号的某一部分频率分量(有用信号的频率分量)比较顺利地通过,而信号另一部分频率分量(如噪声的频率分量)受到较大辐度衰减的装置。把信号通过的频率范围称为滤波器的通带,把阻止信号通过的频率范围称为它的阻带。

6.1.1　滤波器的分类

滤波器的种类很多,从不同的角度,可将其划分为不同的类型。

根据滤波器幅频特性的通带与阻带的范围,可将其划分为低通滤波器、高通滤波器、带通滤波器、带阻滤波器和全通滤波器。

根据构成滤波器元件的性质,可将其划分为无源滤波器和有源滤波器。前者仅由无源元件,如电阻、电容和电感等组成,后者则含有有源器件,如运算放大电路等。

根据滤波器所处理的信号的性质,可将其划分为模拟滤波器和数字滤波器。模拟滤波器用于处理模拟信号(连续时间信号),数字滤波器用于处理离散时间信号。

滤波器的分类还有很多,这里不再一一列举。

6.1.2　理想滤波器的幅频特性

6.1.2.1　理想低通滤波器

理想低通滤波器的功能是使直流($\omega = 0$)到某一指定频率 ω_1(截止频率)的分量无衰减地通过,而大于 ω_1 的频率分量全部衰减为零。理想低通滤波器的幅频特性(幅频响应)如图 6-1 所示,其通带为$(0, \omega_1)$,阻带为(ω_1, ∞)。

6.1.2.2　理想高通滤波器

理想高通滤波器是使高于某一频率 ω_1 的分量全部无衰减地通过,而小于 ω_1 的各分量全部衰减为零。理想的高通滤波器的幅频特性如图 6-2,其通带为(ω_1, ∞),阻带为$(0, \omega_1)$。

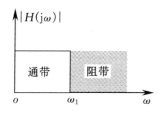

图 6-1　理想低通滤波器

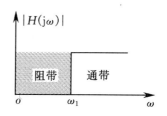

图 6-2　理想高通滤波器

6.1.2.3　理想带通滤波器

理想带通滤波器的功能是使某一指定频带(ω_1, ω_2)内的所有频率分量全部无衰减地通过,而使此频带以外的频率分量全部衰减为零。理想带通滤波器的幅频特性如图 6-3,其通带为(ω_1, ω_2),低端阻带为$(0, \omega_1)$,高端阻带为(ω_2, ∞)。

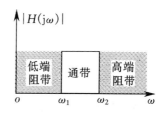

图 6-3　理想带通滤波器

6.1.2.4　理想带阻滤波器

理想带阻滤波器的功能是使在某一指定频带内的所有频率分量全部衰减为零,不能通过此滤波器,而使此频带以外的频率分量全部无衰减地通过。理想带阻滤波器的幅频特性如图 6-4。其阻带为(ω_1, ω_2),低端通带为$(0,\omega_1)$,高端通带为(ω_2,∞)。

6.1.2.5　理想全通滤波器

理想全通滤波器的功能是使$(0,\infty)$间所有频率分量全部无衰减地通过。理想全通滤波器的幅频特性如图 6-5,其通带为$(0,\infty)$,无阻带。

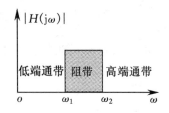

图 6-4　理想带阻滤波器　　　　图 6-5　理想全通滤波器

6.1.3　实际滤波器的幅频特性

理想滤波器所具有的矩形幅频特性不可能用实际元件实现,实际滤波器幅频特性的通带与阻带之间没有明显的界限,是逐渐过渡的,这个过渡频带称为过渡带。实际滤波器幅频特性的通带、阻带及过渡带的确切定义如下。

通带是指对于单位输入信号,输出幅度不小于某一规定的幅值 H_1 的频率范围,而输出幅度小于另一个规定幅值 H_2 的频率范围则称为阻带。图 6-6 给出了实际低通、高通、带通和带阻滤波器的幅频特性。图 6-6 中与幅值 H_1 相对应的频率 ω_c 称为通带截止频率,与幅值 H_2 相对应的频率 ω_S 称为阻带截止频率,ω_c 与 ω_S 之间则为过渡带。低通和高通滤波器有一个通带截止频率 ω_c,一个阻带截止频率 ω_S,一个通带,一个阻带和一个过渡带。带通滤波器有两个通带截止频率 ω_{c1} 与 ω_{c2},两个阻带截止频率 ω_{S1} 与 ω_{S2},两个阻带(其中 $\omega \leqslant \omega_{S1}$,为下阻带,$\omega \geqslant \omega_{S2}$ 为上阻带),一个通带($\omega_{c1} \leqslant \omega \leqslant \omega_{c2}$),两个过渡带($\omega_{S1} < \omega < \omega_{c1}$,$\omega_{c2} < \omega < \omega_{S2}$)。带阻滤波器有两个通带截止频率 ω_{c1} 和 ω_{c2},两个阻带截止频率 ω_{S1} 和 ω_{S2},一个阻带($\omega_{S1} \leqslant \omega \leqslant \omega_{S2}$),两个通带(其中

$\omega \leqslant \omega_{c1}$ 为下通带, $\omega \geqslant \omega_{c2}$ 为上通带), 两个过渡带 ($\omega_{c1} < \omega < \omega_{S1}$, $\omega_{S2} < \omega < \omega_{c2}$)。

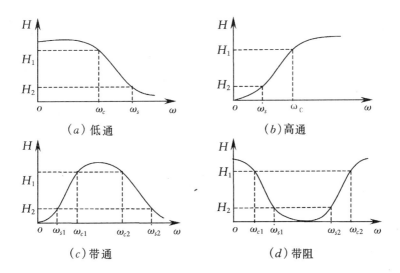

(a) 低通　　　　　　　(b) 高通

(c) 带通　　　　　　　(d) 带阻

图 6-6　低通、高通、带通和带阻滤波器的幅频特性

6.1.4　滤波器的传递函数

用集中参数元件构成的滤波器, 其传递函数是一个有理函数, 即为两个 s 多项式之比, 其中 $s = \sigma + \mathrm{j}\omega$ 为复变量, 它的一般形式为

$$H(s) = \frac{N(s)}{D(s)} = \frac{a_m s^m + a_{m-1} s^{m-1} + \cdots\cdots + a_0}{b_n s^n + b_{n-1} s^{n-1} + \cdots\cdots + b_0} \quad (m \leqslant n) \quad (6\text{-}1)$$

式中 a_i, b_i 均为实数。

一般滤波器的传递函数, 总是 $n \geqslant m$, 其中 n 称为传递函数的阶, 也是它所对应的滤波器的阶。分母多项式 $D(s)$ 的零点即为传递函数 $H(s)$ 的极点, 而分子多项式 $N(s)$ 的零点即为传递函数 $H(s)$ 的零点。

当 $s = \mathrm{j}\omega$ 时, 滤波器网络传递函数可写成

$$H(\mathrm{j}\omega) = |H(\mathrm{j}\omega)| \mathrm{e}^{\mathrm{j}\varphi(\omega)} \tag{6-2}$$

其中 $|H(\mathrm{j}\omega)|$ 为其幅频特性, $\varphi(\omega)$ 为相位特性。

6.1.5　网络函数的归一化

在滤波器设计中, 常遇到的元件值有 10^{-12} (如电容) 数量级到 10^6

（如电阻）数量级，频率范围也有从 10^{-12} Hz（超低频）到 10^6 Hz（高频）的数量级或更高。因此给实际的设计和计算带来很多不便。由于滤波器工作频率范围如此之宽，导致不可能按实际频率范围给出实际滤波器元件数值的设计图表。另一方面，虽然计算机早已应用到滤波器的设计中，但是若按实际数字部分输入，也极为不便。所以在滤波器设计中均采用归一化方法，先行设计，然后再用反归一化方法计算实际元件的数值。

所谓归一化，实际上就是用一个参考数值去衡量某个参数，使所得的相对数值比较简单的过程。在滤波器设计中，最基本的是频率归一化和阻抗归一化。

频率归一化，就是选定一个频率为参考频率 f_r，以它为"单位"，去衡量实际的频率 f，即

$$\bar{f} = \frac{f}{f_r} \tag{6-3}$$

则 $\bar{f}$ 为归一化频率。显然，当实际频率恰好等于 f_r 时，则归一化值为 1，也可以说归一化值为 1 的实际频率等于参考频率。

阻抗归一化，就是选定一个电阻 R_r 为参考电阻，去衡量网络中各阻抗的大小。如对电阻 R 有

$$\bar{r} = \frac{R}{R_r} \tag{6-4}$$

$\bar{r}$ 为归一化电阻，同样 $\bar{r} = 1$ 意味着实际的电阻等于参考电阻，或者说以这个电阻为参考电阻。

对感抗，在频率归一化后，为保持其阻抗不变，则电感应乘以 $\omega_r = 2\pi f_r$，感抗为

$$X_L = \omega L = 2\pi f L = \frac{2\pi f}{2\pi f_r} 2\pi f_r L = \bar{\omega} 2\pi f_r L \tag{6-5}$$

式中 $\bar{\omega} = f/f_r = \bar{f}$ 亦为归一化频率，则归一化感抗 $\bar{X}_L$ 为

$$\bar{X}_L = \frac{X_L}{R_r} = \bar{\omega} \frac{2\pi f_r L}{R_r} \tag{6-6}$$

令

$$L_r = \frac{R_r}{2\pi f_r} \tag{6-7}$$

则式(6-6)可表示为

$$\bar{X}_L = \bar{\omega}\bar{l} \qquad (6-8)$$

其中 $$\bar{l} = \frac{L}{L_r} \qquad (6-9)$$

$\bar{l}$ 称作归一化电感值,而 L_r 则为参考电感值。即在参考频率 f_r、参考电阻 R_r 选定后,可以用式(6-7)惟一地确定一个参考电感 L_r,并以此去衡量同一电路中的各电感。同样方法用于容抗 X_c,也可得到一个参考电容

$$C_r = \frac{1}{2\pi f_r R_r} \qquad (6-10)$$

并以此去衡量同一电路的各个电容。

$$\bar{c} = \frac{C}{C_r} \qquad (6-11)$$

$\bar{c}$ 即为归一化电容值。

在研究滤波器网络特性时,还会遇到时间特性问题,由于频率和时间密切相关,当参考频率确定后,参考时间就不能再独立决定。

由上可知,同一网络,对其网络函数的频率、阻抗、电感、电容、时间归一化时,只能有两个量可以独立选择,一般都选定频率 f_r 和电阻 R_r。

在滤波器设计中,R_r 一般选定为滤波器的信号源电阻(或负载电阻),参考频率则选择描述滤波器特性的某个特定的频率。如低通滤波器常以其通带截止频率为参考频率,而带通滤波器则以其几何中心频率为参考频率等等。

由归一化元件组成的滤波器叫归一化滤波器。当给定一个归一化滤波器时,可以采用反归一化,计算出实际的元件值。

$$R = \bar{r}R_r$$
$$L = \bar{l}L_r \qquad (6-12)$$
$$C = \bar{c}C_r$$

为方便起见,在今后的讨论中,所有元件值及频率均设为归一化值。

6.1.6　几种常见的模拟滤波器

模拟滤波器种类很多,但最常见的有巴特沃兹滤波器、切比雪夫滤波器、椭圆滤波器和贝塞尔滤波器。

图 6-7(a)为巴特沃兹滤波器的幅频特性,由图可见,其幅值在通带内单调下降,在阻带内也单调下降。

图 6-7(b)为切比雪夫滤波器的幅频特性,由图可见,其幅值在通带内等波纹波动,在阻带内单调下降。

图 6-7(c)为椭圆滤波器的幅频特性,由图可见,其幅值在通带内等波纹波动,在阻带内也等波纹变化。

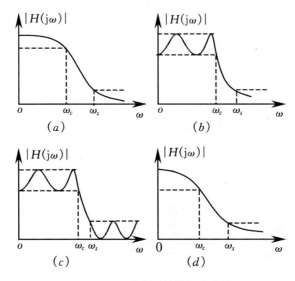

图 6-7　几种常见的模拟滤波器

图 6-7(d)为贝塞尔滤波器的幅频特性。由图可见,其幅值在通带内单调下降,在阻带内也单调下降,从形式上看,它与巴特沃兹滤波器相似,但其幅频特性不如巴特沃兹滤波器,特性劣于巴特沃兹滤波器。实际上,贝塞尔滤波器的相频特性较好,在通带内可以得到近似线性的相频特性。

第2节 信号通过线性系统不失真的条件

满足可加性与齐次性的系统称为线性系统。已知所谓可加性是指当输入的几个信号线性叠加时,其输出为各输入所产生响应的线性叠加,而齐次性是指当输入信号乘以某常数时,其输出为输入信号的响应乘以该常数。

信号在传输过程中,由于传输系统的影响,传输到输出端的响应 $r(t)$ 与输入端的激励 $e(t)$ 的波形总是有些不同,信号的这种畸变叫作信号的失真。所谓信号的无失真传输,是指系统的零状态响应与激励的波形相比,只是幅度和出现的时刻不同,不存在形状上的变化。

若激励信号为 $e(t)$,响应为 $r(t)$,则无失真传输的含义用数学公式表示为

$$r(t) = Ke(t - t_0) \qquad (6-13)$$

式中,K 为常数,t_0 为滞后时间。式6-13表明,与激励相比,响应 $r(t)$ 的幅度为原信号的 K 倍,在时间上延迟 t_0 后出现,但波形的形状不变,如图6-8。

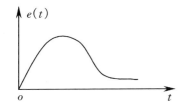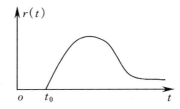

图6-8 无失真传输时系统的激励与响应

下面讨论系统实现无失真传输所需要的频谱特性 $H(j\omega)$。设激励 $e(t)$ 与响应 $r(t)$ 的傅里叶变换分别为 $E(j\omega)$ 和 $R(j\omega)$,由傅里叶变换的延迟特性知式(6-13)的傅里叶变换形式为

$$R(j\omega) = KE(j\omega)e^{-j\omega t_0} \qquad (6-14)$$

另一方面,在时域中,若系统的冲激响应为 $h(t)$,则

$$r(t) = e(t) * h(t) \qquad (6-15)$$

故 $$R(\mathrm{j}\omega) = E(\mathrm{j}\omega)H(\mathrm{j}\omega)\qquad(6\text{-}16)$$

比较式(6-14)与式(6-16),可以看出

$$H(\mathrm{j}\omega) = K\mathrm{e}^{-\mathrm{j}\omega t_0} = |H(\mathrm{j}\omega)|\,\mathrm{e}^{\mathrm{j}\varphi(\omega)}\qquad(6\text{-}17)$$

其中,幅频特性$|H(\mathrm{j}\omega)|$与相频特性$\varphi(\omega)$分别为

$$|H(\mathrm{j}\omega)| = K\qquad(6\text{-}18)$$

$$\varphi(\omega) = -\omega t_0\qquad(6\text{-}19)$$

式(6-18)和式(6-19)表明,信号无失真传输时要求系统的幅频特性
$|H(\mathrm{j}\omega)|$为一常数,相频特性$\varphi(\omega)$为一过原点的直线(又称为线性相
位特性),分别如图6-9(a),(b)所示。

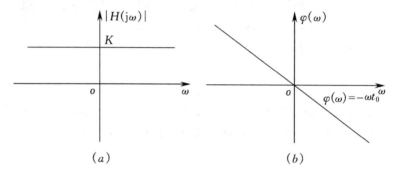

图6-9　无失真传输系统的幅频与相频特性

第3节　理想低通滤波器的频率响应

按照定义,一个理想的低通滤波器允许低于截止频率ω_c的所有分
量无失真地通过,而对于高于ω_c的所有频率分量能够完全抑制。它的
频率特性表示为

$$H(\mathrm{j}\omega) = |H(\mathrm{j}\omega)|\,\mathrm{e}^{\mathrm{j}\varphi(\omega)}\qquad(6\text{-}20)$$

其中 $$|H(\mathrm{j}\omega)| = \begin{cases} 1 & -\omega_c \leqslant \omega \leqslant \omega_c \\ 0 & |\omega| > \omega_c \end{cases}$$

$$\varphi(\omega) = -\omega t_0$$

式中t_0为延迟时间。图6-10示出了理想低通滤波器的幅频特性

$|H(\mathrm{j}\omega)|$ 和相频特性 $\varphi(\omega)$。

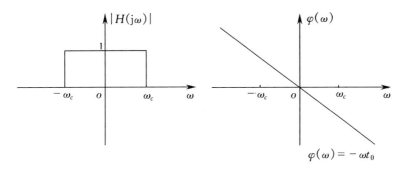

图 6-10 理想低通滤波器的幅频和相频特性

下面分别讨论理想低通滤波器的冲激响应和阶跃响应。

6.3.1 冲激响应

理想低通滤波器的冲激响应可由其频率特性的傅里叶反变换求得

$$h(t) = \frac{1}{2\pi}\int_{-\infty}^{\infty} H(\mathrm{j}\omega)\mathrm{e}^{\mathrm{j}\omega t}\,\mathrm{d}\omega$$

$$= \frac{1}{2\pi}\int_{-\omega_c}^{\omega_c} \mathrm{e}^{-\mathrm{j}\omega t_0}\,\mathrm{e}^{\mathrm{j}\omega t}\,\mathrm{d}\omega$$

$$= \frac{1}{2\pi}\int_{-\omega_c}^{\omega_c} \mathrm{e}^{\mathrm{j}\omega(t-t_0)}\,\mathrm{d}\omega$$

$$= \frac{1}{2\pi}\cdot\frac{1}{\mathrm{j}(t-t_0)}\mathrm{e}^{\mathrm{j}\omega(t-t_0)}\Bigg|_{-\omega_c}^{\omega_c}$$

$$= \frac{1}{2\pi\mathrm{j}(t-t_0)}\big[\mathrm{e}^{\mathrm{j}\omega_c(t-t_0)} - \mathrm{e}^{-\mathrm{j}\omega_c(t-t_0)}\big]$$

$$= \frac{\omega_c}{\pi}\cdot\frac{\sin[\omega_c(t-t_0)]}{\omega_c(t-t_0)}$$

$$= \frac{\omega_c}{\pi}\mathrm{Sa}[\omega_c(t-t_0)] \tag{6-21}$$

式(6-21)表明,理想低通滤波器的冲激响应是一个延迟 t_0 且峰值出现在 t_0 时刻的抽样函数 $\mathrm{Sa}[\omega_c(t-t_0)]$,其波形如图 6-11 所示。

从图 6-11 可以看出,当理想低通滤波器的截止频率 ω_c 很低时,其

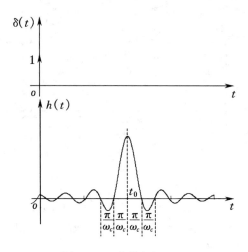

图 6-11　冲激响应 $h(t)$

输出 $h(t)$ 与输入 $\delta(t)$ 相比,失真很大。当 ω_c 增加时,$h(t)$ 在 $t=t_0$ 处两边的第一零点 $\left(t_0 \pm \dfrac{\pi}{\omega_c}\right)$ 逐渐靠近 t_0;当 $\omega_c \to \infty$ 时,$h(t) \to \delta(t-t_0)$,此时 $h(t)$ 也是一个冲激函数,只是比输入冲激函数延迟了 t_0。从频域来看,输入频谱($\delta(t)$ 的傅里叶变换)的频带宽是无限的,而理想低通滤波器的带宽是有限的,因此,必然产生失真。

　　观察图 6-11 还可看出,当 $t<0$ 时,$h(t)$ 还有响应,而输入的冲激函数 $\delta(t)$ 在 $t=0$ 时才加入,$t=0$ 以前系统不该有响应,因此这种系统是"非因果系统",非因果系统在实际中不可能用实际元器件实现,这里需要指出理想低通、高通、带通、阻通及全通滤波器均为非因果系统。

　　下面举一个简单的 RLC 网络组成的可实现二阶低通滤波器的例子。电路网络如图 6-12 所示。

　　系统的传递函数为

$$H(\mathrm{j}\omega) = \frac{R(\mathrm{j}\omega)}{E(\mathrm{j}\omega)} = \frac{\dfrac{1}{1/R + \mathrm{j}\omega C}}{\mathrm{j}\omega L + \dfrac{1}{1/R + \mathrm{j}\omega C}}$$

$$= \frac{1}{1 - \omega^2 LC + j\omega \dfrac{L}{R}} \tag{6-22}$$

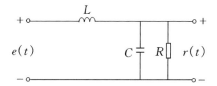

图 6-12　二阶 RLC 低通滤波器

若取 $R = \sqrt{\dfrac{L}{C}}$ ，并定义截止频率 $\omega_c = \dfrac{1}{\sqrt{LC}}$ ，则

$$H(j\omega) = \frac{1}{1 - \left(\dfrac{\omega}{\omega_c}\right)^2 + j\dfrac{\omega}{\omega_c}}$$

$$= |H(j\omega)| e^{j\varphi(\omega)} \tag{6-23}$$

其中

$$|H(j\omega)| = \frac{1}{\sqrt{\left[1 - \left(\dfrac{\omega}{\omega_c}\right)^2\right]^2 + \left(\dfrac{\omega}{\omega_c}\right)^2}}$$

$$\varphi(\omega) = -\arctan\left[\frac{\omega/\omega_c}{1 - \left(\dfrac{\omega}{\omega_c}\right)^2}\right]$$

幅频特性 $|H(j\omega)|$ 和相频特性 $\varphi(\omega)$ 如图 6-13 所示。

为求得 RLC 网络的冲激响应，可将式(6-23)改写成

$$H(j\omega) = \frac{2\omega_c}{\sqrt{3}} \frac{\dfrac{\sqrt{3}}{2}\omega_c}{\left(\dfrac{\omega_c}{2} + j\omega\right)^2 + \left(\dfrac{\sqrt{3}}{2}\omega_c\right)^2}$$

对上式求傅里叶反变换，由此可求得冲激响应为

$$h(t) = \frac{2\omega_c}{\sqrt{3}} e^{-\frac{\omega_c t}{2}} \sin\left(\frac{\sqrt{3}}{2}\omega_c t\right) \tag{6-24}$$

图 6-14 示出了冲激响应 $h(t)$ 的波形。由此图可以看到，冲激响应波形与图 6-11 所示波形相似，但起始时间是从 $t = 0$ 开始的，因为

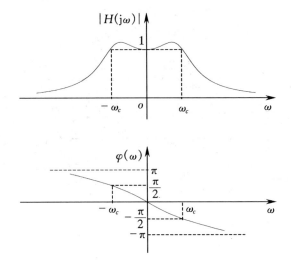

图 6-13   二阶 *RLC* 低通滤波器的幅频和相频特性

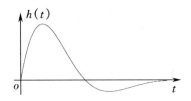

图 6-14   *RLC* 网络的冲激响应

这是一个物理可实现的网络。

6.3.2   阶跃响应

我们知道,网络的阶跃响应可用网络的冲激响应直接积分求得,因此,理想低通滤波网络的阶跃响应可写成

$$g(t) = \int_{-\infty}^{t} h(\tau)\mathrm{d}\tau = \int_{-\infty}^{t} \frac{\omega_c}{\pi} \frac{\sin[\omega_c(\tau - t_0)]}{\omega_c(\tau - t_0)}\mathrm{d}\tau$$

令 $x = \omega_c(\tau - t_0)$,则 $\mathrm{d}x = \omega_c \mathrm{d}\tau$;$\tau = -\infty$ 时,$x = -\infty$;$\tau = t$ 时,$x = \omega_c(t - t_0)$,代入上式,得

$$g(t) = \int_{-\infty}^{\omega_c(t - t_0)} \frac{1}{\pi} \frac{\sin x}{x}\mathrm{d}x = \frac{1}{\pi}\int_{-\infty}^{\omega_c(t - t_0)} \frac{\sin x}{x}\mathrm{d}x \qquad (6-25)$$

令 $\mathrm{Si}(y) = \int_0^y \dfrac{\sin x}{x} \mathrm{d}x = \int_0^y \mathrm{Sa}(x)\,\mathrm{d}x$，$\mathrm{Si}(y)$ 称为"正弦积分函数"。图

6-15 画出了 $\mathrm{Si}(y)$ 的曲线，同时也画出了抽样函数 $\mathrm{Sa}(x) = \dfrac{\sin x}{x}$ 曲线，

以便比较。显然正弦积分函数具有以下性质：

(1) $\mathrm{Si}(y)$ 是奇函数，即 $\mathrm{Si}(y) = -\mathrm{Si}(-y)$；

(2) $\mathrm{Si}(0) = 0$，$\mathrm{Si}(\pm\pi) \approx \pm 1.85$，$\mathrm{Si}(\pm\infty) = \pm\dfrac{\pi}{2}$；

(3) $y > 0$ 时，$\mathrm{Si}(y)$ 值随 y 从 0 起增加，以后围绕 $\dfrac{\pi}{2}$ 起伏波动，最终

趋于 $\dfrac{\pi}{2}$；当 $y < 0$ 时，情况类似，但最终趋于 $-\dfrac{\pi}{2}$；$\mathrm{Si}(y)$ 的各极值对应

$\mathrm{Sa}(x)$ 的各零点。

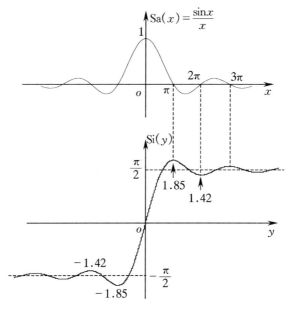

图 6-15　$\mathrm{Sa}(x)$ 和 $\mathrm{Si}(y)$ 曲线

由 $\mathrm{Si}(y)$ 函数的性质，式(6-25)可写为

$$g(t) = -\frac{1}{\pi}\int_0^{-\infty}\frac{\sin x}{x}\mathrm{d}x + \frac{1}{\pi}\int_0^{\omega_c(t-t_0)}\frac{\sin x}{x}\mathrm{d}x$$

$$= -\frac{1}{\pi}\mathrm{Si}(-\infty) + \frac{1}{\pi}\mathrm{Si}[\omega_c(t-t_0)]$$

$$= \frac{1}{2} + \frac{1}{\pi}\mathrm{Si}[\omega_c(t-t_0)] \tag{6-26}$$

图 6-16 给出了理想低通滤波器的单位阶跃响应 $g(t)$ 曲线。为便于比较,图中也画出了单位冲激响应 $h(t)$ 曲线。由图 6-16 可以看出,当输入端加入单位阶跃激励时,系统的输出响应不能立即达到稳定值($g(t)=1$),而是延迟一段时间(如果从 $g(t)=1/2$ 计算,则延迟时间为 t_0)后才逐渐上升,并在通过稳定值($g(t)=1$)后出现衰减振荡,理论上这种衰减振荡一直延续到 t 为无限大时才消失,此时输出达到稳定值 $g(t)=1$。

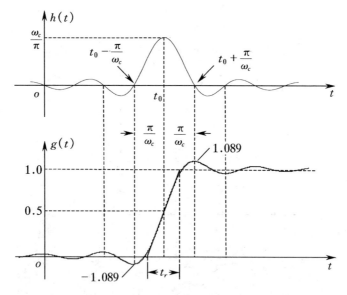

图 6-16　理想低通滤波器的单位阶跃响应

为了衡量输出响应建立的快慢,定义 $g(t_0)$ 点切线与时间轴 t 及稳定值 $g(t)=1$ 的两个交点之间的时间 t_r 为传输网络的上升时间,如

图 6-16 所示,由图可知

$$\frac{\mathrm{d}g(t)}{\mathrm{d}t} = \frac{1}{t_r} \tag{6-27}$$

由于 $g(t)$ 是网络的阶跃响应,故 $\left.\dfrac{\mathrm{d}g(t)}{\mathrm{d}t}\right|_{t=t_0}$ 正是 $t=t_0$ 时网络的

冲激响应值,由理想低通网络冲激响应表达式(6-21)得

$$\left. h(t) \right|_{t=t_0} = \frac{\omega_c}{\pi} \mathrm{Sa}[\omega_c(t-t_0)] \Big|_{t=t_0}$$

$$= \frac{\omega_c}{\pi} \mathrm{Sa}(0) = \frac{\omega_c}{\pi}$$

因此有 $\qquad \left.\dfrac{\mathrm{d}g(t)}{\mathrm{d}t}\right|_{t=t_0} = \left. h(t) \right|_{t=t_0} = \dfrac{\omega_c}{\pi} \tag{6-28}$

由式(6-27),式(6-28)可得出上升时间为

$$t_r = \frac{\pi}{\omega_c} \tag{6-29}$$

由式(6-29)可见,滤波器在阶跃函数激励时,输出的上升时间反比于滤波器的带宽,两者的乘积为一常数

$$t_r \omega_c = \pi = \mathrm{const} \tag{6-30}$$

因此,传输网络的带宽实际上表明了网络对突变激励的反应速度,频带越宽(ω_c 越大),则建立稳定值所需要的时间越短,输出波形的前沿也越陡,响应就越接近单位阶跃激励源的波形。因此,设计快速反应系统时必须使系统有足够的带宽。

第 4 节 巴特沃兹低通滤波器

理想滤波器具有理想的滤波性能,但物理上是不可实现的。所以工程上采用逼近理论找到一些可实现的逼近函数,这些函数具有优良的幅度逼近性能,如本书要讨论的巴特沃兹(Butterwoth)低通滤波器和下节要讨论的切比雪夫低通滤波器等。

6.4.1 巴特沃兹低通滤波器的幅频特性

巴特沃兹低通滤波器的幅频特性为

$$|H(\mathrm{j}\omega)| = \frac{1}{\sqrt{1 + \left(\dfrac{\omega}{\omega_c}\right)^{2n}}} \qquad (6\text{-}31)$$

式中：n 为滤波器的阶数，为整数；ω_c 为滤波器的截止频率。

图 6-17 是 n 取不同值时的巴特沃兹滤波器的幅频特性。由图6-17可以看出，巴特沃兹滤波器具有以下性质：

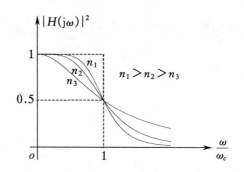

图 6-17　巴特沃兹低通滤波器的幅频特性

①幅值函数是单调减小的，因此，在 $\omega = 0$ 处具有最大值 $|H(\mathrm{j}\omega)| = 1$；

②在 $\omega = \omega_c$ 处，$|H(\mathrm{j}\omega_c)| = 0.707 = 0.707|H(\mathrm{j}0)|$，即 $|H(\mathrm{j}\omega_c)|$ 比 $|H(\mathrm{j}0)|$ 下降了 3dB；

③当 ω 趋于无穷时，幅值趋于零，$|H(\mathrm{j}\infty)| = 0$；

④当阶数 n 增加时，通带幅频特性变平，阻带幅频特性衰减得更快，过渡带更窄，整个幅频特性更趋于理想低通特性，但 $|H(\mathrm{j}\omega_c)| = 0.707|H(\mathrm{j}0)|$ 的关系并不随阶次的变化而改变；

⑤在 $\omega = 0$ 处最大程度地逼近理想低通特性，若阶数为 n，只有第 n 阶导数不为零，与其他形式的滤波器比较，其幅值最平坦。由于这个原因，巴特沃兹滤波器也称为最大平坦幅值滤波器。

6.4.2　巴特沃兹滤波器的衰减函数

为方便起见，常用衰减函数 α 描述滤波器的幅频特性，其定义如下：

$$\alpha = -20\lg|H(\mathrm{j}\omega)| \qquad (6\text{-}32)$$

α 的单位为 dB。不同阶次的巴特沃兹滤波器的衰减函数 $\alpha \sim \omega/\omega_c$ 如图 6-18 所示，其中图 (a) 为通带的衰减函数曲线，图 (b) 为阻带的衰减函数曲线。

由图 6-18 可见，n 阶巴特沃兹滤波器在高频处的衰减率为每 10

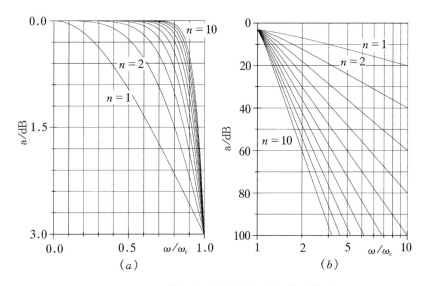

图 6-18　巴特沃兹滤波器的幅度衰减函数

倍频程约衰减 $20n\,\mathrm{dB}$。

另外,在实际滤波器设计时,对低通滤波器而言,通常按照通带内允许的最大衰减量 $\alpha_P(\mathrm{dB})$ 和阻带内要求的最小衰减量 $\alpha_S(\mathrm{dB})$ 设计滤波器,α_P 和 α_S 与通带边界频率 ω_P 和阻带边界频率 ω_S 之间的关系为

$$\left.\begin{array}{l}\alpha_P = -20\lg|H(\mathrm{j}\omega)|\,\big|_{\omega=\omega_P}\\[2mm]\alpha_S = -20\lg|H(\mathrm{j}\omega)|\,\big|_{\omega=\omega_S}\end{array}\right\} \tag{6-33}$$

如图 6-19 所示。

6.4.3　由频域指标 α_P,α_S 求所需巴特沃兹滤波器的阶数

滤波器的频域指标 α_P,α_S,代表着对滤波器性能的要求,α_P,α_S 要求越严格,满足此要求所需滤波器的阶数越高,实现电路就越复杂。由 (6-32) 可知

$$\alpha = -20\lg|H(\mathrm{j}\omega)| = -20\lg\left[\dfrac{1}{\sqrt{1+\left(\dfrac{\omega}{\omega_c}\right)^{2n}}}\right]$$

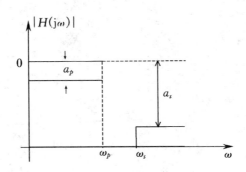

图 6-19　α_P, α_S 与 ω_P, ω_S 的关系

$$= -20\lg\left[1 + \left(\frac{\omega}{\omega_c}\right)^{2n}\right]^{-\frac{1}{2}}$$

$$= 10\lg\left[1 + \left(\frac{\omega}{\omega_c}\right)^{2n}\right]$$

当 $\omega = \omega_P$ 时，其衰减率为

$$\alpha_P = 10\lg\left[1 + \left(\frac{\omega_P}{\omega_c}\right)^{2n}\right] \tag{6-34}$$

当 $\omega = \omega_S$ 时，其衰减率为

$$\alpha_S = 10\lg\left[1 + \left(\frac{\omega_S}{\omega_c}\right)^{2n}\right] \tag{6-35}$$

设计低通滤波器时，通常取 $\omega_c = \omega_{3dB}$ 为通带边频，即 $\omega_c = \omega_P = \omega_{3dB}$，$\alpha_P = 3$ dB，ω_{3dB} 为幅值下降 3 dB 时，所对应的频率值。由式(6-35)可得

$$n = \frac{\lg\sqrt{10^{0.1\alpha_S} - 1}}{\lg\left(\frac{\omega_S}{\omega_c}\right)} \tag{6-36}$$

一般情况下，上式计算得到 n 为非整数，而 n 应当为整数，故取

$$n = \left[\frac{\lg\sqrt{10^{0.1\alpha_S} - 1}}{\lg\left(\frac{\omega_S}{\omega_c}\right)}\right] + 1 \tag{6-37}$$

6.4.4　巴特沃兹滤波器的传递函数与极点分布

现代滤波器的设计是基于对滤波器传递函数 $H(s)$ 的分析和综合,因此必须把实频域的幅值函数 $|H(j\omega)|$ 开拓为复频域的传递函数 $H(s)$。

根据复变函数理论

$$|H(j\omega)|^2 = H(j\omega)H^*(j\omega)$$

如果系统是稳定的,则其频响特性 $|H(j\omega)|$ 与其传递函数 $H(s)$ 有如下关系

$$H(j\omega) = H(s)\Big|_{s=j\omega}$$

如果 $H(s)$ 为有理分式,其 s 的各次幂的系数均为实数,则有

$$H^*(j\omega) = H(-j\omega)$$

综合上述三式,得

$$|H(j\omega)|^2 = H(s)H(-s)\big|_{s=j\omega} \qquad (6-38)$$

将式(6-31)代入(6-38),则有

$$|H(s)|^2 = \cfrac{1}{1 + \left(\cfrac{s}{j\omega_c}\right)^{2n}} \qquad (6-39)$$

为求出滤波器 $|H(s)|^2$ 的 $2n$ 个极点 s_k,令上式的分母多项式为零

$$1 + \left(\frac{s}{j\omega_c}\right)^{2n} = 0$$

即 $\qquad\qquad\qquad 1 + (-1)^n\left(\frac{s}{\omega_c}\right)^{2n} = 0 \qquad\qquad (6-40)$

要求出式(6-40)的 $2n$ 个根,需分两种情况考虑。

①当 n 为偶数时,式(6-40)可写成 $s^{2n} = -\omega_c^{2n}$,则

$$\begin{aligned}
s_k &= \omega_c e^{j\frac{2k-1}{2n}\pi} \\
&= \omega_c\left[\cos\left(\frac{2k-1}{2n}\pi\right) + j\sin\left(\frac{2k-1}{2n}\pi\right)\right] \\
&= \omega_c[\cos(\theta_k) + j\sin(\theta_k)] \qquad\qquad (6-41)
\end{aligned}$$

式中 $\theta_k = \dfrac{2k-1}{2n}\pi, k = 1,2,3\cdots2n$。由式(6-41)可求出,任意两个相邻

根相差的角度为

$$\Delta\theta_k = \theta_k - \theta_{k-1} = \frac{\pi}{2n}\big[(2k-1)-(2k-1)-1)\big]$$

$$= \frac{2\pi}{2n} = \frac{\pi}{n} = \text{const}$$

由 $\Delta\theta_k$ 可看出,方程式(6-40)当 n 为偶数时,其 $2n$ 个根在 s 平面上的位置是等间隔地分布在单位圆的圆周上,如图 6-20($n=4$)。

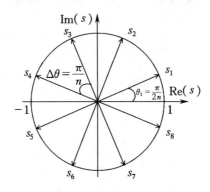

图 6-20　$n=4$ 时,
巴特沃兹滤波器的极点分布

②当 n 为奇数时,式(6-40)可写成 $s^{2n} = \omega_c^{2n}$

$$s_k = \omega_c e^{j\frac{k-1}{n}\pi}$$

$$= \omega_c\left[\cos\left(\frac{k-1}{n}\pi\right)+j\sin\left(\frac{k-1}{n}\pi\right)\right]$$

$$= \omega_c\big[\cos(\theta_k)+j\sin(\theta_k)\big] \tag{6-42}$$

式中 $\theta_k = \frac{k-1}{n}\pi, k=1,2,3\cdots2n$。任意相邻根差的角度为

$$\Delta\theta_k = \theta_k - \theta_{k-1} = \frac{\pi}{n}\big[(k-1)-(k-1)-1\big]$$

$$= \frac{\pi}{n} = \text{const}$$

因此,n 为奇数时,式(6-40)的根在 s 平面上也是等间隔地分布在单位圆的圆周上,如图 6-21($n=3$)。

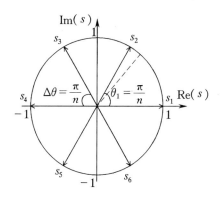

图 6-21　$n=3$ 时,
巴特沃兹滤波器的极点分布

　　由于实际所需要的滤波器应该是一个稳定的系统,由控制理论可知,$|H(s)|^2$ 的极点必须在 s 平面的左半部。由于 s 平面左半部的极点对应 $H(s)$ 的极点,而对称分布的右半 s 平面的极点对应 $H(-s)$ 的极点,所以,不难求出稳定系统的巴特沃兹滤波器的传递函数。例如,当 $n=2$ 时,由 s 左半平面的极点构成的 $H(s)$ 为

$$H(s)=\frac{K}{(s-\omega_c e^{j3\pi/4})(s-\omega_c e^{-j3\pi/4})}$$

系数 K 由 $H(s)|_{s=0}=1$ 确定为

$$K=\omega_c^2$$

因此二阶巴特沃兹滤波器系统的传递函数为

$$H(s)=\frac{\omega_c^2}{s^2+\sqrt{2}\omega_c s+\omega_c^2} \tag{6-43}$$

　　用上述方法可以求出各阶巴特沃兹低通滤波器的传递函数 $H(s)$,它们的分母多项式称为巴特沃兹多项式。由于对不同的截止频率 ω_c,所得到的同一阶次巴特沃兹传递函数也有所不同,为分析方便,并使滤波器的设计更具有通用性,需将频率进行归一化处理。一般选择截止频率 ω_c 作为一个参考频率,则 ω/ω_c 称为归一化频率,并记为 Ω。显然,采用归一化频率后,截止频率 $\Omega_C=\dfrac{\omega_c}{\omega_c}=1$。

将式(6-43)分子分母同除以 ω_c^2，并把 s/ω_c 重记为 s，则归一化后的二阶巴特沃兹滤波器的传递函数为

$$H(s) = \frac{1}{s^2 + \sqrt{2}s + 1} \qquad (6\text{-}44)$$

表 6-1 列出了各阶归一化频率的巴特沃兹多项式。

表 6-1　归一化频率的各阶巴特沃兹多项式

n	巴特沃兹多项式
1	$s+1$
2	$s^2 + \sqrt{2}s + 1$
3	$s^3 + 2s^2 + 2s + 1$
4	$s^4 + 2.613s^3 + 3.414s^2 + 2.613s + 1$
5	$s^5 + 3.236s^4 + 5.236s^3 + 5.236s^2 + 3.236s + 1$
6	$s^6 + 3.864s^5 + 7.464s^4 + 9.141s^3 + 7.464s^2 + 3.864s + 1$
7	$s^7 + 4.494s^6 + 10.103s^5 + 14.606s^4 + 14.606s^3 + 10.103s^2 + 4.464s + 1$
8	$s^8 + 5.126s^7 + 13.137s^6 + 21.846s^5 + 25.688s^4 + 21.846s^3 + 13.137s^2 + 5.126s + 1$
9	$s^9 + 5.759s^8 + 16.582s^7 + 31.163s^6 + 41.986s^5 + 41.986s^4 + 31.163s^3 + 16.582s^2 + 5.759s + 1$

例 6-1　求三阶巴特沃兹低通滤波器的传递函数。

解　$n=3$ 为奇数，故用式(6-42)计算各极点值为

$$\theta_k = \frac{k-1}{n}\pi, k = 1,2,3,4,5,6$$

$$\theta_1 = 0, \theta_2 = \frac{\pi}{3}, \theta_3 = \frac{2\pi}{3}$$

$$\theta_4 = \pi, \theta_5 = \frac{4\pi}{3}, \theta_6 = \frac{5\pi}{3}$$

各极点在 s 平面的分布如图 6-21。

对于传递函数 $H(s)$，应取左半平面的极点，故有

$$H(s) = \frac{1}{(s+1)\left[s - \left(-\frac{1}{2} + \mathrm{j}\frac{\sqrt{3}}{2}\right)\right]\left[s - \left(-\frac{1}{2} - \mathrm{j}\frac{\sqrt{3}}{2}\right)\right]}$$

$$= \frac{1}{(s+1)(s^2 + s + 1)}$$

$$= \frac{1}{s^3 + 2s^2 + 2s + 1}$$

例 6-2　若巴特沃兹低通滤波器的频域指标为:当 $\omega_1 = 2$ rad/s 时,其衰减不大于 3 dB;当 $\omega_2 = 6$ rad/s 时,其衰减不小于 30 dB。求此滤波器的传递函数 $H(s)$。

解　令 $\omega_c = \omega_1 = \omega_P = \omega_{3\,dB} = 2$ rad/s,则其归一化频域指标可写为

$$\Omega_c = \frac{\omega_P}{\omega_c} = 1, \alpha_P = 3 \text{ dB}$$

$$\Omega_S = \frac{\omega_2}{\omega_c} = 3, \alpha_S = 30 \text{ dB}$$

由式(6-36)可得

$$n = \frac{\lg \sqrt{10^{0.1\alpha_S} - 1}}{\lg \dfrac{\omega_S}{\omega_c}} = \frac{\lg \sqrt{10^3 - 1}}{\lg 3} \approx 3.134$$

取 $n = 4$,由表 6-1 可查得此滤波器的归一化传递函数为

$$H(s) = \frac{1}{s^4 + 2.613s^3 + 3.414s^2 + 2.613s + 1}$$

通过反归一化,即将 s 换为 $\dfrac{s}{\omega_c}$,可求出实际滤波器的传递函数为

$$H(s) = \frac{1}{\left(\dfrac{s}{\omega_c}\right)^4 + 2.613\left(\dfrac{s}{\omega_c}\right)^3 + 3.414\left(\dfrac{s}{\omega_c}\right)^2 + 2.613\left(\dfrac{s}{\omega_c}\right) + 1}$$

$$= \frac{1}{\left(\dfrac{s}{2}\right)^4 + 2.613\left(\dfrac{s}{2}\right)^3 + 3.414\left(\dfrac{s}{2}\right)^2 + 2.613\left(\dfrac{s}{2}\right) + 1}$$

$$= \frac{16}{s^4 + 5.226s^3 + 13.656s^2 + 20.904s + 16}$$

第 5 节　切比雪夫滤波器

巴特沃兹滤波器的优点是滤波特性简单容易掌握,它的幅频特性随 ω 的增加而单调下降。当 n 较小时,阻带幅频特性下降较慢,与理

想滤波器的特性相差较远。若要求阻带特性下降迅速,则需增加滤波器的阶数,实现起来,相应的滤波器所用元器件数量增多,线路也趋于复杂。下面介绍的切比雪夫滤波器的阻带衰减特性则较巴特沃兹滤波器有所改善。

6.5.1 切比雪夫多项式

切比雪夫多项式 $T_n(\omega)$ 定义为

$$T_n(\omega) = \begin{cases} \cos(n\arccos\omega) & |\omega| \leqslant 1 \\ \mathrm{ch}(n\,\mathrm{arcch}\omega) & |\omega| > 1 \end{cases} \qquad (6\text{-}45)$$

若记 $x = \arccos\omega$,则可得,$|\omega| \leqslant 1$ 时,$T_n(\omega)$ 的各阶多项式为

$$\left. \begin{aligned} T_0(\omega) &= 1 \\ T_1(\omega) &= \cos x = \omega \\ T_2(\omega) &= \cos 2x = 2\cos^2 x - 1 = 2\omega^2 - 1 \\ T_3(\omega) &= \cos 3x = 4\omega^3 - 3\omega \\ T_4(\omega) &= \cos 4x = 8\omega^4 - 8\omega^3 + 1 \\ &\cdots\cdots\cdots\cdots\cdots\cdots\cdots \\ T_n(\omega) &= \cos nx = 2\omega T_{n-1}(\omega) - T_{n-2}(\omega) \end{aligned} \right\} \qquad (6\text{-}46)$$

表 6-2 列出了 n 为 $0\sim 8$ 时的切比雪夫多项式。实际上,不难证明表 6-2 同样适用 $|\omega| > 1$ 时的切比雪夫多项式 6-45。

表 6-2 切比雪夫多项式

n	$T_n(\omega)$
0	1
1	ω
2	$2\omega^2 - 1$
3	$4\omega^3 - 3\omega$
4	$8\omega^4 - 8\omega^2 + 1$
5	$16\omega^5 - 20\omega^3 + 5\omega$
6	$32\omega^6 - 48\omega^4 + 18\omega^2 - 1$
7	$64\omega^7 - 112\omega^5 + 56\omega^3 - 7\omega$
8	$128\omega^8 - 256\omega^6 + 160\omega^4 - 32\omega^2 + 1$

图 6-22 画出了当 ω 大于 0，$n=2,3,4,5$ 时的切比雪夫多项式曲线。由式(6-45)和图(6-22)不难发现切比雪夫多项式具有如下特点：

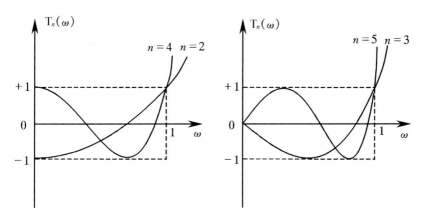

图 6-22　$n=2,3,4,5$ 时 $T_n(\omega)$ 特性($\omega \geqslant 0$ 部分)

①在 $|\omega| \leqslant 1$ 内，$T_n(\omega)$ 在 ± 1 之间作等幅波动，波动幅度为 1；

②当 $\omega = 1$ 时，$T_n(\omega) = T_n(1) = 1$；

③当 $\omega = 0$ 时，若 n 为奇数，则有 $T_n(\omega) = 0$，若 n 为偶数，则 $|T_n(\omega)| = 1$；

④$|\omega| > 1$ 时，$T_n(\omega)$ 随着 ω 的增大而单调增加，n 愈大，$T_n(\omega)$ 增加愈迅速；

⑤切比雪夫多项式的最高幂项 ω^n 的系数为 2^{n-1}；

⑥切比雪夫多项式在 $0 \leqslant \omega \leqslant 1$ 区间有 m 个零点：

$$\omega_i = \cos \frac{(2i-1)\pi}{2n} \qquad i = 1,2,\cdots\cdots m \qquad (6\text{-}47)$$

式中
$$m = \begin{cases} n/2 & (n \text{ 为偶数}) \\ (n+1)/2 & (n \text{ 为奇数}) \end{cases}$$

6.5.2　切比雪夫滤波器的幅频特性

利用 $T_n(\omega)$ 构成切比雪夫滤波器的幅频特性为

$$|H(j\omega)| = \sqrt{\frac{1}{1 + \varepsilon^2 T_n^2\left(\dfrac{\omega}{\omega_c}\right)}} \qquad (6\text{-}48)$$

式中,ε 为通带波动系数,它决定通带起伏的大小,ω_c 为通带截止频率。图 6-23 画出 n 分别为 4,5 时 $|H(j\omega)|$ 的特性曲线。由式(6-48)和图 6-23 可见,$|H(j\omega)|$ 具有以下特点:

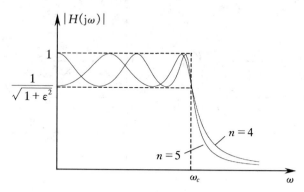

图 6-23　切比雪夫滤波器的幅频特性

①当 $0 \leqslant \omega \leqslant \omega_c$ 时,$|H(j\omega)|$ 在 1 与 $1/\sqrt{1+\varepsilon^2}$ 之间等幅波动,ε 愈小,则波动幅度愈小;

②当 $\omega = 0$ 时,若 n 为奇数,则 $|H(j\omega)| = 1$;若 n 为偶数,则 $|H(j\omega)| = 1/\sqrt{1+\varepsilon^2}$;

③无论 n 为何值,当 $\omega = \omega_c$ 时,$|H(j\omega)|$ 都为 $1/\sqrt{1+\varepsilon^2}$;

④当 $\omega > \omega_c$ 时,曲线单调下降,n 值愈大,ε 愈大,则曲线下降愈快。

6.5.3　切比雪夫滤波器的衰减函数

切比雪夫滤波器的衰减函数为

$$\alpha = -20\lg|H(j\omega)|$$
$$= 10\lg\left(1 + \varepsilon^2 T_n^2\left(\frac{\omega}{\omega_c}\right)\right) \tag{6-49}$$

由式(6-49)可知,切比雪夫滤波器的衰减函数与巴特沃兹滤波器的衰减函数有所不同,切比雪夫滤波器的衰减函数不仅与阶数 n 有关,而且与波动系数 ε 有关。图 6-24(a),(b),(c)分别画出了通带起伏波动系数 ε 分别为 0.5 dB,1 dB 和 3 dB 时,切比雪夫低通滤波器阻带衰减特性。

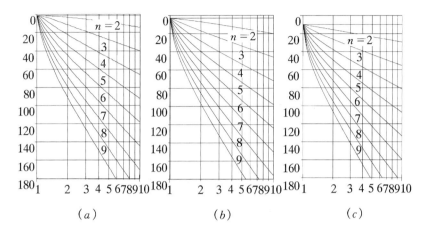

图 6-24　切比雪夫低能滤波器阻带衰减特性
波动系数(a)0.5 dB,(b)1 dB,(c)3 dB

6.5.4　阶数的确定

由滤波器的通带截止频率 ω_c 及通带内允许的最大衰减 α_{max} 和阻带截止频率 ω_S 及阻带内允许的最小衰减 α_{max},就可以确定滤波器所需的阶数 n。

由式(6-49)和式(6-45)可知

$$\alpha_{max} = \alpha \Big|_{\omega = \omega_c} = 10\lg(1 + \varepsilon^2) \qquad (6-50)$$

$$\alpha_{min} = \alpha \Big|_{\omega = \omega_S} = 10\lg\left(1 + \varepsilon^2 \text{ch}^2\left(n\,\text{arch}\left(\frac{\omega_c}{\omega_S}\right)\right)\right) \qquad (6-51)$$

解(6-50)和(6-51)可得

$$n = \frac{\text{arch}\left[\sqrt{(10^{0.1\alpha_{min}} - 1)/(10^{0.1\alpha_{max}} - 1)}\,\right]}{\text{arch}\left(\dfrac{\omega_S}{\omega_c}\right)} \qquad (6-52)$$

式(6-52)右端不是整数,记作 μ_1 取

$$n = [\mu] + 1 \qquad (6-53)$$

6.5.5 切比雪夫滤波器的传递函数与极点分布

由切比雪夫滤波器的幅频特性得

$$|H(j\omega)| = H(j\omega)H(-j\omega)$$

$$= \frac{1}{1 + \varepsilon^2 T_n^2\left(\dfrac{\omega}{\omega_c}\right)}$$

令上式中 $j\omega = s$，则得

$$H(s)H(-s) = \frac{1}{1 + \varepsilon^2 T_n^2\left(\dfrac{s}{j\omega_c}\right)}$$

为分析方便，将 s/ω_c 仍记为 s，即归一化处理，则上式可改写为

$$H(s)H(-s) = \frac{1}{1 + \varepsilon^2 T_n^2\left(\dfrac{s}{j}\right)}$$

若上式的极点为 $s_k = \sigma_k + j\omega_k$，经推导容易得出

$$\sigma_k = \sin\left(\frac{2^{k-1}}{n}\frac{\pi}{2}\right)\text{sh}\left(\frac{1}{n}\text{arch}\frac{1}{\varepsilon}\right) \tag{6-54}$$

$$\omega_k = \cos\left(\frac{2^{k-1}}{n}\frac{\pi}{2}\right)\text{ch}\left(\frac{1}{n}\text{arch}\frac{1}{\varepsilon}\right) \tag{6-55}$$

式中 $k = 1,2,3\cdots,2n$。若令

$$\left.\begin{aligned}a &= \text{sh}\left(\frac{1}{n}\text{arch}\frac{1}{\varepsilon}\right)\\ b &= \text{ch}\left(\frac{1}{n}\text{arch}\frac{1}{\varepsilon}\right)\end{aligned}\right\} \tag{6-56}$$

将式(6-54)和式(6-56)两边分别除以 a，b，再平方相加，得

$$\frac{\sigma_k^2}{a^2} + \frac{\omega_c^2}{b^2} = 1$$

显然，这是一个在 s 平面上的椭圆方程，它的短轴和长轴分别位于 s 平面的实轴和虚轴上。$H(s)$ 的极点分布在椭圆的圆周上。

在给定 ε 与 n 后，则可由式(6-54)和式(6-55)求出极点 s_k，取在 s 左半平面的极点做为 $H(s)$ 的极点，可推出 $H(s)$ 的表达式。例如，当 $\varepsilon = 0.5$，$n = 3$ 时，求得

$$a = \mathrm{sh}\left(\frac{1}{3}\,\mathrm{arsh}\,\frac{1}{0.5}\right) = 0.494$$

$$b = \mathrm{ch}\left(\frac{1}{3}\,\mathrm{arsh}\,\frac{1}{0.5}\right) = 1.116$$

将上述结果代入式(6-54)和(6-55),求出 $|H(s)|^2$ 的 6 个极点为

$$s_1 = 0.247 - \mathrm{j}0.966 \qquad s_4 = -0.247 - \mathrm{j}0.966$$

$$s_2 = 0.494 \qquad\qquad s_5 = -0.494$$

$$s_3 = 0.247 + \mathrm{j}0.966 \qquad s_6 = -0.247 + \mathrm{j}0.966$$

其中,s_4,s_5 和 s_6 位于左半 s 平面,是 $H(s)$ 的极点,所以求出其传递函数为

$$H(s) = \frac{1}{(s - s_4)(s - s_5)(s - s_6)}$$

$$= \frac{1}{s^3 + 0.988s^2 + 1.238s + 0.491}$$

表 6-3 给出了通带波纹为 0.5 dB,1 dB 和 3 dB 时,不同阶次切比雪夫滤波器归一化的 $H(s)$ 分母多项式 $D(s)$ 的各系数,$D(s) = s^n + b^{n-1} s^{n-1} + \cdots\cdots + b_1 s + b_0$

表 6-3　切比雪夫低通滤波器归一化 $H(s)$ 分母多项式 $D(s)$

(1)通带波纹 0.5 dB($\varepsilon = 0.34931$)

n	b_0	b_1	b_2	b_3	b_4	b_5	b_6	b_7	b_8
1	2.86278								
2	1.51620	1.24562							
3	0.71569	1.53490	1.25291						
4	0.37905	1.02546	1.71687	1.19739					
5	0.17892	0.75252	1.30957	1.93737	1.17249				
6	0.09476	0.43237	1.17186	1.58976	2.17184	1.15918			
7	0.04473	0.28207	0.75565	1.64790	1.86941	2.41265	1.15122		
8	0.02369	0.15254	0.57356	1.14859	2.18402	2.14922	2.65675	1.14608	
9	0.01118	0.09412	0.34082	0.98362	1.61139	2.78150	2.42933	2.90273	1.14257

(2)通带波纹 1 dB($\varepsilon = 0.50835$)

N	b_0	b_1	b_2	b_3	b_4	b_5	b_6	b_7	b_8
1	1.91523								
2	1.10251	1.09773							
3	0.49131	1.23841	0.98834						
4	0.27563	0.74262	1.45392	0.95281					
5	0.12283	0.58053	0.97440	1.68882	0.93682				
6	0.06891	0.30708	0.93935	1.20214	1.93082	0.92825			
7	0.03071	0.21367	0.54862	1.35754	1.42879	2.17608	0.92312		
8	0.01723	0.10734	0.44783	0.84682	1.83690	1.65516	2.42303	0.91981	
9	0.00768	0.07060	0.24419	0.78631	1.20161	2.37812	1.88148	2.67095	0.91755

(3)通带波纹 3 dB($\varepsilon = 0.99763$)

n	B_0	b_1	b_2	b_3	b_4	b_5	b_6	b_7	b_8
1	1.00238								
2	0.70795	0.64490							
3	0.25059	0.92835	0.59724						
4	0.17699	0.40477	1.16912	0.58158					
5	0.06265	0.40797	0.54894	1.41503	0.57450				
6	0.04425	0.16343	0.69910	0.69061	1.66285	0.57070			
7	0.01566	0.14615	0.30002	1.05184	0.83144	1.91155	0.56842		
8	0.01106	0.05648	0.32076	0.47190	1.46670	0.97195	2.16071	0.56695	
9	0.00392	0.04759	0.13139	0.58351	0.67893	1.94386	1.11232	2.41014	0.56594

习　　题

6-1　已知电路如题图 6-1 所示,电感中初始电流为零,若输入 $x(t) = E\sin\omega t$,求电路的输出 $y(t)$ 及其幅频和相频响应,并给出特性曲线。

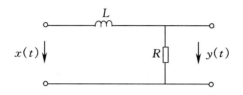

题图 6-1

6-2 理想高通滤波器的幅频特性如题图 6-2,求该滤波器的冲激响应。

6-3 试求二阶巴特沃兹低通滤波器的冲激响应($\omega_P = 1\,000$ Hz),并画出波形图。

6-4 若巴特沃兹低通滤波器的频域指标为:当 $\omega_1 = 1\,000$ rad/s 时,衰减不大于 3 dB,当 $\omega_2 = 5\,000$ rad/s 时衰减至小为 40 dB,求此滤波器的传递函数 $H(s)$。

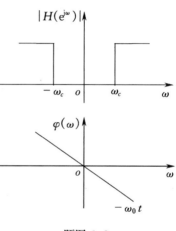

题图 6-2

6-5 (1)一个二阶巴特沃兹滤波器和一个二阶切比雪夫滤波器都满足通带衰减 $\alpha_P \leqslant 3$ dB,阻带衰减 $\alpha_S \leqslant 15$ dB,若通带频率相同,试比较两个滤波器的阻带边界频率 ω_S。

(2)若给定 $f_P = 1.5$ MHz, $\alpha_P \leqslant 3$ dB, $f_S = 1.7$ MHz, $\alpha_S \geqslant 60$ dB。试比较巴特沃兹近似与切比雪夫近似的最低阶次 n。

第 7 章　　数字滤波器

与处理连续时间信号的模拟滤波器相对应,在处理离散时间信号时,广泛地应用数字滤波器。数字滤波器是利用离散系统的特性,采用数字信号的处理方法,对输入信号的波形或频谱进行加工处理,或者说对输入信号进行变换,使其转换成预期的输出信号。由于数字信号处理方法的实现手段较多,既可以用硬件设备实现,也可以在计算机上用软件完成,因此数字滤波器更灵活、方便,而且可靠性较高。

第 1 节　数字滤波器的基本概念

7.1.1　数字滤波器的差分方程和传递函数

数字滤波器是一离散系统,设输入序列为 $x(n)$,输出序列为 $y(n)$,则对于线性非时移离散系统,可用以下差分方程表示

$$y(n) + \sum_{k=1}^{N} b_k y(n-k) = \sum_{k=0}^{M} a_k x(n-k) \tag{7-1}$$

对上式两边进行 Z 变换可得到滤波器的传递函数为

$$H(z) = \frac{Y(z)}{X(z)} = \frac{a_0 + a_1 z^{-1} + a_2 z^{-2} + \cdots\cdots + a_M z^{-M}}{1 + b_1 z^{-1} + b_2 z^{-2} + \cdots\cdots + b_N z^{-N}}$$

$$= \frac{\sum_{i=0}^{M} a_i z^{-i}}{1 + \sum_{i=1}^{N} b_i z^{-i}} \tag{7-2}$$

7.1.2　数字滤波器的基本结构

由式 7-1 可知,要实现一个数字滤波器,需要知道输入、输出序列的过去值,并将这些过去值加以延迟或存贮;同时还需要将这些存贮的

值与一些系数相乘并将得到的乘积相加。因此数字滤波器应该由以下
三种具有运算功能的基本单元组成。

　①用于存贮输入、输出过去值的延迟单元。

　②提供所需标量因子(或权系数)的乘法单元。

　③将各值相加在一起的加法单元。

7.1.3　数字滤波器的分类

　　数字滤波器的分类方法有很多,若按照其频率响应的通常特性,可
分为低通、高通、带通和带阻滤波器;若按照对确定信号和随机信号的
数字处理来说,可分为卷积滤波器和相关滤波器;若根据其冲激响应的
时间特性,可分为无限冲激响应(IIR)数字滤波器和有限冲激响应
(FIR)数字滤波器;若根据数字滤波器的构成方式,可分为递归型数字
滤波器,非递归型数字滤波器以及用快速傅里叶变换实现的数字滤波
器。下面将介绍几种常用的数字滤波器的结构形式。

7.1.3.1　递归型和非递归型数字滤波器

(1) 递归型数字滤波器

　　递归型数字滤波器的特点是其输出值 $y(n)$ 不但取决于输入值
(包括即时输入和过去输入)$x(n),x(n-1),x(n-2)$ 等,而且还取决
于以前的输出值 $y(n-1),y(n-2)$ 等,所以递归型数字滤波器的差分
方程可以写成

$$y(n) = \sum_{k=0}^{M} a_k x(n-k) - \sum_{k=1}^{N} b_k y(n-k) \qquad (7-3)$$

(2) 非递归型数字滤波器

　　非递归型数字滤波器的特点是其输出值仅与输入值(包括即时输
入和过去输入)$x(n),x(n-1),x(n-2)$ 等有关,而与以前的输出值
无关,所以非递归型数字滤波器的差分方程可以写成

$$y(n) = \sum_{k=0}^{M} a_k x(n-k) \qquad (7-4)$$

7.1.3.2　有限冲激响应和无限冲激响应滤波器

(1) 有限冲激响应滤波器(FIR 滤波器)

　　有限冲激响应滤波器一般都写成 FIR 滤波器,它是英文"Finite

Impulse Response Filter"的简称,这种滤波器的冲激响应可以用有限项的序列表示。最简单的 FIR 滤波器是一个非递归型的一阶滤波器,其差分方程为

$$y(n) = x(n) + a_1 x(n-1)$$

若输入是一个单位采样序列 $x(n) = \{1,0,0,\cdots\cdots\}$,则滤波器的输出为

$$y(0) = 1, y(1) = a_1, y(2) = 0, y(3) = 0, \cdots\cdots$$

因此其冲激响应为

$$h(n) = \{1, a_1, 0, 0, \cdots\cdots\} \tag{7-5}$$

由上式看出,此滤波器的冲激响应序列 $h(n)$ 的第二项以后各项均为零,故它的冲激响应可用一个有限项的序列表示。

(2) 无限冲激响应滤波器(IIR 滤波器)

无限冲激响应滤波器一般写为 IIR 滤波器,它是英文"Infinite Impulse Response Filter"的简称,这种滤波器的冲激响应只能用无限多项的序列表示。最简单的 IIR 滤波器是一个递归型一阶滤波器,其差分方程为

$$y(n) = x(n) - b_1 y(n-1)$$

若输入是一个单位冲激序列 $x(n) = \{1,0,0,\cdots\cdots\}$,则滤波器的输出为

$$y(0) = 1, y(1) = -b_1, y(2) = b_1^2, y(3) = -b_1^3, \cdots\cdots, y(k) = (-1)^k b_1^k, \cdots\cdots$$

其冲激响应为

$$h(n) = \{1, -b_1, b_1^2, -b_1^3, \cdots\cdots, (-1)^k b_1^k, \cdots\cdots\} \tag{7-6}$$

因此,IIR 滤波器的冲激响应具有无限多项。

7.1.3.3　低通、高通、带通和带阻数字滤波器

对于起选频作用的数字滤波器,可按频率响应 $H(e^{j\omega})$ 的通带特性将其划分为低通、高通、带通、和带阻滤波器。这四种类型滤波器的理想幅频特性如图 7-1。

由图 7-1 可见,数字滤波器的频率响应是 ω 的周期函数,幅频特性 $|H(e^{j\omega})|$ 是周期性的偶函数。所谓低通、高通、带通和带阻都是指 ω

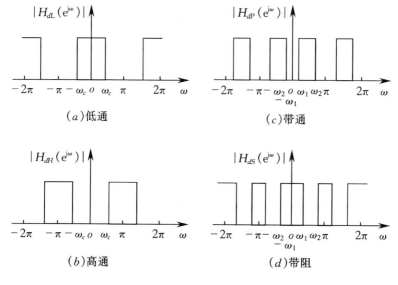

图 7-1　数字滤波器的理想幅频特性

从 0 到 π 一段的幅频特性而言的。例如,描写某一离散时间系统的差分方程为

$$y(n) = \frac{x(n) - x(n-1)}{2}$$

即输出是输入序列相邻两点差值的平均。此系统的传递函数为

$$H(z) = \frac{1 - z^{-1}}{2}$$

其频率响应为

$$H(\mathrm{e}^{\mathrm{j}\omega}) = \frac{1 - \mathrm{e}^{-\mathrm{j}\omega}}{2} = \mathrm{j}\mathrm{e}^{-\mathrm{j}\omega/2}\sin\frac{\omega}{2}$$

$$(7-7)$$

其幅频特性如图 7-2,由图 7-2 可见,此系统是一高通滤波器。

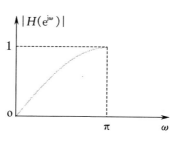

图 7-2　式(7-7)所示系统的幅频特性

7.1.4　连续时间信号的数字滤波器处理

与模拟滤波器比较,数字滤波器具有精度高,可靠性强,而且处理

方法灵活、方便等优点。因此在很多情况下,采用数字滤波器处理连续时间信号,其实现方法如图 7-3。连续时间信号 $x(t)$ 通过模拟-数字转换器(即 A-D 转换器)的采样与量化后,变为离散时间序列,经数字滤波器滤波,再经过数字-模拟转换器(即 D-A 转换器)得到所需要的连续时间信号。

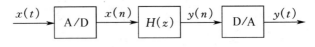

图 7-3　　处理连续时间信号的系统

第 2 节　　IIR 数字滤波器的设计

无限冲激响应(IIR)数字滤波器的设计一般是采用从模拟滤波器的传递函数 $H(s)$ 求相应的数字滤波器的传递函数 $H(z)$。具体来讲,就是根据给定指标的要求,先确定一个满足该指标的模拟滤波器的传递函数 $H(s)$,然后再寻找一种变换关系,把 s 平面映射到 z 平面,使模拟系统的传递函数 $H(s)$ 变换成所需的数字滤波器的传递函数 $H(z)$。这种由复变量 s 到复变量 z 之间的映射关系,必须满足两个基本要求:第一,$H(z)$ 的频率响应要能模仿 $H(s)$ 的频率响应,即 s 平面的虚轴 $j\omega$ 必须映射到 z 平面的单位圆 $e^{j\omega}$ 的圆周上;第二,由映射关系得到的 $H(z)$ 仍应保持 $H(s)$ 的因果稳定性,即 s 平面的左半平面应该映射到 z 平面的单位圆以内。

IIR 数字滤波器的具体设计方法有很多,如冲激响应不变法、阶跃响应不变法、匹配 Z 变换法、双线性变换法及微分映射法等。其中最常用的两种方法是冲激响应不变法和双线性变换法。

7.2.1　冲激响应不变法

冲激响应不变法是根据设计要求确定出模拟滤波器的 $H(s)$,经过拉普拉斯反变换求出冲激响应,再由冲激响应不变的原则,经采样得到 $h(n)$,作 $h(n)$ 的 Z 变换,最后求出数字滤波器的 $H(z)$。其中冲激响应不变是使离散时间的数字滤波器的冲激响应 $h(n)$ 与其参考的

模拟滤波器的冲激响应 $h(t)$ 在采样点完全一样(或成比例),即

$$h(n) = h(t)\Big|_{t=nT} \qquad (7\text{-}8)$$

式中, T 为对模拟滤波器的采样周期,两者的图形如图 7-4。

现以一个最简单的一阶滤波器为例,说明此法的一般设计方法。

设一阶滤波器的传递函数为

$$H(s) = \frac{K}{s+s_1} \qquad (7\text{-}9)$$

对 $H(s)$ 取拉普拉斯反变换,得到其冲激响应为

$$h(t) = K\mathrm{e}^{-s_1 t}\mathrm{u}(t)$$

对应采样后的冲激响应

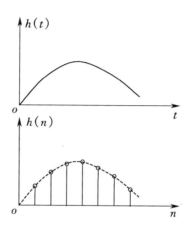

图 7-4 对模拟信号的采样

$$h(n) = h(t)\Big|_{t=nT} = K\mathrm{e}^{-s_1 nT}\cdot\mathrm{u}(n) = K(\mathrm{e}^{-s_1 T})^n\cdot\mathrm{u}(n) \qquad (7\text{-}10)$$

将上式进行 Z 变换,得

$$H(z) = \frac{K}{1-\mathrm{e}^{-s_1 T}z^{-1}} \qquad (7\text{-}11)$$

对于高阶滤波器也是一样,只需将高阶滤波器的传递函数 $H(s)$ 展成部分分式的形式

$$H(s) = \sum_{i=1}^{N} \frac{K_i}{s+s_i} \qquad (7\text{-}12)$$

即可得出其对应的数字滤波器的传递函数

$$H(z) = \sum_{i=1}^{N} \frac{K_i}{1-\mathrm{e}^{-s_i T}z^{-1}} \qquad (7\text{-}13)$$

比较式(7-12)和(7-13)可看出,只需将式(7-12)的 $H(s)$ 直接对应成式(7-13)的 $H(z)$ 的形式,即可直接得出数字滤波器的传递函数 $H(z)$。

由离散时间傅里叶变换(DTFT)可知,离散时间系统的频率响应

$H(e^{j\omega})$是其单位样值响应 $h(n)$ 的 DTFT,再由 DTFT 与傅里叶变换的关系可容易推知,$H(e^{j\omega})$ 与 $H(j\omega)(h(t)$的傅里叶变换)有如下关系

$$H(e^{j\omega}) = \frac{1}{T}\sum_{n=-\infty}^{+\infty} H(j\omega + jn\omega_S)$$

式中,$H(e^{j\omega})$是 ω 的周期函数,其周期为 $\omega_S(=2\pi/T)$。故若模拟滤波器的 $h(t)$ 是频带受限信号(在$|\omega|>\omega_c/2$ 时,$H(j\omega)=0$),则数字滤波器在$|\omega|<\omega_c/2$ 范围内,$H(e^{j\omega})$ 可以不失真地重现模拟滤波器的频响特性。然而,可以实现的模拟滤波器的 $H(j\omega)$ 都是非带限的,因此不可避免地造成了 $H(e^{j\omega})$ 的混叠,如图 7-5。这种频谱的混叠,必然会引起频率响应的失真。另外,由于冲激响应不变法只适用于限带滤波器,对高通和带阻滤波器,其通带为无穷大,因此,此方法不适用于高通和带阻滤波器的设计。

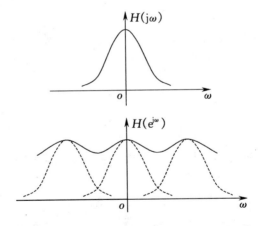

图 7-5   冲激响应不变法中频率响应的混叠现象

例 7-1   设模拟滤波器的传递函数为

$$H(s) = \frac{2s}{s^2 + 3s + 2}$$

用冲激响应不变法求相应的数字滤波器的传递函数 $H(z)$。

解

$$H(s) = \frac{2s}{s^2 + 3s + 2} = \frac{2s}{(s+1)(s+2)}$$

$$= \frac{A_1}{s+1} + \frac{A_2}{s+2}$$

而且

$$A_1 = \frac{2s}{s+2}\bigg|_{s=-1} = -2$$

$$A_2 = \frac{2s}{s+1}\bigg|_{s=-2} = 4$$

因此

$$H(s) = \frac{-2}{s+1} + \frac{4}{s+2}$$

根据式(7-10),将 $H(s)$ 由 s 平面映射到 z 平面后得

$$H(z) = \frac{-2}{1 - e^{-T} \cdot z^{-1}} + \frac{4}{1 - e^{-2T} \cdot z^{-1}}$$

$$= \frac{2 + (2e^{-2T} - 4e^{-T})z^{-1}}{1 - (e^{-T} + e^{-2T})z^{-1} + e^{-3T}z^{-2}}$$

若采样周期 $T = 0.1$ s,则有

$$e^{-0.1} = 0.9048, e^{-0.2} = 0.8187, e^{-0.3} = 0.7408$$

代入 $H(z)$ 后,得到

$$H(z) = \frac{2 - 1.982z^{-1}}{1 - 1.723z^{-1} + 0.7408z^{-2}}$$

7.2.2 双线性变换法

冲激响应不变法造成数字滤波器频率响应特性的混叠,其原因在于 $H(z)$ 是从 $H(s)$ 通过 $z = e^{sT}$ 的映射关系得到的,这种从 s 平面到 z 平面的映射关系不是一一对应的。因此,为了消除这种不希望的混叠现象,必须找出一种频率特性有一一对应的变换关系,双线性变换法就是其中的一种。在双线性变换中,s 域与 z 域的变换关系为

$$s = \frac{2}{T} \cdot \frac{1 - z^{-1}}{1 + z^{-1}} \tag{7-14}$$

或

$$z = \frac{1 + \dfrac{sT}{2}}{1 - \dfrac{sT}{2}} \tag{7-15}$$

式中 T 为采样周期。当 $s = j\omega$ 时,

$$z = \frac{1 + \dfrac{\mathrm{j}\omega T}{2}}{1 - \dfrac{\mathrm{j}\omega T}{2}} = \mathrm{e}^{\mathrm{j}\theta} \tag{7-16}$$

式中

$$\theta = 2\arctan\left(\frac{\omega T}{2}\right) \tag{7-17}$$

由式(7-16)知,s 平面的 $\mathrm{j}\omega$ 轴映射到 z 平面的单位圆周上,故满足频率响应条件。当 $s = \sigma + \mathrm{j}\omega$ 时,则

$$z = \frac{1 + \dfrac{T}{2}(\sigma + \mathrm{j}\omega)}{1 - \dfrac{T}{2}(\sigma + \mathrm{j}\omega)} = \frac{\left(1 + \dfrac{\sigma T}{2}\right) + \mathrm{j}\,\dfrac{\omega T}{2}}{\left(1 - \dfrac{\sigma T}{2}\right) - \mathrm{j}\,\dfrac{\omega T}{2}} \tag{7-18}$$

当 $\sigma < 0$ 时,$\left(1 - \dfrac{\sigma T}{2}\right) > \left(1 + \dfrac{\sigma T}{2}\right)$,故有 $|z| < 1$,因此 s 平面的左半平面映射到 z 平面的单位圆内,故满足系统稳定性条件。

图 7-6 给出了从 s 平面到 z 平面的映射关系。由图可见,整个 s 左半平面映射到 z 平面的单位圆内,s 平面的虚轴 $\mathrm{j}\omega$ 映射到 z 平面的单位圆上。由式(7-17)可知

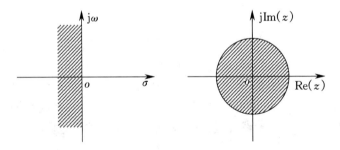

图 7-6　双线性变换法的映射关系

当 $\omega = 0$ 时,$\theta = 0$;当 $\omega = \dfrac{2}{T}$ 时,$\theta = \dfrac{\pi}{2}$;当 $\omega = +\infty$ 时,$\theta = \pi$。

如图 7-7 所示,可见双线性变换法把平面 $\mathrm{j}\omega$ 轴上的 $+\omega$ 各点,通过正切变换映射到 z 平面单位圆上 $[0, \pi]$,由于这种变换是一一对应的,因此消除了频率混叠现象。这里必须指出,由于双线性变换是通过非线性正切变换将 s 平面上无限长 $\mathrm{j}\omega$ 轴压缩到 z 平面的单位圆上的,

因此必然会变生频率的失真(畸变)。图 7-8 是利用作图法得到双线性变换时,切比雪夫模拟滤波器的频率响应与其数字滤波器的频率响应之间的关系曲线。由图 7-8 可见,变换前后,两者有相同的幅度波纹特性,例如,若

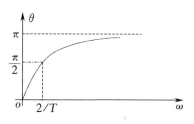

图 7-7　ω 与 θ 的关系

$|H(\mathrm{j}\omega)|$ 在 $0<\omega<+\infty$ 区间内单调下降,则 $|H(\mathrm{e}^{\mathrm{j}\theta})|$ 在 $0<\theta<\pi$ 区间内也是单调下降;若 $|H(\mathrm{j}\omega)|$ 有几个极大和极小值,则 $|H(\mathrm{e}^{\mathrm{j}\theta})|$ 也有相同数目的极大和极小值,但是由于相位失真,各极点间的间距并不对应相等。

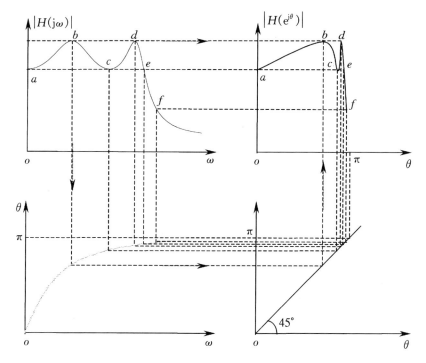

图 7-8　切比雪夫滤波器 ω 与 θ 关系曲线

　　用双线性变换设计数字滤波器的方法与用冲激响应不变法相似，也是先找出一个具有相同频域指标的模拟滤波器的原型，然后用双线性变换把 $H(s)$ 离散化得到 z 域的传递函数 $H(z)$，由于变换的非线性，在求模拟滤波器的原型时，必须用式(7-17)的变换关系，选择适当的采样周期 T，将 z 域的指标变换成 s 域指标，这种变换称为"预畸变"，然后根据"预畸变"后的频域指标设计模拟滤波器的传递函数 $H(s)$。

　　例 7-2　用双线性变换法设计一个低通巴特沃兹数字滤波器使其满足：(1) 在通带边频 $\theta_P = 0.5\pi$ 时，衰减不大于 3 dB；(2) 在阻带边频 $\theta_S = 0.75\pi$ 时，衰减不小于 15 dB。其幅频响应如图 7-9。

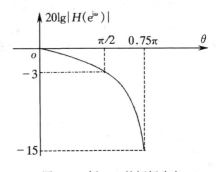

图 7-9　例 7-2 的幅频响应

　　解　设计步骤如下

　　(1) 将 z 域指标 θ_P，θ_S 预畸变到 s 域指标 ω_P，ω_S。由式(7-17)可求出

$$\omega = \frac{2}{T}\tan\frac{\theta}{2}$$

若取 $T = 1$ s，则有

$$\omega_P = 2\tan\frac{\theta_P}{2} = 2\tan\frac{0.5\pi}{2} = 2 \text{ rad/s}, \alpha_P = 3 \text{ dB}$$

$$\omega_S = 2\tan\frac{\theta_S}{2} = 2\tan\frac{0.75\pi}{2} = 4.828 \text{ rad/s}, \alpha_S = 15 \text{ dB}$$

　　(2) 由式(6-36)

$$n = \frac{\lg\sqrt{10^{0.1\alpha_S} - 1}}{\lg\left(\dfrac{\omega_S}{\omega_c}\right)} \approx 1.94$$

取 $n = 2$ 查表 6-1 得其传递函数为

$$H(s) = \frac{1}{s^2 + 1.414s + 1}$$

其实际传递函数为

$$H(s) = H(s)\Big|_{s=\frac{s}{\omega_P}} = \frac{1}{\left(\frac{s}{2}\right)^2 + 1.414\left(\frac{s}{2}\right) + 1}$$

$$= \frac{4}{s^2 + 2.828s + 4}$$

（3）利用双线性变换关系求出数字滤波器的传递函数 $H(z)$

$$H(z) = H(s)\Big|_{s=\frac{2}{T}\frac{1-z^{-1}}{1+z^{-1}}} = \frac{4}{\left[\frac{2(1-z^{-1})}{1+z^{-1}}\right]^2 + 2.828\left[\frac{2(1-z^{-1})}{1+z^{-1}}\right]^2 + 4}$$

$$= \frac{1 + 2z^{-1} + z^{-2}}{3.414 + 0.5857z^2}$$

7.2.3　IIR 数字滤波器的网络结构

对于无限冲激响应数字滤波器的同一个系统传递函数 $H(z)$，可以有多种不同的网络结构，它的基本网络结构有以下几种。

7.2.3.1　直接 I 型

IIR 滤波器的传递函数一般可表示为

$$H(z) = \frac{\sum\limits_{i=0}^{M} a_i z^{-i}}{1 + \sum\limits_{i=1}^{N} b_i z^{-i}} = \frac{Y(z)}{X(z)}, N > M \qquad (7\text{-}19)$$

其 N 阶差分方程为

$$y(n) = \sum_{i=0}^{M} a_i x(n-i) - \sum_{i=1}^{N} b_i y(n-i) \qquad (7\text{-}20)$$

式（7-20）中 $\sum\limits_{i=0}^{M} a_i x(n-i)$ 表示将输入加以延时，组成 M 节延时网络，并将每节延时抽头后加权（加权系数为 a_i），然后把结果相加；$\sum\limits_{i=1}^{N} b_i y(n-i)$ 则表示将输出加以延时，组成 N 节延时网络，并将每节延时抽头后加权（加权系数为 b_i），然后把结果相加。最后将上述两部分相加在一起组成输出 $y(n)$，其信号流图如图 7-10，由图可见，总的网络由两部分网络联接组成，第一个网络实现零点，第二个网络实现极点。另外，直接 I 型结构需要 $(M+N)$ 个延时器和加法器，$(M+N+1)$ 个乘法器。

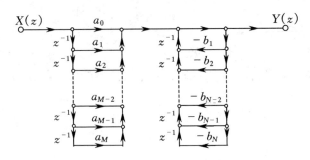

图 7-10　直接 I 型信号流图

7.2.3.2　直接 II 型

将式(7-19)稍加改变，即变成

$$H(z) = \frac{Y(z)}{X(z)} = \frac{\sum_{i=0}^{M} a_i z^{-i}}{1 + \sum_{i=1}^{N} b_i z^{-i}} = \frac{W(z)\left[\sum_{i=0}^{M} a_i z^{-i}\right]}{W(z)\left[1 + \sum_{i=1}^{N} b_i z^{-i}\right]}$$

式中，$W(z)$ 为任意函数，因此输入、输出变量可写成

$$X(z) = W(z)\left[1 + \sum_{i=1}^{N} b_i z^{-i}\right] = W(z) + \sum_{i=1}^{N} b_i W(z) z^{-i}$$

$$Y(z) = W(z)\left[\sum_{i=0}^{M} a_i z^{-i}\right] = \sum_{i=0}^{M} a_i W(z) z^{-i}$$

上两式可改写为

$$\left.\begin{aligned} W(z) &= X(z) - \sum_{i=1}^{N} b_i W(z) z^{-i} \\ Y(z) &= \sum_{i=0}^{M} a_i W(z) z^{-i} \end{aligned}\right\} \tag{7-21}$$

其差分方程为

$$w(n) = x(n) - \sum_{i=1}^{N} b_i w(n-i)$$
$$= x(n) - b_1 w(n-1) - b_2 w(n-2) - \cdots\cdots - b_N w(n-N)$$
$$y(n) = \sum_{i=0}^{M} a_i w(n-i)$$
$$= a_0 w(n) + a_1 w(n-1) - a_2 w(n-2) - \cdots\cdots - a_M w(n-M)$$

$$(7-22)$$

由此,可画出其信号流图如图 7-11。由图可见,直接 II 型只需要 N 个延时器,$(M+N)$ 个加法器和 $(M+N+1)$ 个乘法器,比直接 I 型结构减少了 M 个延时单元。

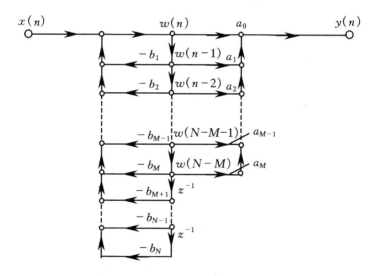

图 7-11　直接 II 型信号流图

例 7-3　求传递函数 $H(z)$ 的信号流图

$$H(z) = \frac{1 + 0.2z^{-1} - 0.3z^{-2}}{1 - 0.4z^{-1} + 0.5z^{-2} + z^{-3}}$$

解　由传递函数知 $M=2, N=3; a_0=1, a_1=0.2, a_2=-0.3; b_0=1, b_1=-0.4, b_2=0.5, b_3=1$。因此,可求出直接 I 型和直接 II 型的信号流图如图 7-12。

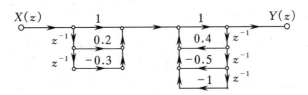

(a)直接Ⅰ型

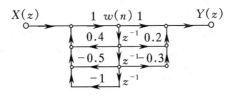

(b)直接Ⅱ型

图 7-12　例 7-3 的信号流图

7.2.4　级联型

把式(7-19)的系统传递函数 $H(z)$ 按零、极点进行因式分解,若 a_i,b_i 均为实数,则式(7-19)可表示为

$$H(z) = A \frac{\prod_{i=1}^{M_1}(1 + q_i z^{-1})\prod_{i=1}^{M_2}(1 + \beta_{1i} z^{-1} + \beta_{2i} z^{-2})}{\prod_{i=1}^{N_1}(1 + p_i z^{-1})\prod_{i=1}^{N_2}(1 + \alpha_{1i} z^{-1} + \alpha_{2i} z^{-2})} \qquad (7\text{-}23)$$

式中:$M = M_1 + 2M_2$,$N = N_1 + 2N_2$,A 为某一常数,$(1 + q_i z^{-1})$ 对应一阶零点,$(1 + p_i z^{-1})$ 对应一阶极点,$(1 + \beta_{1i} z^{-1} + \beta_{2i} z^{-2})$ 对应二阶零点,$(1 + \alpha_{1i} z^{-1} + \alpha_{2i} z^{-2})$ 对应二阶极点。式(7-3)还可表示为 N_1 个一阶系统和 N_2 个二阶系统的乘积形式

$$H(z) = \prod_{i=1}^{N_1} H_{1i}(z) \prod_{i=1}^{N_2} H_{2i}(z) \qquad (7\text{-}24)$$

可见只要知道一阶和二阶系统的信号流图,就可级联出整个传递函数 $H(z)$ 的信号流图。

对于一阶传递函数的一般形式

$$H_1(z) = \frac{a_0 + a_1 z^{-1}}{1 + b_1 z^{-1}} \tag{7-25}$$

其信号流图如图7-13。

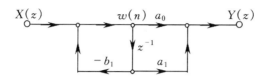

图7-13 一阶传递函数的信号流图

对于二阶传递函数的一般形式

$$H_2(z) = \frac{a_0 + a_1 z^{-1} + a_2 z^{-2}}{1 + b_1 z^{-1} + b_2 z^{-2}} \tag{7-26}$$

其信号流图如图7-14。

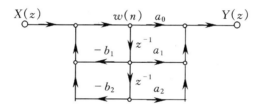

图7-14 二阶传递函数的信号流图

例7-4 求传递函数 $H(z)$ 的信号流图。

$$H(z) = \frac{1 + z^{-1} + z^{-2}}{(1 - 0.2z^{-1} - 0.4z^{-2})(1 - 0.3z^{-1})(1 + 0.5z^{-1} + 0.6z^{-2})}$$

解 $H(z) = H_1(z)H_{21}(z)H_{22}(z)$

$$H_1(z) = \frac{1}{1 - 0.3z^{-1}}$$

其中

$$H_2(z) = \frac{1 + z^{-1} + z^{-2}}{1 - 0.2z^{-1} - 0.4z^{-2}}$$

$$H_3(z) = \frac{1}{1 + 0.5z^{-1} + 0.6z^{-2}}$$

因此,可求出 $H(z)$ 的信号流图如图7-15。

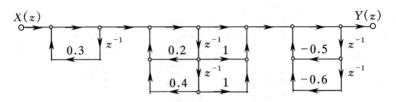

图 7-15　例 7-4 的信号流图

7.2.5　并联型

把式(7-19)的系统传递函数 $H(z)$ 展成部分分式的形式,就可得到并联型 IIR 滤波器的网络结构。若式(7-19)中的 a_i,b_i 均为实数,则 $H(z)$ 可表示为

$$H(z) = A + \sum_{i=1}^{N_1} \frac{a_{1i}}{1 + b_{1i}z^{-i}} + \sum_{i=1}^{N_2} \frac{a_{2i} + c_{2i}z^{-1}}{1 + b_{2i}z^{-1} + d_{2i}z^{-2}}$$

$$= A + \sum_{i=1}^{N_1} H_{1i}(z) + \sum_{i=1}^{N_2} H_{2i}(z) \tag{7-27}$$

式中:$N = N_1 + 2N_2$,A 为某一常数,$\sum_{i=1}^{N_1} H_{1i}(z)$ 对应一阶系统,$\sum_{i=1}^{N_2} H_{2i}(z)$ 对应二阶系统。因此,并联型 $H(z)$ 的信号流图如图 7-16。

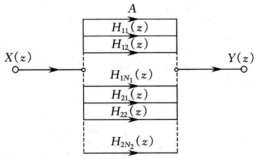

图 7-16　并联型信号流图

例 7-5　求传递函数 $H(z)$ 的并联信号流图。

$$H(z) = \frac{8z^3 - 4z^2 + 11z - 2}{\left(z - \dfrac{1}{4}\right)\left(z^2 - z + \dfrac{1}{2}\right)}$$

解　为了实现并联形式,首先把 $H(z)$ 写成 z^{-1} 的展开式,并应用部分分式展开的方法可得

$$H(z) = \frac{8 - 4z^{-1} + 11z^{-2} - 2z^{-3}}{(1 - 0.25z^{-1})(1 - z^{-1} + 0.5z^{-2})}$$

$$= A + \frac{B}{1 - 0.25z^{-1}} + \frac{C + Dz^{-1}}{1 - z^{-1} + 0.5z^{-2}}$$

容易求出 $A = 16, B = 8, C = -16, D = 20$,因此 $H(z)$ 可重写为

$$H(z) = 16 + \frac{8}{1 - 0.25z^{-1}} + \frac{-16 + 20z^{-1}}{1 - z^{-1} + 0.5z^{-2}}$$

参考图 7-13,图 7-14 和图 7-16,可求并联型 $H(z)$ 的信号流图如图 7-17。

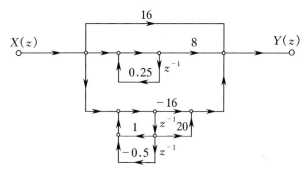

图 7-17　例 7-5 的信号流图

第 3 节　FIR 数字滤波器的设计

　　IIR 数字滤波器的优点是可以利用模拟滤波器设计的现成公式、数据和图表等,因此计算工作量小,设计方便简单。但是它的明显缺点是其相频特性一般情况下都是非线性的。在很多应用中,为了使信号传输时在通带内不产生失真,滤波器必须具有线性的相频特性,而 FIR

数字滤波器就能够很容易获得严格的线性相频特性。另外由于 FIR 滤波器的冲激响应是有限长的,因而滤波器一定是稳定的。

设 FIR 滤波器的单位冲激响应为 $h(n)$,其有限长为($0 \leqslant n \leqslant N-1$),则其 Z 变换为

$$H(z) = \sum_{n=0}^{N-1} h(n) z^{-n} \tag{7-28}$$

式(7-28)是 z^{-1} 的 $N-1$ 阶多项式,在有限 z 平面上有($N-1$)个零点,而它的($N-1$)个极点都位于 z 平面原点 $z=0$ 处。

如果 FIR 数字滤波器的单位冲激响应 $h(n)$ 为实数,而且满足以下任一条件:

(1)偶对称　$h(n) = h(N-1-n)$; $\qquad$ (7-29)

(2)奇对称　$h(n) = -h(N-1-n)$; $\qquad$ (7-30)

其对称中心在 $n = \dfrac{N-1}{2}$ 处,则可以证明滤波器具有线性的相频特性。

FIR 数字滤波器的设计方法有很多,如窗口函数法、模块法、频率抽样法、等波纹优化设计法等,这里仅讨论最常用的具有线性相频特性的窗口函数法。

7.3.1　FIR 滤波器的窗口函数法

FIR 滤波器设计的窗口函数法,又称为傅里叶级数法,其给定的设计指标一般为频域指标,如已知滤波器的频率响应 $H_d(e^{j\omega})$,该设计方法的实质是寻找一个线性相位的 FIR 滤波器 $h(n)$,使其频率特性 $H(e^{j\omega}) = \sum_{n=0}^{N-1} h(n) e^{-j\omega n}$ 逼近 $H_d(e^{j\omega})$。由于窗口函数法是在时域中进行的,因此先由 $H_d(e^{j\omega})$ 的傅里叶反变换求出其冲激响应

$$h_d(n) = \frac{1}{2\pi} \int_{-\pi}^{\pi} H_d(e^{j\omega}) e^{j\omega n} \, d\omega \tag{7-31}$$

由于 $h_d(n)$ 通常是无限长序列,而要设计的是 FIR 滤波器,其 $h(n)$ 必然是有限长的。所以要用有限长的 $h(n)$ 逼近无限长的 $h_d(n)$,最有效的方法是截断 $h_d(n)$,或者说用一个有限长度的窗口函数序列

$w(n)$ 截取 $h_d(n)$,即

$$h(n) = h_d(n)w(n) \qquad (7\text{-}32)$$

使 $h(n)$ 逼近 $h_d(n)$,$H(\mathrm{e}^{\mathrm{j}\omega})$ 逼近 $H_d(\mathrm{e}^{\mathrm{j}\omega})$,从而满足给定的频域技术指标。

从上面的讨论中可知,由于窗口函数法是由窗口函数 $w(n)$ 截取无限长序列 $h_d(n)$,得到有限长序列 $h(n)$,并用有限长序列 $h(n)$ 近似无限长序列 $h_d(n)$,因此窗口函数的选择非常关键,即窗口函数的形状和长度对系统的性能指标影响很大。常用的窗口函数有矩形窗函数、三角窗函数、汉宁(Hanning)窗函数、海明(Hamming)窗函数、布莱克曼(Blackman)窗函数和凯瑟(Kaiser)窗函数等。

下面以一个截止频率为 ω_c 的线性相位理想低通滤波器为例,选用矩形窗口函数加以讨论,介绍 FIR 滤波器窗口函数法的设计过程。

以 ω_c 为截止频率的理想低通滤波器的频率响应为

$$H'_d(\mathrm{e}^{\mathrm{j}\omega}) = \begin{cases} 1 & |\omega| \leqslant \omega_c \\ 0 & \omega_c < |\omega| \leqslant \pi \end{cases} \qquad (7\text{-}33)$$

其单位采样响应为

$$h'_d = \frac{1}{2\pi}\int_{-\omega_c}^{\omega_c} \mathrm{e}^{\mathrm{j}\omega n}\,\mathrm{d}\omega = \frac{\sin(\omega_c n)}{\pi n} \quad -\infty < n < +\infty \qquad (7\text{-}34)$$

可见,$h'_d(n)$ 是一个对于 $n=0$ 偶对称的无限长序列,如图 7-18(a)。

为了获得线性相频特性的滤波器,需将 $h'_d(n)$ 右移 $\dfrac{N-1}{2}$,则

$$h_d(n) = \frac{\sin\left[\omega_c\left(n - \dfrac{N-1}{2}\right)\right]}{\pi\left(n - \dfrac{N-1}{2}\right)} \qquad (7\text{-}35)$$

$h_d(n)$ 如图 7-18(b)所示,其对称中心在 $\left(n - \dfrac{N-1}{2}\right)$ 处。设选择的窗口函数 $w(n)$ 为矩形窗,即

$$w(n) = \begin{cases} 1 & 0 \leqslant n \leqslant N-1 \\ 0 & \text{其他} \end{cases} \qquad (7\text{-}36)$$

用窗口函数 $w(n)$ 截取 $h_d(n)$ 在 $n=0$ 至 $n=N-1$ 的一段作为 $h(n)$，即

$$h(n) = h_d(n) \cdot w(n) = \begin{cases} h_d(n) & 0 \leqslant n \leqslant N-1 \\ 0 & 其他 \end{cases} \qquad (7\text{-}37)$$

截取过程如图 7-18(c) 和 (d)。可见 $h(n)$ 长度为 N，而且是对称的，对称中点在 $n = \dfrac{N-1}{2}$ 处，因此 $h(n)$ 是线性相频 FIR 滤波器。

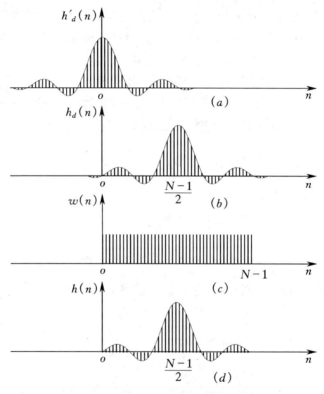

图 7-18　用矩形窗设计线性相位 FIR 低通滤波器

　　由于 $h(n)$ 是经过窗口函数将 $h_d(n)$ 截短而得，因此 $h(n)$ 是 $h_d(n)$ 的近似，而 $h_d(n)$ 是由 $h'_d(n)$ 右移后得到的，因此可用 $h(n)$ 近似 $h'_d(n)$。

由于 $h_d(n)$ 和 $h(n)$ 的频率特性分别为

$$H_d(\mathrm{e}^{\mathrm{j}\omega}) = \sum_{n=-\infty}^{+\infty} h_d(n)\mathrm{e}^{\mathrm{j}\omega n} \qquad (7\text{-}38)$$

$$H(\mathrm{e}^{\mathrm{j}\omega}) = \sum_{n=0}^{N-1} h(n)\mathrm{e}^{-\mathrm{j}\omega n} \qquad (7\text{-}39)$$

因此，$H(\mathrm{e}^{\mathrm{j}\omega})$ 是 $H_d(\mathrm{e}^{\mathrm{j}\omega})$ 的近似，同样道理，可用 $H(\mathrm{e}^{\mathrm{j}\omega})$ 近似 $H'_d(\mathrm{e}^{\mathrm{j}\omega})$。

从数学角度看式(7-38)，可理解为周期函数 $H_d(\mathrm{e}^{\mathrm{j}\omega})$ 的傅里叶级数表达式，而 $h_d(n)$ 就是其傅里叶系数。此较式(7-38)和式(7-39)，容易看出将 $h_d(n)$ 截短为 $h(n)$，就相当于用有限项级数近似代替无穷项级数。所以窗口函数法又称为傅里叶级数法。N 越大，$H(\mathrm{e}^{\mathrm{j}\omega})$ 与 $H_d(\mathrm{e}^{\mathrm{j}\omega})$ 差别越小，滤波器特性越接近其原型，但滤波运算和延迟也越大，故 N 的选择既要使 $H(\mathrm{e}^{\mathrm{j}\omega})$ 满足设计要求，又要尽可能小。

另外，对于采用矩形窗的窗口函数法，若 $H_d(\mathrm{e}^{\mathrm{j}\omega})$，$H(\mathrm{e}^{\mathrm{j}\omega})$ 和 $W(\mathrm{e}^{\mathrm{j}\omega})$ 分别为 $h_d(n)$，$h(n)$ 和 $w(n)$ 的频率响应，由于 $h(n) = h_d(n) \cdot w(n)$，所以 FIR 滤波器的频率响应 $H(\mathrm{e}^{\mathrm{j}\omega})$ 应等于 $H_d(\mathrm{e}^{\mathrm{j}\omega})$ 与 $W(\mathrm{e}^{\mathrm{j}\omega})$ 的卷积，即

$$H(\mathrm{e}^{\mathrm{j}\omega}) = H_d(\mathrm{e}^{\mathrm{j}\omega}) * W(\mathrm{e}^{\mathrm{j}\omega}) \qquad (7\text{-}40)$$

三者之间的频率特性如图 7-19，由图可见，卷积后的幅频特性 $|H(\mathrm{e}^{\mathrm{j}\omega})|$ 在截止频率 ω_c 附近有很大的波动，这种现象即是吉布斯效应 (Gibbs effect)。吉布斯效应使过渡带变宽，阻带特性变坏。进一步研究不难发现，若采用其他形式的窗口函数，如汉宁窗函数或凯瑟窗函数等，将使 $H(\mathrm{e}^{\mathrm{j}\omega})$ 的特性有所改善。

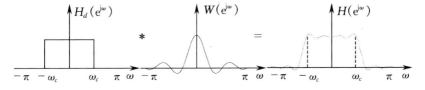

图 7-19　矩形窗时，$H(\mathrm{e}^{\mathrm{j}\omega})$，$H_d(\mathrm{e}^{\mathrm{j}\omega})$ 和 $W(\mathrm{e}^{\mathrm{j}\omega})$ 之间的关系

7.3.2   FIR 滤波器的网络结构

FIR 数字滤波器一般为非递归型,对于冲激响应为 $h(n)$ 的 FIR 数字滤波器,其差分方程和传递函数分别为

$$y(n) = \sum_{k=0}^{N-1} h(k) x(n-k) \tag{7-41}$$

$$H(z) = \sum_{n=0}^{N-1} h(n) z^{-1} \tag{7-42}$$

其中 N 为输入序列 $x(n)$ 的长度,从式(7-42)可知,$H(z)$ 是 z^{-1} 的 $N-1$ 次多项式,它有 $N-1$ 个零点,可位于 z 平面的任意部位;$H(z)$ 有 $N-1$ 个极点,全部位于 $z=0$ 处。与 IIR 数字滤波器一样,FIR 数字滤波器也有很多种不同的网络结构,如直接型结构、级联型结构、线性相位型结构和频率采样型结构等,这里只介绍其中几种。

7.3.2.1   **直接型网络结构**

直接型网络结构可按式(7-42)中乘法和加法的次序获得,其信号流图如图 7-20。由图可见,此结构如同对一条等间隔抽头延迟线的各抽头信号进行加权求和。因此,这种结构的 FIR 数字滤波器又称为抽头延迟线滤波器。

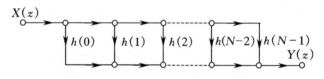

图 7-20   直接型网络的信号流图

7.3.2.2   **级联型网络结构**

对于式(7-42),若 $h(n)$ 均为实数,则 $H(z)$ 可分解为若干个实系数的一阶和二阶因子的乘积形式,即

$$H(z) = A \prod_{i=1}^{N_1} H_{1i}(z) \prod_{i=1}^{N_2} H_{2i}(z)$$

$$= A \prod_{i=1}^{N_1} (1 + \alpha_i z^{-1}) \prod_{i=1}^{N_2} (1 + \beta_{1i} z^{-1} + \beta_{2i} z^{-2}) \tag{7-43}$$

式中:$N_1 + 2N_2 = N$,A 为某一常数,α_i 为一阶因子的系数,对应决定

一阶因子的零点，β_{1i} 和 β_{2i} 为二阶因子的两系数，对应决定一对共轭复数的零点。对应式 $(7-43)$ 级联型网络结构的信号流图如图 $7-21$。

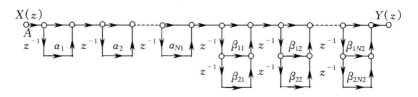

图 $7-21$　级联型网络的信号流图

7.3.2.3　线性相位 FIR 滤波器的网络结构

线性相位 FIR 数字滤波器的冲激响应 $h(n)$ 具有对称性，满足以下条件

$$h(n) = \pm h(N-1-n) \tag{7-44}$$

当 N 为偶数时，系统传递函数可表示为

$$H(z) = \sum_{n=0}^{\frac{N}{2}-1} h(n)\left[z^{-n} \pm z^{-(N-1-n)}\right] \tag{7-45}$$

当 N 为奇数时，系统传递函数可表示为

$$H(z) = \sum_{n=0}^{\frac{N-1}{2}-1} h(n)\left[z^{-n} \pm z^{-(N-1-n)}\right] + h\left(\frac{N-1}{2}\right)z^{-\frac{N-1}{2}} \tag{7-46}$$

由式 $(7-45)$ 和式 $(7-46)$ 直接画出线性相位 FIR 数字滤波器网络结构的信号流图如图 $7-22$。

另外，对于线性相位，对称冲激响应 FIR 滤波器，其传递函数 $H(z)$ 的零点在复数 z 平面上的分布是对称出现的，见图 $7-23$，即若 z_0 为 $H(z)$ 的一个复数零点，由于 $H(z)$ 的线性相位特性，$1/z_0$ 也是其零点，当然，z_0 和 $1/z_0$ 的共轭复数 z_0^* 和 $1/z_0^*$ 也是 $H(z)$ 的零点。这样由 $z_0,1/z_0,z_0^*$ 和 $1/z_0^*$ 可组成一个 $H(z)$ 的四阶因子。同样道理，实数轴和单位圆上的复零点也是成对出现，并组成 $H(z)$ 的二阶因子，只有单位圆上的实零点（$z_4=1$ 和 $z_3=-1$）可以单独出现，组成 $H(z)$ 的一阶因子。因此，可根据线性相位对称冲激响应 FIR 滤波器零点对

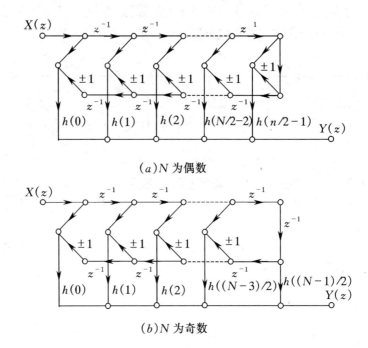

$(a)N$ 为偶数

$(b)N$ 为奇数

图 7-22　线性相位 FIR 滤波器直接型网络结构的信号流图

称分布的特点,将其传递函数 $H(z)$ 进行因式分解,分解成包括一阶、二阶和四阶因子多项式的连乘形式。由于这些因子都是具有对称系数的线性相位多项式,因此,线性相位对称冲激响应 FIR 滤波器可以用一阶、二阶和四阶线性相位网络的级联形式构成,其信号流图如图 7-24。

　　对应于 $z = \pm 1$ 零点的一阶因子的形式为 $(1 \pm z^{-1})$(所以一阶网络不需要乘法运算)。对应于实轴和单位圆上零点的二阶因子形式为 $(1 + \alpha_i z^{-1} + z^{-2})$,对应于不在单位圆和实轴上的复数零点的四阶因子形式为 $(1 + \beta_{1i} z^{-1} + \beta_{2i} z^{-2} + \beta_{1i} z^{-3} + z^{-4})$。所以,四阶网络只需二次乘法运算。可见,线性相位 FIR 滤波器采用级联网络形式后,其乘法运算的次数将大大减少。

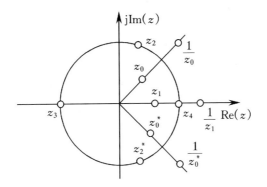

图 7-23 线性相位 FIR 滤波器零点的对称性

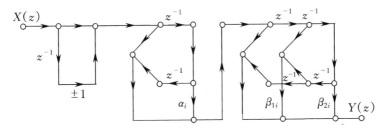

图 7-24 线性相位 FIR 滤波器级联形成的信号流图

习　题

7-1 某数字滤波器的方程为 $y(n) - 0.8y(n-1) = x(n)$。求其幅频特性 $|H(e^{j\omega})|$，给出在 $[0, 2\pi]$ 内的幅频特性曲线，并说明是何种滤波器。

7-2 若题 7-1 中的方程为 $y(n) + 0.8y(n-1) = x(n)$。再求其幅频特性及相频特性曲线，并说明此种情况是何种滤波器。

7-3 已知系统的传递函数为

$$H(z) = \frac{z^2 + 2z + 1}{3z^3 + 4z^2 - 2z + 5}$$

求直接 I 型和直接 II 型的信号流图。

7-4 已知系统的传递函数为

$$H(z) = \frac{(z^2 + 4z + 3)(z + 0.5)}{(z - 0.8)(z^2 + 2z + 3)(z + 1)}$$

求其级联型信号流图。

7-5 用冲激响应不变法求下列传递函数 $H(s)$ 相应数字滤波器的传递函数 $H(z)$,

$$H(s) = \frac{4s}{s^2 + 6s + 5}$$

取 $T = 0.01$,并画出此滤波器的信号流图。

7-6 用双线性变换法设计一个低通滤波器,要求 3 dB 截止频率为 25 Hz,并当频率大于 50 Hz 时至少衰减 15 dB,采样频率为 200 Hz。

主要参考文献

[1]郑君理等编.信号与系统.北京:高等教育出版社,1987

[2]管致中,夏恭恪编.信号与线性系统.北京:高等教育出版社,1985

[3]Alan V. Oppenheim Alan S. Willsky *with* S. Hamid Nawab.信号与系统.刘树棠译.西安:西安交通大学出版社,1998

[4]吴湘淇编著.信号、系统与信号处理.北京:电子工业出版社,1999

[5]谢沅清、李宗豪、朱金明编著.信号处理电路.北京:电子工业出版社,1994

[6]陆大金编著.随机过程及应用.北京:清华大学出版社,1998

[7]朱华等编.随机信号分析.北京:北京理工大学出版社,1991

[8]吴祈耀编.随机过程.北京:国防工业出版社,1984

[9]P. A. 林恩著.信号分析与处理导论.刘庆普,沈允春译.北京:宇航出版社,1990